SHENGTAI WENMING ZHIDU JIANSHE SHIERTI

生态文明制度建设
十二题

李雅云　　王　伟 等◎著

中共中央党校出版社

图书在版编目（CIP）数据

生态文明制度建设十二题 / 李雅云等著 . -- 北京：
中共中央党校出版社 , 2020.4
ISBN 978-7-5035-6470-3

Ⅰ . ①生… Ⅱ . ①李… Ⅲ . ①生态文明－制度建设－
研究－中国 Ⅳ . ① X321.2

中国版本图书馆 CIP 数据核字（2020）第 050323 号

生态文明制度建设十二题

策划统筹	李　云
责任编辑	王慧颖
版式设计	苏彩红
责任印制	陈梦楠
责任校对	王　微
出版发行	中共中央党校出版社
地　　址	北京市海淀区长春桥路 6 号
电　　话	（010）68929580（办公室）　　（010）68929899（发行部） （010）68922815（总编室）　　（010）68929342（网络销售）
传　　真	（010）68922814
经　　销	全国新华书店
印　　刷	北京盛通印刷股份有限公司
开　　本	700 毫米 ×1000 毫米　1/16
字　　数	315 千字
印　　张	21.25
版　　次	2020 年 4 月第 1 版　　2020 年 4 月第 1 次印刷
定　　价	68.00 元
网　　址	www.dxcbs.net　　　　**邮　　箱**：zydxcbs2018@163.com
微 信 ID：中共中央党校出版社　　　　**新浪微博**：@党校出版社	

前　言

改革开放 40 多年来，我国取得了举世瞩目的成就。与此同时，我国的环境形势也更加严峻，人与自然之间的矛盾更加突出。近年来，我国提出了生态文明建设的理念，制定了一系列政策和法律，涌现了一大批生态文明建设的实践案例。在 2018 年全国生态环境保护大会上，中央正式凝练形成了习近平生态文明思想。这是我们党关于生态文明建设的政治理念、政治智慧的结晶。由此，生态文明建设有了更加丰厚的思想土壤、理论养分充足，枝繁叶茂，生态文明建设由此步入了全新的理论境界。2018 年 3 月 11 日，全国人大通过宪法修正案，将生态文明建设写入宪法，并在序言及相关条目中规定了生态文明建设的任务，突出了"新发展理念""生态文明"与"美丽"。由此，生态文明从政治决断上升为宪法表达，体现了自然、国家、公民、社会之间的宪法关系。习近平生态文明思想融合了法治建设的重要成就。习近平总书记指出："用最严格制度、最严密法治保护生态环境，加快制度创新，强化制度执行，让制度成为刚性的约束和不可触碰的高压线。"法治已经成为生态文明建设的守护者。在实现中华民族伟大复兴的道路上，法治建设和生态文明建设都是必不可少的重要内容。

2016 年至 2018 年，李雅云教授主持中共中央党校（国家行政学院）创新工程项目"生态环境治理法治化研究"课题。在课题研究过程中，我们以习近平生态文明建设思想为引领，以生态伦理观、协同发展观、科学政绩观、公平正义观等重要理论成就为指导，结合中央党校干部教育的需要，分析了生态文明建设中的重大法治问题，形成了一系列研究成果。本书以"生态环境治理法治化研究"为基础，吸收了相关学者的研究成果及部分研究生的学位论文等，聚焦生态文明建设的法治重点，突出问题导向，系统全面地阐述了生态文明建设的法治保障问题。

本书选择了十二个重大法治问题进行分析，各章作者如下表：

序号	标题	作者及单位
第一章	生态文明建设法治保障的理念基础	王伟，中共中央党校（国家行政学院）政法部民商经济法室主任、教授、博士生导师
第二章	生态环境治理的法治思考	张璇孟，中共湖州市委党校（浙江生态文明干部学院）生态文明教研室主任、副教授
第三章	政府环境问责制研究	李璐瑶，海通期货股份有限公司
第四章	领导干部环境责任离任审计的法治化	徐杰，中央纪委国家监委新闻传播中心 李雅云，中共中央党校（国家行政学院）政治和法律教研部教授、博士生导师
第五章	社会参与和环境共治	熊文邦，中共中央党校（国家行政学院）法理学博士研究生
第六章	生态环境监管体系建设	苗丝雨，中共中央党校（国家行政学院）博士研究生 李国冉，中共中央党校（国家行政学院）硕士研究生
第七章	政府治理大气污染的财税体制建构	王文婷，中共中央党校（国家行政学院）政法部民商经济法室副教授
第八章	生态治理能力现代化研究——从雾霾治理切入	张学博，中共中央党校（国家行政学院）政法部民商经济法室副教授
第九章	大气污染治理的"兰州经验"——国家环境治理的理论考察与实效分析	王伟，中共中央党校（国家行政学院）政法部民商经济法室主任、教授、博士生导师 任豪，中共中央党校（国家行政学院）政法部硕士研究生
第十章	生态突发事件的应对处理——从松花江水污染事件切入	张学博，中共中央党校（国家行政学院）政法部民商经济法室副教授 方瑜聪，中共中央党校（国家行政学院）硕士研究生

（续表）

序号	标题	作者及单位
第十一章	我国排污权交易法律制度研究	盛久，中共中央党校（国家行政学院）硕士研究生 李雅云，中共中央党校（国家行政学院）政治和法律教研部教授、博士生导师
第十二章	我国环保信用体系建设的法治化研究	张楚悦，北京市西城区劳动人事争议仲裁院 李雅云，中共中央党校（国家行政学院）政治和法律教研部教授、博士生导师

　　生态文明建设是一个宏大的主题，也是一项伟大的事业，法治是生态文明建设的重要保障。本书就生态文明法治保障问题进行了初步探索，但我们深知我们的研究还存在太多的不足和缺憾，敬请读者予以批评指正，帮助我们不断改进和完善。

本书编写组

2020 年 1 月 10 日

目　　录

第一章　生态文明建设法治保障的理念基础

我国自改革开放以来，在经济高速发展的同时，经济发展与资源及环境的矛盾日益尖锐，资源紧张、环境污染等问题随之而来，环境问题越来越成为我国经济社会可持续发展的严重制约。当前环境形势严峻的原因众多，但其中一个重要原因，在于我国环境保护领域的法治程度较低。解决当今严重的环境问题，需要回归到法治之路，树立法治思维，采用法治方式，确立人与自然之间和谐相处的关系。本章根据生态文明建设和依法治国的新精神、新要求，结合我国当前环境法治现实，对生态文明法治建设问题进行了探讨。

一、生态文明对环境法治提出崭新要求

党和国家对生态文明建设和法治建设都高度重视，近年来出台了一系列重要法律法规和政策性文件。

党的十八届三中全会《中共中央关于全面深化改革若干重大问题的决定》，对生态文明制度建设进行了部署。党的十八届四中全会《中共中央关于全面推进依法治国若干重大问题的决定》，明确了构建中国特色社会主义法治体系、建设社会主义法治国家的总目标，对全面推进依法治国的重大任务进行了部署。《决定》还对生态环境、自然资源保护等重点立法工作进行了规划。①2015 年 5 月，中共中央、国务院发布的《关于加快推进生态文明

---

① 《决定》指出：要用严格的法律制度保护生态环境，加快建立有效约束开发行为和促进绿色发展、循环发展、低碳发展的生态文明法律制度，强化生产者环境保护的法律责任，大幅度提高违法成本。建立健全自然资源产权法律制度，完善国土空间开发保护方面的法律制度，制定完善生态补偿和土壤、水、大气污染防治及海洋生态环境保护等法律法规，促进生态文明建设。

建设的意见》，以及 2015 年 9 月发布的《生态文明体制改革总体方案》，全面部署了生态文明建设的重大改革任务。2017 年 10 月，党的十九大报告对生态文明建设进行了专门部署。2018 年 3 月 11 日，第十三届全国人大将生态文明建设写入宪法，批准了国务院机构改革方案，设立自然资源部、生态环境部等机构，重组和优化了生态环境监管职能。党和国家的一系列重大政策和决定，为生态文明法治建设提供了方向和指南。

2018 年 5 月 19 日，习近平总书记在全国生态环境保护大会上发表重要讲话，集中阐述了生态文明建设思想，标志着习近平生态文明思想正式形成。习近平总书记从战略高度明确生态文明建设根本大计的历史地位，深入阐述了保护生态环境、建设生态文明的重大意义，明确提出了新时代推进生态文明建设必须坚持的重要原则、基本遵循，深刻回答了为什么建设生态文明、建设什么样的生态文明、怎样建设生态文明等重大理论和实践问题，体现了习近平生态文明思想的历史性、时代性、哲学性、理论性、实践性和全球性，彰显出习近平生态文明思想科学完整的理论体系。

生态文明制度体系是保障，为生态文明社会建设体制机制创新和制度创新提供党的意志基石、组织保障和制度保障。习近平总书记强调不断深化和推进生态文明体制改革，加强顶层设计，加强科学政绩观建设，加强法治和制度建设，划定生态红线，建立责任追究制度。"再也不能简单以国内生产总值增长率来论英雄"，"最重要的是要完善经济社会发展考核评价体系"。社会主义正是通过社会体制的变革，改革和完善社会制度和规范，从而形成有利于生态文明建设的体制机制，为生态文明社会构筑强有力的上层建筑及其一系列制度和法治保障。

生态文明建设、社会主义法治建设都是实现中华民族伟大复兴的重要内容。习近平总书记对生态文明建设法治保障进行了深刻的分析，他指出："用最严格制度、最严密法治保护生态环境，加快制度创新，强化制度执行，让制度成为刚性的约束和不可触碰的高压线。"法治建设要适应生态文明需要，反映我国生态文明建设的重要观念，包括：生态伦理观、协同发展观、科学政绩观、公平正义观等。

生态文明建设法治保障的总体要求，集中体现在立法、执法、司法、守法等各个方面：（1）立法系统化。确立符合生态文明要求的行为规则。（2）执法规范化。确保环境法律制度实施。（3）司法专业化。维护生态文明建设的良好秩序守法普遍化。提升全社会生态文明意识和法治意识。（4）治理社会化。强化社会公众对环境治理的参与、评价和监督。

二、现代法律对生态文明建设的回应

（一）生态文明建设的主要法律体系

1. 绿色宪法

由于传统法律所调整的主要是人类社会之间的社会关系，不能有效调整人与自然的矛盾，无法满足人类社会可持续发展的需要。当前在国际社会，法律出现了绿色化、生态化的趋势，以便协调人与自然的矛盾，如：绿色宪法、专门环境法、绿色民法、绿色刑法、绿色诉讼法、绿色经济法、绿色国际法等。在我国法律体系中，相关法律也呈现出生态化、绿色化的趋势，并从不同的角度调整人与自然之间的矛盾，促进人天和谐。

（1）国际立法。

从国际视野来看，宪法对人与自然关系的协调，主要是从三个方面来规定的：

第一，明确国家的环境保护责任。传统上来讲，宪法并不规定直接国家的环境责任。现代社会，则公认国家作为环境公共资源的受托管理人，需要承担环境质量管理、资源管理等责任。如:《印度宪法》第48条（甲）规定："保护和改善环境，保护森林和野生动物——国家应尽力保护和改善自然环境，保护国家森林和野生动物。"

第二，确认公民的环境权。1972年《斯德哥尔摩宣言》首次规定了环境权。该《宣言》第1条指出："人类有权在一种具有尊严和健康的环境中，享有自由、平等和充足的生活条件的基本权利，并且负有保护和改善这一代和将来世世代代的环境的庄严责任。"目前，环境权作为第三代人权理论已经为国际社会所普遍接受，如：《韩国宪法》第 35 条规定："全体国民均享有在健康、舒适环境中生活的权利"；《西班牙宪法》第 45 条规定："所有人有权利享有适于人发展的环境，并有义务保护环境。"

第三，确立国家可持续发展观。当前，不少国家的宪法规定了可持续发展战略。如：《南非共和国宪法》（2003 年修订）规定："所有人均有权……通过合理的立法和其他措施，为今世后代的权利而确保环境得到保护……这些措施在促进正当的经济和社会发展的同时，应确保生态上可持续发展及可持续利用自然资源。"

（2）国内立法。

我国 1982 年宪法将环境保护确立为基本国策，宪法呈现出绿色化的趋势。宪法中关于环境保护的条款主要有以下四个方面：

第一，关于生态文明建设理念。2018 年 3 月 11 日，第十三届全国人民代表大会第一次会议通过的宪法修正案，将"物质文明、政治文明、精神文明、社会文明、生态文明协调发展"，建设"富强民主文明和谐美丽的社会主义现代化强国"写入宪法序言。

第二，关于自然资源的合理利用保护。《中华人民共和国宪法》第 9 条规定："……国家保障自然资源的合理利用，保护珍贵的动物和植物。禁止任何组织或者个人用任何手段侵占或者破坏自然资源。"

第三，关于土地资源的保护。《中华人民共和国宪法》第 10 条规定："……一切使用土地的组织和个人必须合理地利用土地。"

第四，关于环境保护。《中华人民共和国宪法》第 26 条规定："国家保护和改善生活环境和生态环境，防治污染和其他公害。国家组织和鼓励植树造林，保护林木。"

2. 专门环境法

专门环境法是建设生态文明的主要法律武器。在 20 世纪五六十年代，发达国家先后发生一系列严重的环境污染事件，直接推动了大规模环境保护立法的过程，专门调整人与自然关系的环境法随之产生。环境法包括三个重点领域：污染防治、资源的利用与保护、生态保护。我国的环境保护立法工作起步于 20 世纪 70 年代，基本赶上了世界的立法高峰期。自 1978 年以来，我国环境立法从无到有，从少到多，逐渐形成了完整的环境保护法律体系：

（1）关于环境保护基本法。

我国于 1989 年 12 月 26 日制定《环境保护法》，作为我国的环境保护基本法。该法在施行 25 年之后，于 2014 年 4 月 24 日进行修订（自 2015 年 1 月 1 日起施行）。

（2）关于污染防治方面的立法。

主要包括《水污染防治法》《大气污染防治法》《噪声污染防治法》《固体废物污染环境防治法》《放射性污染防治法》《海洋环境保护法》《清洁生产促进法》等。

（3）关于资源利用和保护方面的立法。

主要包括《土地管理法》《水法》《矿产资源法》《节约能源法》《可再生能源法》等。

（4）关于生态保护方面的立法。

主要包括《野生动物保护法》《野生植物保护条例》《自然保护区条例》《水土保持法》《防沙治沙法》《退耕还林条例》等。

3. 绿色民法

民法是市场经济基本法，现代民法适应调整人天矛盾的需要，相关法律规则出现了片片"绿色"，民法的绿色化、生态化趋势更加显著。绿色民法为生态文明建设提供重要的法律保障。十八届四中全会提出，要加强市场法律制度建设，编纂民法典，这将进一步夯实生态文明建设的法治基础。2017 年 3 月 15 通过（2017 年 10 月 1 日施行）的《民法总则》第 9 条规定："民事主体从事民事活动，应当有利于节约资源、保护生态环境。"绿色民法对生态文明建设的保障，主要体现在物权法、侵权责任法等法律体系之中。

（1）物权法的保护机制。

物权法是保护资源和环境的基础性法律。我国 2007 年制定的物权法，融入了环境保护的先进理念，对世界物权立法作出了重要贡献。[①]

我国物权法在调整环境关系、促进人天和谐方面，集中体现为：

第一，《物权法》规定，物权的取得和行使，应当遵守法律，尊重社会公德，不得损害公共利益和他人合法权益。这一规定有利于自然资源和环境的保护。

第二，《物权法》将自然资源纳入调整范围，规定了矿藏、水流、海域、土地、森林、山岭、草原、荒地、滩涂等资源属于国家或者集体所有，这为促进资源合理利用奠定了产权基础。

第三，《物权法》确认了土地承包经营权、建设用地使用权、宅基地使用权等用益物权，也规定了海域使用权、采矿权、取水权和使用水域、滩涂从事养殖、捕捞的权利等几类准用益物权，这对于促进资源的合理利用、保护环境具有重要作用。

第四，《物权法》按照最严格保护耕地的要求，确定了一系列的制度和规则，如严格限制农用地转为建设用地，控制建设用地总量等。

第五，《物权法》强调，所有人行使其所有权，必须承担尊重和保护环境的义务。《物权法》对于通行、通风、排水、采光等关系进行了法律规定。[②]此外，《物权法》第 90 条规定："不动产权利人不得违反国家规定，弃置固体废弃物，排放大气污染物、水污染物、噪声、光、电磁波辐射等有害物质。"

（2）侵权责任法的保护机制。

运用侵权责任法保护环境，也是一种重要的私法保护机制。我国 1987 年制定的《民法通则》第 124 条规定："违反国家保护环境防止污染的规定，污染环境造成他人损害的，应当依法承担民事责任。"2010 年 7 月 1 日起施行的《侵权责任法》第八章专章规定了"环境污染责任"，并用四个法条规

---

① 王利明：《〈物权法〉与环境保护》，《河南省政法管理干部学院学报》2008 年第 7 期。

② 《物权法》第 86 条规定："不动产权利人应当为相邻权利人用水、排水提供必要的便利。""对自然流水的利用，应当在不动产的相邻权利人之间合理分配，对自然流水的排放，应当尊重自然流向。"第 89 条规定："建造建筑物，不得违反国家有关工程建设标准，妨碍相邻建筑物的通风、采光和日照。"

定了相应的侵权责任规则。2015 年 6 月 1 日，最高人民法院发布《关于审理环境侵权责任纠纷案件适用法律若干问题的解释》，完整系统地构建了环境侵权诉讼的法律适用规则。

4. 绿色诉讼法

发达市场经济国家和地区的民事诉讼法均规定了相应的侵权诉讼机制，环境污染案件受害人可以对侵害人直接提起诉讼。此外，域外先进立法还注重通过环境公益诉讼制度来保护环境。

我国借鉴美国等发达国家和地区的经验，在 2012 年修订的《民事诉讼法》中规定了环境公益诉讼制度。《民事诉讼法》第 55 条规定："对污染环境、侵害众多消费者合法权益等损害社会公共利益的行为，法律规定的机关和有关组织可以向人民法院提起诉讼。" 2014 年新修订的《环境保护法》第 58 条对可提起环境公益诉讼的社会组织的条件作出了规定。[①] 2015 年 1 月 6 日，最高人民法院发布《关于审理环境民事公益诉讼案件适用法律若干问题的解释》，进一步完善了环境公益诉讼制度的司法裁判规则。

5. 绿色刑法

通过刑法惩治各类环境违法犯罪行为，是最为严厉的环境法律机制。如：《德国刑法典》专章规定了"危害环境罪"，日本专门制定了《关于危害人体健康的公害犯罪惩治法》。我国《刑法》第六章第六节专门规定了"破坏环境资源保护罪"，如：《刑法》第 338 条规定的污染环境罪等，《刑法》第 343 条规定的非法采矿罪、破坏性采矿罪等。此外，在《刑法》其他章节的部分条款也与危害环境的犯罪行为有关，如：《刑法》第九章"渎职罪"第 408 条中，专门规定了环境监管失职罪等。

2006 年 7 月，最高人民法院专门制定了《关于审理环境污染刑事案件具体应用法律若干问题的解释》，明确了 1997 年《刑法》规定的重大环境污染

---

① 《环境保护法》第 58 条规定："对污染环境、破坏生态，损害社会公共利益的行为，符合下列条件的社会组织可以向人民法院提起诉讼：（1）依法在设区的市级以上人民政府民政部门登记；（2）专门从事环境保护公益活动连续五年以上且无违法记录。符合前款规定的社会组织向人民法院提起诉讼，人民法院应当依法受理。提起诉讼的社会组织不得通过诉讼牟取经济利益。"

事故罪、非法处置进口的固体废物罪、擅自进口固体废物罪和环境监管失职罪的定罪量刑标准。2011年5月1日起施行的《刑法修正案（八）》对1997年《刑法》规定的"重大环境污染事故罪"作了进一步完善。2016年12月，最高人民法院、最高人民检察院发布《关于办理环境污染刑事案件适用法律若干问题的解释》，加大对污染环境等犯罪行为的打击力度，体现了从严惩处的精神。

6. 绿色经济法

经济法是调整国家经济管理关系的法律制度。当前，国家的经济管理活动及其法治也呈现出明显的绿色化、生态化趋势。经济法的相关法律制度，如市场准入规则、企业公司法、产品质量法、财政税收法、金融法等，都有相关环境保护方面的规定和要求。2016年12月，全国人大通过《环境保护税法》。该法第一条开宗明义地指出立法目的是"保护和改善环境，减少污染物排放，推进生态文明建设"。该法规定，直接向环境排放应税污染物（包括大气污染物、水污染物、固体废物和噪声等）的企业事业单位和其他生产经营者为纳税人。

7. 绿色行政法

行政法主要规定环境保护、自然资源管理等机构的法律地位，明确其行政职责、职权和基本程序，通过采取行政许可、行政强制、行政处罚等措施，使环境保护部门及其他行政机关能够通过相应的法律程序履行环境保护基本职责。

（二）环境法：生态文明建设的主要法律武器

良好生态环境是生态文明建设的重要物质基础，而环境保护是生态文明建设的主阵地和根本措施。现代环境法从一开始就承担着协调人与自然之间矛盾的重任。在当今的时代背景下，环境法是促进人与自然和谐相处，建设生态文明的主要法律武器。

1. 现代环境法是责任之法

为了顺应自然规律，有效保护人类的生存和发展环境，环境法以义务和责任为基本手段，来调整人与自然之间的矛盾和紧张关系。从义务和责任的角度来保护环境，已得到全世界大多数国家的认同。[①] 环境法上的义务和责任，既包括政府的义务和责任，也包括企业、社会团体、自然人的义务和责任等。其中，实现政府环境责任，是生态文明法治建设的重中之重。

2. 环境法的基本立场：顺应自然，服从生态规律

自然界有着不为人类所控制和支配的内在规律，人类应当敬畏和服从自然规律。违反自然界的发展规律，人类将受到自然的无情惩罚。当前人与自然的矛盾突出，是人类不尊重、不顺应自然规律的结果。环境法着眼于实现可持续发展，要求人们去顺从自然，尊重自然，将人类活动对环境资源的损害降到最低。可以说，环境法是人类顺应自然的法。

环境法旨在促进环境与发展一体化。环境与发展密不可分，发展是第一要务，而环境是重要支撑，因此，应把环境保护放在经济社会发展中统筹推进。环境问题究其本质，就是经济结构、生产方式、消费模式和发展道路问题。[②] 环境法着眼于经济利益和生态利益之间的平衡，实施环境与发展综合决策，要求人类社会的发展要适度、有节制，并在整个环境法贯穿这条法治主线，实现人与自然的和谐共处。

三、我国环境法治存在的突出问题

当前，我国环境法治仍然存在短板。这些短板不利于解决当前人与自然的矛盾，不利于加强我国生态文明建设。总体来看，我国环境法治存在的较为突出问题是：

（一）环境法治理念仍有偏差

长期以来，我国环境治理偏重于采取行政控制手段，重点是环境污染领

---

① 吕忠梅等：《环境与发展综合决策——可持续发展的法律调控机制》，法律出版社 2007 年版，第 191 页。

② 《紧紧围绕主题主线新要求　努力开创环保工作新局面——周生贤部长在 2011 年全国环境保护工作会议上的讲话》，《世界环境》2011 年第 2 期。

域。我国于 1989 年制定了环境保护基本法（即：《中华人民共和国环境保护法》），作为环境法律体系的龙头法，统领各项环境单行法。但是，该部法律制约的重点主要是环境污染，在资源的利用和保护、生态保护以及生态建设等方面的规定比较薄弱。同时，法律注重国家的行政管制，社会参与机制较为薄弱。总体来看，1989 年的环境保护法总体上是一部"小环境法"，环境保护的整体性、共治性理念严重缺失，难以担当统领其他环境单行法的重任，难以胜任生态文明建设的需要，需要进行改革。

（二）政府环境责任较为薄弱

市场经济发达国家和地区的环境法都高度重视对政府环境责任进行规定，我国环境立法对政府责任缺乏严格规定。在我国改革开放的进程中，政府高度重视经济建设，政府环境责任较为薄弱，这是造成我国当前严峻的环境形势的重要原因。当前，我国相关地方立法或规范性文件，对于政府的环境责任问题，从问责机制的角度进行了一些创新，但地方规定的层级较低，权威性和威慑力不够。落实政府的环境责任，是我国环境法治需要优先解决的问题。

（三）环境法的实施仍然偏软

我国环境法律体系借鉴了国际先进经验，与世界基本同步。但是，从我国的环境立法来看，形式主义的问题仍然比较突出。现行立法往往注重规定相应的行为模式（即重在规定排污者不可以做什么），但法律规则普遍存在可操作性较差，控制力度薄弱，惩戒力度不够等问题。同时，我国现行环境立法的法律责任过轻，导致了排污者的违法成本过低。因此，确立法律规则的可实施性，加重违法行为人的法律责任，是我国环境法治变革的重大问题。

（四）环境司法救济仍然乏力

我国环境法注重采用行政手段对排污者进行制约，但对于民众环境权益的保护尤其是司法保护明显不足。在当今，民众对环境的期望越来越高，突发性的环境事件不断上升，投诉和信访不断上升，民众环境权益受到损害的情况越来越多。行政手段的力量的局限性越来越大。鉴于环境法是共治性的法律，未来的环境法治，更需要充分发挥民众的力量，有效地动员社会公众，注重通过司法手段维护公民的环境权益。

（五）环境的公众参与较为有限

环境问题事关每个社会个体的切身利益，每个公民的一举一动都会对环境产生一定影响。每个公民有权利也有义务参与到环境保护活动当中，实现环境保护的社会共治。然而，我国环境的社会参与和共治仍然薄弱，生态环境保护的社会运行基础还不够扎实。

四、我国环境法治建设的若干重点问题

（一）提高环境立法质量：良法善治的前提

我国环境法治应当突出环境法治的整体性和共治性。我国1989年制定的环境保护法，还是一部"小环境法"，即以企业为重点，以污染治理为中心，以行政管制为主线的立法。我国环境基本法的发展方向，应当着眼于构建国家基本环境政策，形成一部以整体生态环境保护为中心，以社会共治为基础的环境基本法。2014年新修订的环境保护法关注到现代环境法的发展趋势，强化了对政府责任、排污者责任、信息公开和公众参与、环境保护宣传和教育等问题的规定，强化了环境基本法的引领功能和作用。

环境立法的完善，要重在杜绝形式主义，突出义务和责任，强化治理手段之间的协同，细化规则，使法律规则具有较强的可操作性。其中，法律责任是提高法律制度实施有效性的关键。当前，我国应当借鉴国际社会已经比较成熟的经验，规定更为严厉的法律责任，包括：加重个人责任、生态恢复、加大刑事制裁力度等。新修订的环境保护法显著加大了法律规则的威慑力度，如第59条规定了按日计罚制，第60条规定县级环保部门可以采取限制生产、停产整治等措施，第65条规定了环评等中介机构弄虚作假时的连带责任制度等。

注重发挥地方环境立法的优势，通过地方制定具有针对性的特色立法，弥补上位法的不足，实现对环境的有效治理。我国《立法法》规定，在不同

宪法、法律、行政法规和本省、自治区的地方性法规相抵触的前提下，设区的市可以对城乡建设与管理、环境保护、历史文化保护等方面的事项制定地方性法规。

（二）强化政府的环境责任：环境法治的首要问题

《斯德哥尔摩宣言》指出，在实现环境目标方面，各级政府应承担最大的责任。强化政府的环境责任，是环境法治中最为迫切，也是最需要优先解决的问题。环境法需要明确规定政府责任，主要有两个层面的问题：一是积极责任，即全面落实地方政府对环境质量负总责的规定。[①] 二是消极责任，即明确规定政府因违反环境法所应承担的法律后果。在当前的国情下，要强化政府的环境责任，还需要通过法治手段强化地方政府之间的协作，建立跨区域的联防联控机制。同时，还需要强化环保部门的权威性和独立性，改革现行的环境监管体制，推动环境保护与经济社会发展有机融合，而不是仅仅局限于后端的污染治理。

强化政府的环境责任，要实现对环境的整体治理。2018 年 3 月 11 日，第十三届全国人大批准了国务院机构改革方案，设立自然资源部、生态环境部等机构。这次机构改革，意味着陆海空一体、"山水林田湖草"整体保护、系统修复的生态环境治理机制有了更加有力的体系支撑。

强化政府的环境责任，需要实现有效的协同治理。生态文明建设并不仅仅是生态环境部门、自然资源管理部门的责任。生态环境的改善需要建立不同层级政府之间以及横向各个部门之间的有机协同和配合，将公权力整体运用于环境的治理和资源的管理。

强化政府环境责任，需要对政府的职能和角色进行更加准确的界定和区

---

① 新修订的《环境保护法》第 26 条规定："国家实行环境保护目标责任制和考核评价制度。县级以上人民政府应当将环境保护目标完成情况纳入对本级人民政府负有环境保护监督管理职责的部门及其负责人和下级人民政府及其负责人的考核内容，作为对其考核评价的重要依据。考核结果应当向社会公开。"第 27 条规定："县级以上人民政府应当每年向本级人民代表大会或者人民代表大会常务委员会报告环境状况和环境保护目标完成情况，对发生的重大环境事件应当及时向本级人民代表大会常务委员会报告，依法接受监督。"

分，尤其要区分政府作为公共利益代表、资产所有者代表、民事权利主体等多种身份。自然资源资产产权管理，要更加注重处理好政资关系，依法行使资产所有者代表的职能，不能混同监管权、物权之间的边界。作为民事权利主体，政府享有生态环境损害赔偿请求权利①，相关部门应当按照相关民事法律规定、民事诉讼法律规则的要求行使权利，不能混同行政权力与民事权利之间的关系。

（三）强化环境法的实施：环境法治的核心问题

进入 20 世纪 80 年代以来，环境法发展的一个重要特点是各国纷纷加强环境执法、环境法规的有效实施和遵守、环境法实施能力和执法效率的迅速提高。社会主义法律体系形成后，法治建设的主要任务要转移到法律实施上。创新以多元主体参与、多元手段协同并用的法律实施机制，是环境法治的重要任务。

强化排污者的环境责任有效约束排污者，是环境保护的重要内容，也是环境法实施的关键环节。环境法治的基本目标是通过责任、权利（权力）、义务的合理配置和运行，实现有效的社会控制。基本路径包括：一是构建多元化的控制主体（包括：个人自律、合同相对方控制、第三方控制等），实现社会共治；二是采取多元化的控制手段（包括：命令和强制、环境合同、行政指导、经济促导等），实现有效规制。

（四）强化司法救济：环境法治的重要保障

党的十八大报告提出，要健全环境损害赔偿制度。加强对环境民事权益司法救济，是促进人与自然和谐相处的基础性手段。

第一，畅通救济渠道，强化社会参与。环境法是共治性的法律，要求社会成员普遍参与。我国应当畅通对民事权益的司法救济渠道，鼓励公众运用法律手段维护自身合法权益，弥补政府监管留下的空白和不足。当前，尤其要注重强化公益诉讼机制，鼓励有关国家机关、企事业单位、社会团体等依

---

① 根据中办、国办印发的《生态环境损害赔偿制度改革方案》，从 2018 年 1 月 1 日起，在全国试行生态环境损害赔偿制度。到 2020 年，力争在全国范围内初步构建责任明确、途径畅通、技术规范、保障有力、赔偿到位、修复有效的生态环境损害赔偿制度。

据法律的特别规定，在环境受到或可能受到污染和破坏的情形下提起公益诉讼，维护环境公共利益。目前，我国正在对政府提起生态环境损害赔偿制度进行试点，未来将形成私益诉讼、公益诉讼、政府诉讼的相关损害赔偿救济格局。

第二，完善救济机制，有效惩戒排污者。当前，我国环境民事权益的司法救济不足。我国亟须创新执法机制，提高环境司法的有效性，包括：提高赔偿金额，实施禁令制度、恢复原状制度，建立专业鉴定人制度等。按照最高法院对设立专门环保审判机构的部署，近年来环境司法专门化程度显著提高，大大提高了司法救济的权威性和有效性。①

（五）强化社会共治：环境法治的社会基础

第一，强化环境信息公开在环境保护中的基础性地位，保护公众的知情权和监督权。为了更好地服务于公众参与，政府相关部门应该加强对环境信息的收集、整理、分类和加工，把法律上规定的和公众真正需要的信息予以公开。进一步扩大强制公开企业环境信息的范围，环境信息强制公开的范围应扩大到所有企业的重要环境信息。充分发挥社会组织在环境信息公开中的作用。组织化的公众参与正在成为政府信息公开的重要动力。

第二，充分发挥环保信用的作用，加大信用约束力度。社会信用体系建设是实现国家治理体系和治理能力现代化的重要内容，环保信用是实现有效环境治理的重要手段。当前，要依法加强环保信用建设，完善环境信用评价机制，实现环保信用评价标准和程序公开，接受社会监督，构建有效的失信惩戒、守信激励机制。

第三，风险分散社会化，有效进行社会管理。一是建立环境污染责任保险。环境污染责任保险有利于分散企业经营风险，促使其快速恢复正常生产，有利于使受害人及时获得经济补偿，稳定社会经济秩序。从发展趋势来看，我国应建立商业保险与政府推动相结合的保险机制。在产生环境污染和危害比较严重的行业，如石油、化工、造纸等，应实行强制环境责任保险，

---

① 2014 年 7 月最高人民法院发布的《关于全面加强环境资源审判工作 为推进生态文明建设提供有力司法保障的意见》，就全面加强人民法院环境资源审判工作提出了指导意见。

在其他污染相对较轻的行业，可实行政府引导下的自愿保险。[①] 二是建立环境赔偿基金。借鉴发达国家的经验，[②]建立环境赔偿基金制度。这样，当污染责任主体不能确定，或无力承担治理费用时，赔偿基金可被用来支付治理费用。之后，赔偿基金可通过诉讼等方式，向能找到的责任主体追索其所支付的治理费用。

---

① 2013 年 1 月 21 日，环境保护部、保监会发布《关于开展环境污染强制责任保险试点工作指导意见》，该意见明确，环境污染强制责任保险的试点企业范围包括：（1）涉重金属企业；（2）按地方有关规定已被纳入投保范围的企业；（3）其他高环境风险企业等。此前，2007 年 12 月，原国家环境保护总局与保监会联合发布《关于环境污染责任保险工作的指导意见》，选择高危行业开发环境污染责任保险产品。

② 例如，1980 年美国制定《综合环境反应、赔偿和责任法》（简称《超级基金法案》，CERCLA）。该法规定，对于污染者无法确定，或者污染者无力承担治理费用的情况下，需要国家先行承担相应的治理责任。

第二章　生态环境治理的法治思考

2018 年 5 月 18 日至 19 日，我国召开了第八次全国生态环境保护大会，习近平总书记指出："生态文明建设是关系中华民族永续发展的根本大计。""总体上看，我国生态环境质量持续好转，出现了稳中向好趋势，但成效并不稳固，稍有松懈就有可能出现反复，犹如逆水行舟，不进则退。生态文明建设正处于压力叠加、负重前行的关键期，已进入提供更多优质生态产品以满足人民日益增长的优美生态环境需要的攻坚期，也到了有条件有能力解决生态环境突出问题的窗口期。我国经济已由高速增长阶段转向高质量发展阶段，需要跨越一些常规性和非常规性关口。这是一个凤凰涅槃的过程。如果现在不抓紧，将来解决起来难度会更高、代价会更大、后果会更重。我们必须咬紧牙关，爬过这个坡，迈过这道坎。"① 显而易见，建设生态文明是一场涉及生产方式、生活方式、思维方式和价值观念的革命性变革，其本质是对现行利益关系的深刻调整。要实现这样的根本性变革，必须依靠严格的制度，严密的法治。正如习近平总书记所指出的："保护生态环境必须依靠制度、依靠法治。我国生态环境保护中存在的突出问题大多同体制不健全、制度不严格、法治不严密、执行不到位、惩处不得力有关。要加快制度创新，增加制度供给，完善制度配套，强化制度执行，让制度成为刚性的约束和不可触碰的高压线。"② 作为第一个生态文明建设的地市级先行示范区，湖州又是践行"两山"理念的样板地、模范生。在全国学湖州的舆论环境下，湖州的环保标准必然要提高。牢固树立"人家 100 分是满分，我们 100 分才是及

---

① 习近平：《推动我国生态文明建设迈上新台阶》，《求是》2019 年第 3 期。
② 习近平：《推动我国生态文明建设迈上新台阶》，《求是》2019 年第 3 期。

格分"的意识，拉高工作标杆。所以，为什么湖州的生态文明建设能够走在前列，跟惩罚性措施是密切相关的。由此看来，生态环境治理法治化是国家治理现代化的题中应有之义。生态环境治理法治化内涵科学立法、严格执法、公正司法、全民守法的方方面面。

一、生态文明建设法治化的发展趋势

事实表明，西方发达国家几乎毫无例外地走上了一条"先污染后治理"的老路，长则花了一百多年，像英国，短则像日本，花了三五十年时间就实现了环境状况的根本好转，总体上已经初步达到了人与自然比较和谐的状态。

（一）人类越来越关注生态环境的治理保护

1972 年 6 月，第一次人类环境会议在瑞典斯德哥尔摩举行。会议通过了《人类环境宣言》，呼吁各国政府和人民为维护和改善人类环境，造福全体人民，造福后代而共同努力。中国代表团在这次大会上表态，我国还是一个发展中的国家，我们愿意学习世界各国在维护和改善生态环境方面的一切好经验。应当说，中国一直都非常重视资源节约和环境保护领域的国际合作，先后缔结或参加了《联合国气候变化框架条约》《京都议定书》《生物多样性公约》等几十项国际环境与资源保护条约。所以，虽然西方比较早地提出了可持续发展理念，但西方在用这个理念的时候，更多的是要束缚发展中国家的发展。西方国家现代化程度已经很高，老百姓的生活质量很好，现在要求各个国家跟他们一样，同等程度的减排。不同的起点、一样的尺度，这就不公平。二氧化碳不排放，我们没办法发展，没法过上现代化的日子。所以我国强调的是共同但有区别的责任。一方面我们要承担责任，但我们还是发展中国家，如果跟发达国家一样减排，我们技术条件还达不到。所以，可持续发展涉及两个核心的概念：一个是需要，人的需要的满足；第二个是限制。而发达国家所指的需要是谁的需要？是发达国家的需要。它所指的限制是限制谁？是限制发展中国家的工业化。这一点我们必须搞清楚。2017 年 6 月 1 日下午，美国总统特朗普宣布，美国将退出《巴黎气候协定》，而中国政府此时坚定表示，无论其他国家的立场发生什么样的变化，中国都将加强国内应对气候变化的行动，认真履行《巴黎气候协定》。2014年11月12日，中国邀请美国在北京发布应对气候变化的联合声明。中国首次承诺到2030年前停止增加二氧化碳排放，向全世界作出了碳排放峰值的承诺。近两年，习近平主席不遗余力地倡议呼吁动员世界各国，牢固树立人类命运共同体意识，携手努力、共同担当。在不知不觉中，中国已经占领了生态文明建设的道德制高点。

（二）生态立法从零散迈向体系

客观地说，整个世界的生态法治的脚步是和生态恶化的严峻形势相伴相随的。1952年的伦敦烟雾事件，加速了世界上第一步空气污染防治法——英国《清洁空气法》的诞生。美国也是这样，20世纪40年代初期发生在美国洛杉矶的光化学烟雾事件和1948年的多诺拉事件，成为美国环境管理的转折点。还有日本，从1955年到1973年的近20年时间，日本的经济曾以两位数的增长速度飞奔。那个时候，"经济高增长"是日本全国上下唯一的目标，几乎所有的经济政策都围绕着"产值第一"而制定。然而与富足相伴的，是环境污染带来的种种噩梦。20世纪世界八大公害事件，四起发生在日本。因为汞污染中毒导致儿童神经受损的"水俣病"一度成为环境灾难的代名词。在公民社会的促进下，日本政府1967年制定了《公害对策基本法》，并在1970年的"公害国会"上修订了《公害对策基本法》和《防止大气污染法》。1971年，日本成立了环境厅，各都道府县、市町村也都设置了政府环保机构。1993年，日本通过了《环境基本法》。如今，很多去过日本的朋友都禁不住感慨，日本大街小巷干净得让人难以置信、垃圾分类细致到我们不可想象。

从总体上来说，中国生态文明法律体系的建设和世界环境立法的进程基本同步。为了避免走西方工业化国家"先污染后治理"的老路，我国早在1979年，就制定了《环境保护法》，当时是试行，1989年才正式实施。目前，我国环境保护领域初步形成了以《中华人民共和国宪法》的相关规定为指引、以《环境保护法》为"基本法"、以 30 多部环境专项法律为主体支撑、以 130 多部环境行政法规、近 2000 项国家环境标准以及宪法、民法、刑法、行政法、经济法、国际法、诉讼法等众多法律中关于环境保护的绿色规定为辅助配合的环境法律体系。我们还确立了环境标准、总量控制、环境影响评价、环境许可、排污收费、限期治理、环境信息公开、环境公益诉讼等重要的环境法律制度。这些制度有的是在地方实践的基础上演变而来。比如按日计罚制度，从发现违法行为开始一直到你停止违法行为为止，每天罚款，罚款没有上限，力度非常大。这项制度在国内最早出现在《深圳经济特区环境保护条例》中，对于出现环境违法行为不改的，每天罚一万，直到违法行为改正之日。为了有效地落实中央环境立法设定的目标和任务，一些地方的环境保护立法纷纷进行创新，表现出一定的超前性。

（三）环境执法从无力迈向严格

法律的生命在于实施。但必须强调的是，环境法律部门与其他法律部门最大的不同在于，在调整人与人之间的财产关系和人身关系之外，它着重调整的是人与自然的关系，是调和人天矛盾的法律。它既不是纯粹意义上的公法，也不是纯粹意义上的私法。这些环境法本身的特质和我国的现实情况，使得环境法律的实施比其他法律的实施更为复杂、艰巨。一没手段，二缺人才，三多阻碍，这些环境执法面临的现实难题，一度让环保部门成为最尴尬的部门。近几十年来，我国的环境执法基本上呈现出"纵横交错"的态势。从横向层面看，环境保护事宜涉及诸多职能部门，同一环境要素可能受到诸多相关部门的制约。这种制度的立法初衷是"多管齐下，共治环境污染"，而实践中出现的却是"九龙治水"的矛盾场景。从纵向层面看，环境执法主要涉及中央和地方的监督与被监督关系。在我国现行的政治体制和环境法治框架中，地方政府是中央环境立法的实施者，中央政府对地方政府的环境执法进行监督、检查。值得关注的是，中央对地方的监督通常采取"运动式"的而非"常态化"模式。显而易见，"运动式"的"环保风暴"只能在短期内奏效，那么，更长远的时间内如何建立长效机制，则是更值得关注的方向。近几年来，生态环境部的成立，中央以前所未有的力度实施生态环保督察等，都含有从根本上解决环境执法难题的本义。

当然，改革开放 40 多年来，环境执法领域也取得了明显成就。一是环境执法机构地位不断提高。比如，在中央层面，主管生态环境保护的部门在短短的几十年内经过了多次升格，执法权从较为分散到相对集中的演变。二是环境执法能力不断提升。在国家强调依法治国且不断重视生态环境的背景下，环境保护部门朝着大部制的方向转变，环境行政执法能力不断强化。三是环境执法手段越来越有力。在调研过程中，不少在环境监察一线的朋友表示，新环保法最有效的地方莫过于 2015 年 1 月 1 日同时实施的四个配套办法。按日计罚、限产停产、查封扣押、行政拘留就是新环保法的利齿钢牙。四是环境执法效果逐渐显现。客观地讲，虽然环境污染在我国仍然形势严峻，但是严格环境执法对于遏制生态环境进一步恶化发挥了重要的作用。特别是在环境执法受制于诸多限制的背景下，现有成绩来之不易。当下，各地普遍建立了网格化环境监管体系，形成"定人、定责、履责、问责"的系统化工作机制。

（四）环境司法从被动迈向能动

在推进生态文明建设的众多制度力量中，环境司法制度担负着环境立法实现的保障任务，是彰显环境正义的重要防线。当前，"生态文明建设是关系中华民族永续发展的根本大计"已然成为共识，以预期更好地启动司法力量解决现实中严峻环境问题，推进生态文明建设为目的的环境司法专门化改革由此成为关注的焦点。自 1989 年湖北省武汉市硚口区人民法院设立我国首家环境保护合议庭以来，各地陆续设立了一些环境法庭，其中又以贵阳的改革最为引人注目。2007 年 11 月，贵阳成立了全国首个中级人民法院环境保护审判庭和清镇市人民法院环境保护法庭，并于 2013 年 3 月，将环保"两庭"更名为生态保护"两庭"，同时组建生态保护监察局和生态保护公安分局。2014 年 6 月，最高人民法院对外宣布设立环境资源审判庭，并于 2015 年 11 月在武汉大学成立环境资源司法理论研究基地，由此开启了新时代环境司法专门化的新征程。可见，我国环境司法专门化走过的是一条"由下而上"的发展模式。各地环境审判机构的创新实践，为推动环境司法专门化进程，提供了基层的经验。

过去，我国实践中的环境污染损害事实非常普遍，但真正诉诸法院的案件数量屈指可数。许多受害人倾向于选择投诉政府及其主管部门，造成这一现象的一个主要原因，基于法院对环境保护选择较为消极的态度。但是，党的十八大以来，各级各地法院对待环境保护的态度相较过去发生了根本的转变。除了环保法庭的普遍设立以外，还有环境司法理念从消极到积极的转变。主要表现是，法院针对环境保护出台了许多重要文件。比如，2010 年6 月最高人民法院《为加快经济发展方式转变提供司法保障和服务的若干意见》，2014 年 6 月最高人民法院《关于全面加强环境资源审判工作，为推进生态文明建设提供有力司法保障的意见》，同时最高人民法院通过制定和实施一系列环境司法解释，加大了对污染受害者的保护力度。同时，环境司法受案范围也在不断拓展。在 20 世纪 80 年代初期，环境案件的原告主要局限于因环境污染而遭受直观的财产或人身损害的主体。2005 年国务院下发《关于落实科学发展观加强环境保护的决定》，指出要发挥社会团体的作用，鼓励检举和揭发各种环境违法行为，推动环境公益诉讼。随着我国环境公益诉讼制度的不断发展，环境案件原告范围呈现不断扩大的局面，《民事诉讼法》（2012）第 55 条和新《环境保护法》（2014）第 58 条对此予以立法确认。2014 年《中国共产党第十八届中央委员会第四次全体会议公报》提出"探索建立检察机关提起公益诉讼制度"，特别是 2015 年全国人大审议通过《关于授权最高人民检察院在部分地区开展公益诉讼试点工作的决定》和最高人民检察院发布《检察机关提起公益诉讼改革试点方案》，检察机关从最初的被质疑对象转变为环境司法格局中的重要力量，迎合了环境治理多元化结构的现实需求。[①]

（五）环境守法主体从单一迈向多元

2014 年 4 月 24 日，全国人大常委会第八次会议最终修订通过了新环境保护法。由原来的六章 47 条修改为七章 70 条，除了新增的条文，原有的

---

①　郑少华、王慧：《中国环境法治四十年：法律文本、法律实施与未来走向》，《法学》2018 年第 11 期。

法律条文几乎没有被完整保留的，要么被调整顺序合并了，要么内容被修改了，最大的变化是增加了一章叫"信息公开和公众参与"，这一章的增加使得环保法的结构体系完整地建立起来。从法律关系主体的视角来看，环境保护总体上应当是一种三方关系，政府、企业和社会公众，但是我们之前的《环境保护法》强调的却是国家和企业的双方关系，讲的是政府怎么管企业，企业怎么被政府管，好像公众没有参与。可是，国家为什么要管企业？就是为了保护环境的公共利益，作为利益主体的公众理应有权利发出自己的声音。所以，2014年《环境保护法》修改把环境保护关系的三角框架搭建完成了，这是一个巨大的进步。可见，环境法的遵守主要区分为三个层面：政府的环境守法、企业的环境守法和个人的环境守法，三者之间通常相互牵制和影响。政府是否遵守环境法可以从两个视角加以考量：中央政府及其组成部门和地方政府组成部门。从中央层面来看，国务院在我国环境保护事业的推进中一直起着重要作用，国务院先后针对环境保护发布了诸多重要决定，作为国务院组成部分的各大部委也承担了相当的环境保护责任，也各自颁布了若干有关环境保护的规章制度。整体而言，由于一方面环境法对国务院及其部委的环境保护责任规定较少，另一方面它们较少处理具体的环境污染事件，中央层面政府的环境守法情况较好。他们在目标上追求生态与发展的两全其美，根据形势的变化而选择侧重点。但是，地方政府的环境守法状况却不甚理想。屡禁不绝的地方保护主义，导致中国环境污染问题日趋严峻。

再一个重要主体是企业。大量的事实说明，企业的环境守法状况与政府对环境法的态度密切相关。如果政府严格遵守环境法，企业遵守环境法的状况也会比较好。而如果某一地区的地方政府对环境法视而不见，那么当地的污染企业对环境法的遵守情况自然好不到哪里去。整体而言，我国的企业环境守法状况逐渐变好，绝大多数企业的环境保护意识日渐增强。比如，在环境信息公开方面，各类型企业的环境信息公开都比过去有所进步，其中国控企业做得比省控企业好，省控企业做得比市控企业好。尽管如此，从经济理性的角度来看，环境守法在当下未必符合企业的最佳利益追求，这就使得企业的环境守法状态并不稳定。

我国环境法虽然明确个人应当履行环境保护义务，然而，因为环境法没有针对相关行为设置必要的责任承担机制，实际上并没有产生法律所追求的震慑效果、纠正效果。环境法对个人环境义务之所以如此规定，一方面环境法主要针对企业的环境违法行为，另一方面将个人作为环境法的调整对象存在技术和行政管理等方面的困难。但是，随着科学技术的快速发展，规制个人环境损害行为应当越来越具有可行性。总而言之，生态环境是最公平的公共产品，让建设美丽中国成为全体人民的自觉行动，需要不断增强全民节约意识、环保意识、生态意识，培育生态道德和行为准则，构建全社会共同参与的环境治理体系。

二、当前生态文明建设法治化亟待解决的核心问题

毋庸置疑，我国生态法治在过去的 40 多年特别是最近几年取得了长足发展，但在实践中也展露出诸多亟待解决的难题。

（一）生态立法轻刑化、威慑力不够

在湖州的环境犯罪案件中，自由刑和罚金刑整体偏轻。自由刑集中在三年以下有期徒刑和拘役，且缓刑适用率高；自然人罚金集中在 3 万元以下，单位罚金集中在 50 万元以下，刑罚震慑力明显不足。众所周知，"守法比违法成本更高"的客观现实一直是不利于生态环境治理、保护与修复的顽疾。很明显，这不是司法的问题，而是环境立法中设定的量刑幅度就是这个样子。美国 1978 年前后的拉夫运河事件，刺激了世界上最严苛的环保法案——美国超级基金法的诞生。它的严苛性体现在四个方面：第一，它的法律追溯期是无限的，任何人对环保问题造成的责任，可以无限期追溯。第二，它的连带责任范围非常广。造成环境污染问题土地上的所有企业的所有人和负责人，所有为该企业运输污染物的公司，所有为该企业提供能源的供应商，都有可能清除污染后果的连带责任。这样一来，美国很多公司在购地建厂时都非常小心，要搞清楚地下有没有可能的污染，虽然不是你造成的，

但是根据超级基金法你可能有连带责任。第三，法不溯及既往是一项基本的法治原则，但"超级基金法"却打破了这条原则。过去某个时候某公司在某块土地上造成污染了，但这并不违反当时的环保法，所以该公司没有违法，可是从现在的环保法看是违法的，照样可以按照现行的法律追究该公司的责任。第四，超级基金法的罚金可以达到清理费用的300%，足以让造成污染的利益相关者倾家荡产。

（二）生态执法区域化、协同性不够

生态文明建设领域存在着外部性的问题。一般来说，环境违法犯罪的手段隐蔽性强，往往选择暗管排放、夜间作业等方式作案，而且该类犯罪的主体大多是个体工商户、非法经营的小作坊主等。许多加工作坊设在城乡接合部或者农村中，如果没有周围群众举报，侦查机关很难发现污染环境的线索。这样的污染环境犯罪，取证、固定证据都很困难，对办案干警的调查取证能力提出了大挑战。所以，在生态执法领域，一起环境侵权案件的顺利办理，离不开行政机关与行政机关、行政机关与司法机关、司法机关与司法机关的分工、合作与相互监督。当前，地方法院系统虽已与生态环境等部门建立了行政执法与刑事司法的协调联动机制，但该机制的深化与落实有待进一步加强，特别是没有形成有关具体案件办理衔接配合的可操作性规定。

（三）生态司法形式化、引领性不够

2015年1月1日起施行的新环境保护法第58条以及民事诉讼法第55条，确定了符合条件的社会组织和检察机关提起环境公益诉讼的主体资格。司法力量通过典型案例的公布，可以大大激发社会公众参与生态文明建设的意识，进而促进整个社会生态文明建设的氛围。但前提是案例要足够典型，有震撼、能引导。

从湖州实践的情况看，最近几年围绕环境公益诉讼做了很多尝试性探索。2018年5月，湖州市首例刑事附带民事环境公益诉讼案件在安吉法院开庭审理并宣判。针对涉案人滥伐林木造成的生态效益损失，由专业机构出具鉴定意见和修复方案，最终责令被告人补植树苗565株。补植令、异地补植修复、禁止令、增殖放流等非刑罚处罚，与刑事处罚、经济处罚相结合，"三管齐下"，促进了"恢复性司法"理念的普及。与此同时，努力探索有利于社会力量参与环境公益诉讼的诉讼成本负担机制，积极推动设立生态环境损害赔偿金，聚焦于资金来源、适用范围、拨付程序、责任主体、监督主体等重要内容。为打造多元共治的环境司法保护新格局，湖州市还出台了一系列保障性规定。主要有，湖州中院为提高环境资源审判的专业化、规范化水平而下发的《关于进一步加强环境资源审判工作的通知》《关于环境资源审判庭受案范围的通知》；为构筑环境执法与司法协调联动机制而与环保部门联合出台的《关于加强环境资源保护共同推进生态文明建设的合作备忘》，就联席会议、信息交流共享、案件沟通协调、环保部门参与环境公益诉讼等工作达成共识；为有效填补行政处罚决定作出后到申请法院强制执行这段时间的空白期，最大限度减少企业排污机会，降低社会治理成本，湖州市环境执法与刑事司法协调联动办公室发布了《湖州市环境从严执法九项铁规》，明确规定，对污染企业不执行停产决定的，执法部门一律要向法院申请"禁止令"。市中院派员全程参与大气、水、土壤治理等专项执法，了解行政机关取证、执法过程，为审理环境资源案件打下基础。

客观地说，当下环境司法专业化的实践仍然面临着重重尴尬。首先，环保审判专业化的效果不尽如人意。最明显的体现是各地环保法庭普遍面临案件来源不足甚至无案可审的局面，远离了设立环保法庭的初衷。尤其是环境公益诉讼"有价无市"。第一，像湖州这样的设区市，符合环境保护法第58条的社会组织几乎为零，外地具有提起环境公益诉讼主体资格的社会组织又存在着信息不对称等客观障碍。已有的几起检察机关提起的环境公益诉讼，案件影响力太小，不具典型性，形式大于内容。第二，环境污染侵权案件的审理涉及法律判断与技术判断，在专业性事实查明方面需要多领域专业知识，必然导致对评估鉴定等中介服务的需求。以鉴定服务为例，当前，各地生态环境损害司法鉴定机构少、鉴定周期长、鉴定费用高等问题，已严重制约了环境资源审判司法实践。实际上，鉴定问题甚至在一定程度上影响了检察机关提起环境公益诉讼的积极性。除此之外，环境污染发生后到最终执行完毕，还会产生对应急处置、风险评估、监理、公证、修复、修复效果评估等中介服务的大量需求，而目前市场能提供此类服务的中介机构稀缺，更谈不上良性竞争。第三，即便是符合条件的社会组织提起环境公益诉讼，也常常被以"主体不适格"的理由而拒绝，存在着事实上的"立案难"，削减了社会组织提起环境公益诉讼的积极性。凡此等等，阻碍了环境公益诉讼向纵深发展。同时，检察公益诉讼体制和法律保障不力。

（四）生态守法被动化，自觉性不够

当前能提起环境公益诉讼的主体仅限于检察机关和符合法律条件的社会组织，门槛太高。加之环境司法的程序复杂，使得能进入司法程序的环境公益案件非常少，此种局面不打破，环境司法的价值将会大打折扣。这主要还是制度设计的问题。要想让公众参与生态文明建设，有一些必备的条件，比如生态文明理念的潜移默化、参与环境保护渠道的畅通以及环境信息的公开，只有在充分保障公众环境知情权的前提下，才会有比较好的环境保护参与。有一个数据，全国每天都要产生上万个市场主体，这就意味着客观上我们要承认政府的能力是有限的，我们不可能监管到每一个市场主体。但是，公众对于排污者和破坏者的了解，它的信息是不对称的，必须借助于信息机制，去缓和公众和排污者之间的信息不对称。党的十九大报告就明确提出，要建立环保信息的强制性披露制度，通过强制性的信息披露来让民众更加理性，政府更加理性。

三、进一步强化生态文明建设法治化的若干思路

习近平总书记说得非常清楚："人民群众对清新空气、清澈水质、清洁环境等生态产品的需求越来越迫切，生态环境越来越珍贵。我们必须顺应人民群众对良好生态环境的期待，推动形成绿色低碳循环发展的新方式，并从中创造新的增长点。生态环境问题是利国利民利子孙后代的一项重要工作，决不能说起来重要、喊起来响亮、做起来挂空挡。"① 那么，如何进一步强化生

---

① 《习近平关于全面建成小康社会论述摘编》，中央文献出版社 2016 年版，第 26—27、40 页。

态文明建设的法治保障呢？

（一）牵住牛鼻子，真正落实地方政府的环境保护责任

各级政府应承担最大的生态环境保护责任，这是由政府所担负的三重职责所决定的。第一，政府是公共环境的托管者，受托人理应比委托人承担更大的环境保护责任。第二，政府是良好生态的捍卫者。能够运用立法司法行政，以及社会动员的方式来保护生态环境。第三，政府是良好生态的参与者。政府在履行国土空间规划、土地出让等事项的过程中，都会涉及环境和资源的问题。尤其考虑到在我们公有制国家，政府是最大的资源所有者，它在自然资源和环境管理方面能否尽到责任，决定了我们的生态环境是否良好。这三种角色决定了政府应当承担最大的责任。按照修改后的《环境保护法》第 6 条第二款，地方各级人民政府应当对本行政区域的环境质量负责。而且，新环保法第 26 条，国家实行环境保护目标责任制和考核评价制度。县级以上人民政府应当将环境保护目标完成情况纳入对本级人民政府负有环境保护监督管理职责的部门及其负责人和下级人民政府及其负责人的考核内容，作为对其考核评价的重要依据。考核结果应当向社会公开。

另外，跨行政区域的环境污染和生态破坏的防治，由上级人民政府协调解决，或者由有关地方人民政府协商解决。它的根本目标就是从过去的地方分治转变为现在大的合作共治。当然，这需要相应的制度上的依托和支撑。比如，第一，要有超越地方的立法。像太湖流域管理条例、淮河水污染治理的管理规定等，从更高的一个层面上来整合不同区域之间的治理力量，构建一个整体保护的格局。第二，要有超越地方的管理机构。第三，要公平地对待利益的受损方，这个涉及生态补偿机制。在生态环境保护的过程当中，会有生态受益的一方，也会存在着生态受损的一方。以北京为例，北京的大气环境要改进，就不仅仅是北京市治理机动车污染的问题，河北的重工业和化工产业，也要大规模地削减生产规模，因此，北京的大气环境改善，是需要河北作出贡献的。在这种情况之下，有必要从中央通过纵向的财政转移支付，以及北京给予河北相应的横向财政转移支付这样的生态补偿机制，以实现公平的发展。再比如，浙江省 2005 年实施的生态补偿制度，是全国第一

个出台省级层面的生态补偿制度的省份。

（二）打开新路，进一步加大社会公众的环保力量

卢梭说得好，最重要的法律不是刻在大理石上，也不是刻在铜表里，而是铭刻在人们的内心里。公众参与生态环境有两种形式，第一种是前端的决策参与，比如，PX项目上不上？它的环境指标行不行？应当拿出来让相关的老百姓去讨论，是不是可以接受？如果有污染，主管部门应当公开信息，谁违法了，违法的程度，你怎么处罚的等。还有一种形式，如果有人破坏了生态、污染了环境，老百姓应当告诉有门，也就是环境保护的公益诉讼。对于环境公益诉讼而言，它的主要目的是停止污染，让排污者出资设立相应的污染治理基金、恢复生态平衡。它和以"财产或人身损失"为主要诉讼请求的环境侵权诉讼存在着截然不同的立法理念。生态环境修复不能总让政府买单。促进生态环境保护从自发状态进入到自觉状态是当前生态环境治理的重要任务。

（三）加强监管，打造生态环境执法最严格城市

企业是最重要的排污者，理应承担起相适应的主体责任。2017年，湖州全市累计责令或限期改正违法行为的企业816家，处罚环境违法企业461家、罚款2885.61万元；查封扣押213家、限产停产10家；移送适用行政拘留环境违法案件49件、行政拘留43人，涉嫌环境犯罪29件、刑事拘留40人。我们也关注到，2017年，湖州全市按日计罚只有两件，究其主要原因恐怕有两个方面，一方面，我们的制度设计本身还存在一定的缺陷，不好操作；另一方面，可能我们在执法力度上还是不够。

第三章　政府环境问责制研究

一、政府环境责任的法理分析

（一）政府环境责任的相关概念阐述

在《汉语大词典》中，"责任"一词有三种含义：第一是使人担起某种职务和职责；第二是分内应做之事；第三是因没做好分内之事，而承担的过失。① 对此，从法学的角度看"责任"一词，同样有三种含义：第一是分内应做之事，是一种角色义务；第二是指特定的人对特定事项的发生、发展及其结果负有积极的助长义务；第三是指因没有做好分内之事或没有履行助长义务而承担的不利后果或者强制性义务。② 根据以上概念的辨析可以得出责任具有双重含义，第一层含义是指社会主体对其所扮演的社会角色所负担的相适应的义务，包括依照法律的直接规定或法律关系主体通过积极活动而设定的义务；第二层含义是指社会主体由于违反了第一层面上的义务所应当承担的不利后果。

环境责任是指社会主体在环境保护领域应当担负的责任，政府环境责任，是指法律规定的政府在环境保护方面的义务和权力（合称为政府第一性环境责任）以及因政府违反上述义务和权力的法律规定而承担的法律后果（简称政府环境法律责任，也称政府第二性环境责任）。③

由上述定义可知，从内涵上可以将政府环境责任分为两个方面。其一，政府第一性环境责任，即政府在环境保护方面的法律义务，亦称政府环境职

---

① 《汉语大词典》，汉语大词典出版社 1992 年版，第 91 页。

② 张文显:《法学基本范畴研究》，中国政法大学出版社 1991 年版，第 184 页。

③ 蔡守秋:《论政府环境责任的缺陷与健全》，《河北法学》2008 年第 3 期。

责。对环境保护的需求，政府应积极予以回应并采取相应措施去满足公众需求，这也表明了社会公众对政府及其环境保护职能部门的行为预期，并且政府要承担未能实现其预期的责任。其二，政府第二性环境责任，是指政府违反了第一性环境义务或政府不作为、违法作为而应承担的不利法律后果，是行政机关未完成应做之事引起的消极法律后果。第二性环境责任由第一性环境责任引起，以国家强制力保障实施，具体表现为对政府不当行为的问责，第二性责任是第一性环境责任实现的保障。

（二）完善政府环境责任的现实价值

1. 解决日益严重环境问题的需要

20世纪80年代以来，在世界范围内，众多国家的经济发展在一定程度上都以牺牲环境为代价。生态破坏、大气污染、能源耗竭等环境问题已经严重威胁到人类社会的生存和发展，国际社会上掀起了新一轮环保热潮。我国环境问题日益严峻，即使局部地区环境质量有所提升，但环境整体情况仍令人担忧。近年来，重大的环境污染事件引起了人们对环境问题的关注。由于人民群众对环境保护需求的不断提高，加之生态环境问题本身的广泛性、专业性和持续性，政府环境管理的任务尤为艰巨。因此，应监督政府依法办事，制约其不当行为，使政府承担起相应的环境保护责任，在环保领域发挥其应有的作用。

2. 协调环境保护和经济发展的需要

环境问题出现的原因有多个方面，但人类的社会经济活动是最为重要的影响因素。人类经济发展初期由于生产率水平有限，缺乏环保意识，为了经济发展不惜牺牲环境，尤其是工业经济发展对自然环境造成的一些破坏是不可逆转的。从这个层面上讲，经济发展和环境保护是一对矛盾关系。

我国自改革开放以来，政府在观念上始终将发展经济放在首要位置。然而，简单粗放型的经济发展模式会导致一系列环境问题，大部分地区的环境污染状况至今仍未得到改善，这会对我国经济社会可持续发展产生负面的影响。政府若不采取有力措施加强生态环境保护，改善日益严峻的生态环境，环境问题会成为我国经济建设的阻碍。政府作为社会管理和环境管理的主体，协调好环境保护和经济发展之间的关系是其应履行的责任。因此，政府必须承担保护环境的责任，着力提升环境质量，实现人与自然的和谐发展。

从另一个角度上讲，商业反映论认为环境保护责任履行程度的高低与政府和社会组织经济收益的增长呈正相关。政府若积极履行环境保护责任，会提升其社会形象，增强市场竞争优势，从而加快经济收益的增长。此外，环境库兹涅兹现象表明环境质量与人均收入水平呈倒 U 曲线形关系。在经济发展前期，环境污染程度不高，民众享受到经济发展带来收入增加的好处，能够容忍环境质量下降的现实；经济增长到一定程度后，公民社会的生活水平得到进一步提升，对环境污染容忍度降低，环境开始得到治理；随着经济继续发展，容忍度进一步降低，环境状况得到改善。因此，调整好经济发展和环境保护之间的关系，需要政府承担其相应的环境保护责任。

3. 国际环境保护的需要

现代政府环境责任还具有内外双重属性，而且内外高度一致。按照传统国际政治理论，国家利益是国家制定对外政策的最终依据。这个判断其实暗含了这样一个前提，就是国家之间有着不同的利益，这些利益往往存在冲突。[①] 由于国家间历史进程、法律体系、发展程度等诸多方面的差异会导致彼此间利益的不一致，但这种差异性在环境领域是最低的。生态学理论中，地球是一个整体性的生态系统，这个系统内的各个部分联系紧密并且相互影响。相较于其他具有国际性因素的经济、文化等问题，环境问题全球性特征尤为明显。由于环境问题的全球性特征，所有的国家都难以独善其身。1992年 6 月，联合国在里约热内卢召开的环境与发展大会，通过了《21 世纪议程》等重要文件，标志着人类对环境与发展的认识提高到了新阶段，环境问题正式成为一个国际性的问题，并作为一种潮流在全世界范围内兴起。由于各国的国内环境也是全球环境的组成部分，因此政府承担的国内环境保护责任与全球环境保护责任是统一的。事实上，大多数国家也都努力将国际责任和国内责任联系在一起。因此，政府承担环境责任不仅是国内现状的要求，

---

① 孟庆垒：《环境责任论——兼谈环境法的核心问题》，法律出版社 2014 年版，第 20 页。

也是在国际领域的需要。

4. 贯彻中国特色社会主义思想的需要

党的十九大报告指出，全党要深刻领会新时代中国特色社会主义思想的精神实质和丰富内涵，在各项工作中全面准确贯彻落实。重要内容之一就是"坚持人与自然和谐共生。建设生态文明是中华民族永续发展的千年大计。必须树立和践行绿水青山就是金山银山的理念，坚持节约资源和保护环境的基本国策，像对待生命一样对待生态环境，统筹山水林田湖草系统治理，实行最严格的生态环境保护制度，形成绿色发展方式和生活方式，坚定走生产发展、生活富裕、生态良好的文明发展道路，建设美丽中国，为人民创造良好生产生活环境，为全球生态安全作出贡献"。

二、政府环境问责制的理论阐述

（一）基本概念的界定

在一个民主社会，政府应该对公民负责是一个普遍被接受的概念。然而，它所面临的是如何监督政府是否负责，以及怎样追究政府违法、失职责任的问题。问责制正是一种可以有效促进政府承担环境责任的监督机制。

1. 问责制和含义

对于什么是问责制，我国学者没有形成一致的看法。

有学者认为："问责制简单地说即是责任追究制，它是指特定的问责主体针对公共责任承担者承担的职责和义务的履行状况而实施的，并要求其承担否定性结果的一种规范。"[①] 有学者认为："问责制是一种超越违法责任的高级管理机制，它代表着现代社会经济条件下责任作为一种系统性的制度结构所具有的整合和调节功能。"[②] 有学者认为："行政问责制是指由有权机关依照法定程序来对行政机关及其工作人员追究责任，由其承担不利后果的制度。"[③]

---

① 周亚越:《行政问责制研究》，中国检察出版社 2006 年版，第 33 页。

② 史际春、冯辉:《"问责制"研究——兼论问责制在中国经济法中的地位》，《政治与法律》2009 年第 1 期。

③ 邓可祝:《政府环境责任研究》，知识产权出版社 2014 年版，第 215 页。

　　笔者认为，从字面来看，问责就是去追究分内应做之事，问责制是追究责任的制度；从法律层面来看，问责制是指问责主体依据法律规定的事由、权限、程序，由问责主体评价问责对象的责任承担情况，并能针对问责对象的言行追究相应责任的法律制度。

　　由此可知，环境问责制就是在环境保护领域的问责制，它是指由专门机关对政府环境主管部门及其工作人员违法或不当履行环境保护职责的行为，依据法律规定进行追责，使其承担不利后果的法律制度。

2. 问责制的功能

　　问责制作为民主政治的基本制度之一，具体有以下三方面的功能。

　　（1）监督功能。

　　权力具有支配力量和扩张性，这种扩张性会让权力逐渐膨胀，因此权力的滥用和权力的腐败是难以避免的。正如孟德斯鸠所言："一切有权力的人都容易滥用权力，这是万古不易的一条经验，有权力的人们使用权利一直到遇到有界限的地方才休止。"[①] 由于权力与生俱来扩张性的存在，就会有权力腐败和权力滥用的风险，因而对于权力的制约和监督是尤为重要的，行政监督便成为现代公共行政程序中必不可少的环节，通过监督行政机关及国家公务人员的不当行为，提升行政系统的科学性，提高行政工作效率，进而实现行政目标，使得公务人员更加勤政，政府机关更加廉洁。但是，行政监察制度由于缺乏全程性和系统性，难以获得良好的问责效果。问责制具有主体多样、行为规范、程序合法、制度科等特点，能很好地弥补行政监察的不足。更为重要的是，广泛的问责主体能够使政府的所有行为都受到监督，进而实现监督的社会化。因此，问责制的监督功能使其成为政府承担环境责任不可或缺的重要制度。

　　（2）惩处功能。

　　如果在监督过程中发现问责对象有问题，就会对其进行惩处。惩处主要有两种，一是对政府和政务官员进行惩处；二是对一般公务人员进行惩处。

---

　　① 〔法〕孟德斯鸠：《论法的精神》（上册），张雁深译，商务印书馆 1982 年版，第 154 页。

各国法律对此均有规定，例如美国宪法规定，国会有权对叛国、贿赂或者其他重罪或轻罪的总统以及合众国的所有文职官员进行弹劾，如被弹劾者有罪，将被免除职务并且今后不得再担任任何职务；《德国联邦惩戒法》规定对公务员有申诫、罚款、减俸、降级、免职、退休金之缩减及撤销退休金之给予的规定。

（3）预防功能。

问责制有特殊预防与一般预防两方面责任的预防功能。特殊预防主要是对相关人员的问责，追究责任，进而使其承担相应的不利后果，防止再犯；一般预防通过问责制度的设计，使问责客体明确其行为以及所担负的责任，有一个合理的心理预期后从而对自身行为进行判断，减少被问责的可能。问责的预防功能可以使行政机关及其工作人员在行为之前在心里产生一种预判，从而约束自身行为，对违法失职行为起到一定预防作用。

（二）问责制的理论依据

1. 人民主权理论

人民主权理论经布丹、霍布斯、洛克、卢梭等西方政治思想家不断补充和实践，终形成一套完善的理论，其与问责制的因果关系具体表现为以下两个方面：

第一，人民主权理论是问责制的发端。人民主权理论的内涵是国家主权属于人民，并为人民的意志所指导。在国家产生之前，人民处于一种自然状态之中，人生来趋利避害的本性使他们愿意让渡出自己的部分权力。无数个部分权力的集合就形成主权，他们并订立契约：主权不可分割、不可转让，主权具有至高无上的地位，主权具有强制性，因此国家产生。毋庸置疑，国家主权源于人民权力的让渡，自然属于人民。人民有权根据自己的意志对国家主权进行指导。

第二，代议制为问责制开启实践的途径。若说人民主权理论是问责制的思想基石，那么基于人民主权理论的代议制度为问责制的形成打开了一个实践途径。直接民主践行条件的苛刻，让每一个现代国家几乎都选择间接民主，即代议制。代议制下，人民通过选举产生代表，同时将决定和管理国家事务的权利委托给代表，人民与代表之间是委托与被委托的关系。当代表不能够按照约定行使权利，人民可以撤销委托关系，重新选取代表。现实往往是，代议制下国家权力的所有者"人民"与权力执行者"代表"之间矛盾不断，那么如何使代表能够一直有效地代表人民、正当地行使权力呢？毫无疑问，建立监督和问责机制。基于这样的理念，政府必须向人民负责，真正做到有权必有责，用权受监督。

我国坚持人民主权原则，人民代表大会制度作为我国根本的政治制度就是人民主权原则的最好体现。同时，宪法规定："中华人民共和国的一切权力属于人民，人民行使权力的机关是全国人民代表大会和地方各级人民代表大会。"该规定有两层含义：其一，主权在民。我们国家的权力是属于全体人民的，由人民选举的全国人大代表和地方各级人民代表是人民意志的体现，他们要向人民负责；其二，人民代表要接受人民监督。人民作为权力的所有者有权对代表进行监督，而代表作为权力的被委托者有义务接受人民的监督，当代表为履行人民赋予的责任和义务时，人民有权进行追究和问责。

2. 委托—代理理论

委托—代理理论可以看作人民主权理论发展过程中的一种变种理论，它是契约理论的一种。此理论开始较为广泛地适用于现代公司和企业，倡导所有权与经营权分离，将经营权让渡，公司或企业所有者保留所有权。该理论认为，经济领域中的人都是经济人，其本性就是理性和自利。委托方还是代理方都是经济人，他们追求目标和利益很难保持一致。由于双方间的信息不对称，委托方担心利益受损，一方面通过建立制衡机制来制约代理人的权力，另一方面通过激励机制使代理人做出有利于自己的选择。

政府也存在委托—代理问题，不一样的地方在于，政治领域中的委托方是人民，代理方是政府。政府代理了人民的权力，取得了对社会资本和公共资源的经营权和管理权，人民作为委托方对公共资源和资本拥有所有权。但实际中，政府直接掌握和行使公共行政权力，是各类重要社会资源的实际拥有者。因其具有经济人的属性，在管理过程中有时会出现不尽责，甚至失职的情况。而人民虽然是公共资源的所有者，但它们孤立无援的分散状态难以形成对抗政府的强大力量，处于弱势一方。加之政府和公民之间的信息不对称，使双方在目标和利益上存在差异。这时，人民就需要有效的监督机制和问责机制对政府进行制衡与控制。

人民通过问责制，一方面可以分享其喜好和期望；另一方面，会让政府信息及时公布于大众，信息的不透明或不对称会给予政府机会免除自己承担的责任。因此，为了防止人民在与政府的关系中处于弱势地位，为了防止政府将自己的趋利性渗透到公共权力的行使过程中去，建立问责机制迫在眉睫，也势在必行。

3. 责任政府理论

权力的产生源自人民的赋予，权力的目的在于服务人民。公民把权力授予政府来行使，政府作为受托者就应对全体公民负责任，成为一个负责的政府。《布莱克法律辞典》对"责任政府"的定义是这样："这样的政府体制，在其中，政府部门或行政委员会必须为公共政策或国家行为负责，当议会对其投不信任票或他们的重要政策遭遇失败，表明其大政方针不能令人满意时，他们必须辞职。"[①] 责任政府也可以看作问责制的一种理论来源。相较于一般政府，责任政府能够与公民、社会进行良好的互动，是一种理想的互动政府模式。

传统意义上的一般政府，往往对公民和社会的需求不敏感，缺乏较强的公共服务能力，在与它们的互动关系上处于被动状态，政府、公民和社会基本是单向行为的互动模式。而责任政府相反，它以公共服务为终极导向，行为积极，在政府与社会联系中始终处于主动，从而形成高效的回应机制。因此，回应性是责任政府的一个重要属性。通过回应性，政府能够将政府责任转化为有效的公共服务，不仅向社会和民众展现了政府的施政原则和行为方式，而且刺激了社会同政府的互动，为民主政治的发展创造了优渥的条件。在实践中，责任政府的实现需要科学的制度来支撑，问责制正是为适应需要发展起来。通过问责制，政府可以加强回应性机制的建设，在问责中不断提

---

① 〔英〕安东尼·吉登斯：《社会学》，马戎等译，北京大学出版社 2003 年版，第 439 页。

升这一属性，从而公正、有效地维护公民的需求和利益，实现与社会的良性互动。

（三）政府环境问责制产生的动因

公共品是指这样一类商品，该商品的效用扩展于他人的成本为零；无法排除他人参与共享。[①]从环境经济学角度来看，环境资源属于公共产品，具有外部性。然而，自由竞争是市场的本质属性，环境这类靠市场无法解决的问题还会为自由竞争而逐步加剧。只要市场这一属性不改变，"搭便车""公地的悲剧"等现象就会不断出现。由于市场失灵对环境保护而言是一种绝对失灵，就需要政府"有形的手"对环境资源进行管理和干预。

可是，政府对自然资源进行干预之后，仍然会出现环境治理效果不理想、寻租腐败以及政策失效等问题，这是因为政府也会出现失灵的情况。政府失灵这是指在经济市场条件下，政府由于自身因素和外部因素的影响出现失误或者其他负面效应。政府环境失灵特指政府在环境保护领域的失灵，具体表现为与环境有关的政策和法律没有达到理想的效果，还有可能引起预期之外的消极影响或产生新的环境问题。与市场失灵不同，政府失灵则是一种相对失灵，可以得到改善甚至消除。法律制度可以满足环境保护事业的紧迫性，又可以弥补环境道德的非强制性缺陷，能够应对政府失灵的现象。但为什么在具有相关法律法规的情况下环境问题还是层出不穷？因为法律也会出现失灵的情况。

所谓环境法律失灵，一般指已经制定的环境法律不能或没有发挥其应有的、立法机关所期望的、社会所期望的作用和效益，或没有实现环境法律所规定的目标等现象，即环境法律缺乏有效性或有效性不足。[②]政府环境失灵从本质上说就是环境法律的失灵。所有政府都需要相应的责任体制，这个责任体制的重点就是利用问责制来落实政府责任。问责制是现代政治的基本要求，是政府责任的重要标准之一，是法律法规能够有效实施的重要

---

① 〔美〕保罗·萨缪尔森，威廉·诺德豪斯：《经济学》，萧琛主译，商务印书馆 2013 年版，第34 页。

② 蔡守秋：《论政府环境责任的缺陷与健全》，《河北法学》2008 年第 3 期。

保障。

（四）问责制与审计的关系

问责（accountability）与审计（accounting）有相同的词源，可见两者关系密切。从理论上看，财产权利的分割会产生委托代理关系，委托人是财务的所有人，他将财物托付给他人时就获得委托人的身份，代理人是接受委托财产的人。根据激励不相容理论，代理人作为经济人可能会实施追求自己利益的行为，但这种行为很难与委托人的目标相一致；根据信息不对称理论，代理人获得的信息数量一般多于委托人，所获信息的质量也比较高，即使代理人未按委托人的意愿办事或者损害委托人的利益，委托人也难以发现。由于激励不相容和信息不对称的存在，代理人有可能违背委托人的利益采取机会主义行为。激励不相容给代理人实施机会主义行为的机会，信息不对称现象的存在是代理人实施机会主义行为的可能。

1. 问责制是委托人应对机会主义的对策

委托人应对代理人的机会主义行为主要有两种机制，一是治理机制；二是问责机制。治理机制主要是从降低代理人机会主义行为的可能性这个角度来发挥作用。通过委托人、代理人及代理人内部的权力分配，为代理人科学决策及预防严重机会主义行为提供制度基础。问责机制主要是通过抑制代理人机会主义行为的前提条件来发挥作用的。[①] 实践中，环境领域的机会主义行为没有得到有效抑制，委托人的不作为或没有作为的能力是非常重要的一个原因。这就需要有一个机制能够保障委托人获得真实有效的信息，从而对代理人的行为进行监督。

2. 审计是问责信息的保障机制

委托人通过治理机制和问责机制降低代理人的机会主义行为发生的可能，但是，如果代理人不遵从制度安排或者所提供信息缺乏真实性，委托人仍然难以了解代理人履行职责的状况。如果问责信息的真实性和完整性难以保障，问责机制就难以有效运行。这种情况下，审计就成为保障双方信息对

---

① 郑石桥、陈丹萍：《机会主义、问责机制和审计》，《中南财经政法大学学报》2011年第4期。

称的有效工具。对于问责信息的需求催生了审计，没有问责就没有审计。从这个角度上说，问责的存在是审计存在的前提，审计是问责信息的保障。

综上所述，如果委托人通过问责机制降低代理人机会主义行为发生的可能性，通过审计提升代理人提供信息的真实性。

（五）环境审计的产生和价值

政府环境审计是政府环境管理活动的一个重要环节，也是政府审计工作的一项重要内容。随着人们对经济社会发展与生态环境关系认识的不断深化，以及公众对良好的生态环境要求的不断提高，我国环境审计理论研究和实践有了一定的发展。对于政府环境审计，一般认为应该包含环境管理部门财政财务收支审计、环境专项资金审计、环境管理系统审计和环境责任审计等内容。①

1. 环境审计的产生

在环境保护领域，代理人的环境机会主义行为是环境审计产生的根源。当民众难以忍受环境机会主义行为导致的环境污染时，就有了环境问责的需要。对于环境问责，起初采取的行为一般是环境监管部门直接对环境污染者的问责，所以，初期的环境问责规制对象是环境污染行为。随着环境责任主体类型的丰富和公民环境意识的提升，问责机制越来越复杂，政府很难对民众做出满意的回应，导致问责目的难以实现。这时就需要一个掌握所有环境问责主体的相关信息的机关做出综合评估和评价。审计机关作为综合经济部门，能够作为问责的信息保障主体，环境审计就此产生。

2. 环境审计的价值

环境审计具有独立性。虽然政府相关部门有权开展环境管理监督工作，但这些部门是环境管理的相关法律法规的制定主体，负有对被监督主体履行相关法律法规的监督责任。同时，其法律法规的科学性、合理性和有效性也要通过被监督主体的实践活动才能体现。环境问题若是法律制定本身存在的问题而导致的，政府的相关部门就应该承担相应的责任，然而这些部门监督

---

① 牛鸿斌、崔胜辉、赵景柱：《政府环境责任审计本质与特征的探讨》，《审计研究》2011年第2期。

工作的独立性就难以保证。另外，环境审计是站在第三方立场进行的监督，与被审计主体之间是相对独立的。此外，由于环境审计属于一种独立的监督方式，环境审计主体可以对与环境监督有关的政府部门进行再监督，这进一步体现了审计的独立性价值。

环境审计具有工具价值。环境审计作为审计与环境管理的交叉学科，在环境管理中发挥着重要作用。审计机关通过对审计主体的审计监督，作出专业客观的评价，有利于促进国家民主法治的建设和社会经济的发展，体现审计工作的价值。因此，审计是监督政府环境行为的一种管理工具。

三、政府环境问责制在我国环保法中的缺失

（一）环境问责理念的缺失

行为以理念为前提，观念意识的偏差深刻影响政府与其他主体在环境问责过程中的行为选择。

1. 环境保护责任主体的理念缺失

一直以来，政府机关及其工作人员对环境保护的重要性缺乏正确的认识，环保意识和责任意识缺失、权力寻租和权力腐败是比较普遍的问题。以上问题产生的原因主要有以下三个方面：

第一，由于政府具有经济人的属性，这就决定了政府行为不能和公民的利益始终保持一致。例如，政府机关工作人员在处理环境问题时，可能会出现利用职权保护违反环境保护法律法规工作人员的情况，这样就不利于环境问责制度的运行。

第二，我国政府长期以"经济社会迅速发展"作为追求目标，尽管近年来科学发展观、可持续发展、生态文明建设的宣传不断加强，环境保护意识有所觉醒，然而"重发展、轻环保"观念仍然在政府部门尤其是领导人的意识中占据主导地位，加之现实中由于政府承担复杂的社会管理和公共服务职能，对环境保护的重视相对不足。

第三，政府机关及其工作人员缺乏环境保护的责任意识。如前文所述，

有权必有责，权力与责任是对立统一的。权责一致是现代公共行政的基本原则，责任政府是当代民主政治的重要内容，环境问题是政府责任的重要内容。实践中，一些行政机关工作人员只关注自身利益和地位，甚至以权谋私、贪赃枉法；一些工作人员害怕承担责任，工作不积极、不主动。政府只看重权力，不承担责任；政府官员只行使权力，不履行义务。这种情况产生的根本原因是在观念领域权力本位的观念仍占主导地位，缺乏环境保护责任意识。

2. 政府环境问责主体的理念缺失

立法机关、行政机关、司法机关、社会公众和新闻媒体等问责主体存在问责意识不强、问责能力不足的问题。

第一，行政机关是同体问责的主体，立法机关和司法机关是异体问责的主体，这些主体在一些情况下为了维护政府权威、保持良好形象，不披露政府的不当行为，不追究工作人员违法违规行为的法律责任，这些做法严重影响政府环境问责的有效实施。

第二，我国传统的"官本位"观念影响深远，民众即使发现政府履职不当，甚至违反法律法规，也不敢或者不愿进行监督或者问责。从另一个角度说，民众政治素质和权利意识的缺失还表现出一种对权力的依赖。公民虽然排斥强权的控制，但对政府行为又有很高的服从性，对于政府的行为发表自己的认识和看法，即使认为政府制定的规范不合理也不会反对。公民政治参与热情度不高，参政议政的能力不强，在现实生活中难以实现对行政权力的有效监督，这就会加剧行政权力的膨胀。

第三，社会公众环保意识和环境问责意识不强。环境问题与人们生活相关度很高，环境问题的影响具有广泛性，尤其是近年来一些较大的环境污染案件的发生，更真切地让公民感受到环境与我们的生活息息相关。但由于环保意识不强，公民对于环境保护仍然具有较强的消极性和被动性，积极主动参与环境问责的情况较少。

（二）环境责任相关法律规定不足

导致政府环境责任问题的原因有法律的执行和法律遵守等多个方面，但相对而言，有关政府环境责任法律本身的缺失是最根本的原因。当前，我国法律中有关政府环境责任的依据主要是：《宪法》第 26 条规定："国家保护和改善生活环境和生态环境，防治污染和其他公害。"《环境保护法》第 6 条规定："地方各级人民政府应当对本辖区的环境质量负责。"具体存在以下几个方面的问题：

1. 对政府环境责任的法律规定较少

我国法律的规制重点在于政府的经济责任，这是 GDP 至上理论在环境法治领域的反映。具体表现为，法条多为政府经济责任的规定，有关环境责任的规定很少；组织部门将经济发展作为官员政绩考核的重要指标，而不重视当地环境状况；GDP 至上的观念容易产生政府环境管制的混乱和环境执法不力的负面后果；政府实施的行为可能为了自身目的而损害公众利益，在立法上缺少对环保部门有关具体处罚职权的规定，导致环境污染事件频发而执法工作难以到位，这些都对环境法的实施产生消极影响。

2. 对政府责任的重视程度欠缺

从我国现行环境法律规范中可以看出，我国环境立法的重点落在政府环境权力，法律条文也多与政府对环境的管理有关，很少提及政府应该承担的法律义务。从规制对象角度上看，环境保护法的具体规定多数针对工厂、企业等主体，对政府环境保护履职的规范和制约的数量较少。政府未能发挥其环境保护的公共职能，不利于保持政府在环境领域的公信力；同时，环境执行事务难以展开，不利于有关环境法律的实施效果。

3. 轻视政府第二性环境责任

我国环境法律法规强调政府在环境领域的各项权力和职责，然而对政府不当履行职责或者不作为等行为所需承担的法律后果没有明确的规定。这就导致法条仅规定政府的权力而缺乏责任追究。政府第二性环境责任的缺失，具体表现为政府环境问责制的不健全。强制性和救济性是法律的重要属性，环境法律缺少政府第二性环境责任以及环境问责的规定，从根本上说是对环境强制性和救济性的轻视。缺少法律和追责机制的控制的政府，很难保证其积极履行自身职责，而且容易导致权力的滥用等负面后果。

4. 法律条文内容缺乏合理性

环境法律条文中有关政府环境职责多以"应当""有权"等词语来规定，这更像是赋予政府相应的环境权力，而非是在环境领域中政府应担负的职责。此外，《环境保护法》关于法律责任的多项条款中，只有一条规定是关于政府责任追究的。这表明，环境法律很少对追究政府环境责任进行规制，而把主要的关注点放在企业和个人上面。综合考虑我国环境保护的法律环境，特别是政府环境责任追究的法律的相关内容，可以得知现行的法律没有为政府环境问责提供充足的法律依据。

5. 公众参与机制的效能较低

2015年施行的新《环境保护法》首次将公众参与作为环境法的基本原则之一，并有专章规定公众参与制度。此外，在其他单行法，如《环境影响评价法》中也有关于举行听证会或论证会、征求公众意见等规定。

然而，我国环境保护领域的公众参与的效能仍然较低，参与信息失实、参与方式非理性等现象越来越多。该问题产生的主要原因是立法中关于公众参与规定偏原则性，社会公众参与积极性不强。如前文所述，我国政府有关的环境保护责任并不明确，在这种情况下，如果有一套健全的公众参与机制，能使公众参与到环境治理过程中，就能弥补政府环境保护责任不完善所产生的一些问题。因此，环境保护领域的公众参与制度，已经成为解决环境问题的重要途径。随着公民环境意识逐渐提升，政府面对来自公众的环境诉求越来越多，有效的公众参与能在一定程度上促使政府积极履行自身职责，这个需要以公众能够获得所需要的信息为前提。

（三）环境问责机制有效性不足

1. 问责主体单一——异体问责缺位

从追究主体角度上讲，政府环境问责可以分为同体问责和异体问责。同体问责是指行政机关系统内部对政府环保部门及其环境行政人员进行问责。同体问责又可以分为专门机关问责和非专门机关问责，前者主要是指政府上下级之间的问责，后者主要是指专门的监察机关和审计机关进行问责。异体问责主要包括立法机关、司法机关、社会公众以及新闻媒体对政府环境责任的问责。目前，我国政府环境责任追究以同体问责为主，异体问责发挥的作用非常有限。同体问责属于行政机关的内部监督和追责，主要是由政府部门进行，由于缺乏独立性和专业性，问责效果不理想。

根据《环境保护违法违纪行为处分暂行规定》第 3 条的规定，我国政府环境责任问责制度的主体是任免机关和监察机关，仅限于同体问责，行政机关具有很大的自由裁量权，并且权力的行使未能受到相对有效的监督，这加大了问责活动的任意性，就会出现类似的案件有完全不同的处理结果，性质严重的案件却只受到较轻的处罚，或者影响并不大的案件却受到严肃处理等情况的发生。此外，环境案件因其自身的特点，行政机关对一些专业性较强的案件并不具有处理能力，这也会影响问责的效果。

此外，环境问责同体问责难以做到公平公正。因为行政机关上下级之间领导与被领导的关系，下级需要服从上级的命令；工作上也具有联系，多为上级指示安排，由下级去完成。这就导致在实践中出现上级因下级的工作不称职的被要求辞职，或者上级工作失误产生恶劣后果却以开除下级作为解决方法。甚至还出现为了消除环境事件的社会影响，对于官员的处罚以行政责任代替其刑事责任的现象。

2. 问责衔接机制欠缺 ——审计制度不完善

审计机关一方面作为国家问责的工具，另一方面作为国家问责的主体。作为问责的工具，由于其他问责主体难以依靠自身力量收集事实依据从而启动问责程序，因此需要借助审计工具。作为问责主体，审计机关有权依据法律在职权范围内按照法定程序对违法行为进行处罚。

审计作为问责的信息保障机制并没有发挥应有的作用，环境审计制度不健全必然影响环境问责的效果。我国环境审计制度的不足体现在以下几个方面：

（1）审计独立性欠缺，问责效果不理想。

我国属于行政型审计模式，此种模式下国家审计机关直接隶属于国家行政机关，因此，审计问责以行政问责中的专门机关问责的形式而存在。监督和评价审计问责的政府审计机关根据政府有关部门及其工作人员行使职权，如果行政机关及其工作人员行使职权不当，审计机关有权追究其法律责任。现实情况是，我国的审计机关实行双重领导体制，既受同级政府领导，又受上一级审计机关领导。审计问责工作的开展难免受到政府部门的干预和影响，审计独立性难以保证。

（2）审计力量不足，问责缺乏专业性。

现阶段，我国审计人员有数量和质量的双重问题。在数量上，审计机关的审计人员数量有限，环境审计工作不仅数量大、难度大，繁重的审计任务对于有限的审计人员是巨大的挑战。在质量上，环境领域的审计人员普遍存在专业性不足的问题。环境审计在我国起步比较晚，相关的制度规范还有很多缺口，因此，有些案件审计人员既没有具体的规则可以去参考，也没有以往案件的处理结果去参照。

同时，环境审计作为一门复合型学科，对主体来说掌握知识的综合性要求较高，不仅要熟悉审计学、会计学、经济学等知识，还要对生态学、工程学、法学等知识有所了解，这对审计人员的专业性提出了很高的要求。例如，计算排污费是需要依据企业排放废水的体积和浓度的具体数据，审计人员胜任这份工作需要具备多方面的知识。如果审计人员缺少分析能力，审计结果的准确性就难以保证；审计人员不能依据程序办理，审计证据的真实性就难以保证。审计力量是否强大，直接影响审计的效果，审计价值又会影响到问责的效果。

（3）审计成果利用不充分，审计与问责相脱节。

审计问责的落实具体反映在对审计成果的利用程度，立法机关、司法机关可以将审计结果作为问责依据，政府管理部门也可以根据审计结果对公务人员进行罢免。实际情况是，审计机关将环境审计结果递送至组织部门后，组织部门是否将审计结果作为任免的参考，有没有对责任人进行问责，审计机关无法得知审计结果的利用情况。此外，我国尚未建立规范化的审计结果公告制度，这就使得公众缺少监督审计结果的途径。公告制度发展不平衡，一些公告的种类、数量和范围不能有效反映审计工作的真实情况，不利于公众和社会媒体进行问责。

（4）审计问责协调机制不完善，问责未形成合力。

审计机关在问责过程中一般需要与其他问责部门的协调配合，这是因为审计机关不具备充分的问责权，不能对问责对象直接进行处理。我国的审计问责的协调配合机制主要存在以下两方面的问题：一是有关机关未能正确全面地认识自身职责，这导致各机关之间的协调配合难以实现常态化、制度化，这就无法发挥出机关之间的合力作用。二是在审计机关出具审计结果之后，审计与司法不能做到及时衔接，这就大大增加了犯罪嫌疑人逃脱法律处罚的可能，致使难以追究其法律责任。

（5）审计时间范围狭窄，政府问责不及时。

我国审计法对审计时间范围的规定主要是先离任后审计，也就是所谓的离任审计。也就是说，审计机关根据上级机关的委托书对离任对象进行审计，这会导致审计结果的延迟，不能及时对被问责主体进行有效制约和监督。审计关口的滞后性使得审计范围非常有限，审计制度难以发挥有效的价值，政府问责的及时性也会受到影响。

3. 问责配套机制不健全——信息公开条款可操作性较弱

2008年施行的《环境信息公开办法（试行）》是环境信息公开方面的专门立法，对公开的范围、公开的方式以及救济制度做出了规定，但仍存在一些问题，例如，对环境信息公开例外范围的规定概括性太强，使得相关主体在履行职责时具有较大的自由裁量权；立法所规定的权利主体狭窄，仅限于公民、法人和其他组织。

新《环境保护法》增设专章规定信息公开制度，保护公民的环境知情权。信息公开条款主要涉及第53条至第56条，具体包括政府环境信息公开、重点排污单位环境信息公开、建设项目环境影响评价信息公开等内容。新环保法虽然体现了一定的进步性，但在实践过程中暴露出相关条款缺乏可操作性较弱的问题。其一，从条款本身角度来说，信息公开相关内容规定不全面。例如，新环保法要求环评信息公开，但缺乏虚假公开的法律责任，现实中就会出现环评信息造假的现象。其二，从法律实施角度来说，环境信息公开面临众多障碍。例如，未能建立统一的环境信息共享平台，部门之间、地方政府之间的环境信息缺乏信息集成与统一发布机制；政府信息公开监督力度不强，法律中上级环保部门指导下级环保部门开展监督工作的规定过于宏观，由于环保部门独立性不强，监督效果较为有限。

我国没有信息公开的传统，政府部门一般也不具有公开信息的主动性。政府信息透明度不高对问责的负面影响表现在公民难以判断政府对环境责任的履行程度，这不仅会影响政府环境责任的承担，而且使公民的知情权和问责权都会受到阻碍。

四、域外政府环境责任实现机制的比较研究

（一）域外政府环境责任实现机制

1. 美国环境责任实现机制

自 20 世纪 70 年代起，美国逐渐建立起健全的环境保护方面的法规体系，形成了以国会、司法机关、行政部门内部机构以及社会公众等为主体，以环境审计、环境影响评价、环境公民诉讼以及政府生态绩效评估制度等为内容的生态问责制度体系，在实践中发挥了积极作用。[①]

（1）完善法律体系，为政府环境问责提供法律基础。

于 1970 年实施的《美国国家环境政策法》在美国环境立法中具有重要地位。该法规定环境保护的主要责任在联邦政府及其机构，在程序上规范政府环境行为，明确政府应该承担主要责任。这部法律最大的特色在于环境影响评价制度，联邦政府的环境行为，包括环境立法、环境政策的制定、具体环境行为的实施等都受环境影响评价制度的规制，该制度作为事前问责的有效手段，实现了问责的全程性。

（2）注重信息公开，为公众问责提供有效依据。

美国非常重视保证公民知情权、监督权和参与权的实现以及问责制度的配套规定。立法机关将问责的有关规定纳入法制化的轨道，将规范问责行为法治化，以保障问责主体监督权行使的有效性，鼓励公众积极参加问责。例如，美

---

① 司林波、刘小青：《美国生态问责制述评》，《中共天津市委党校学报》2015 年第 6 期。

国相继颁布了《信息自由法》《政府阳光法》《揭发者保护法》等相关信息公开的法律为环境问责制定配套法规。美国在多部法律中都有问责的相关规定，这样就让媒体、公民了解和监督政府及其工作人员的行为具有法律依据。

（3）重视环境教育，培养环境问责意识。

环境教育的重要性体现在以下两个方面：第一，环境教育能够在很大程度上提升公众的环境保护意识，增强公众参与的自觉性和主动性，政府也鼓励公民对政府承担环境责任的情况进行监督和问责。第二，环境教育促使公众积极参与到环境保护的公共决策的工作之中，有助于政府环境保护工作的开展。

美国环境教育效果显著的重要原因是用法律的形式保障环境教育工作的开展，让环境教育在法律范围内活动。美国 1970 年颁布的《环境教育法》是世界首部环境教育专门立法。1990 年美国出台了《国家环境教育法》，对环境教育的政策及措施，做出了详细规定。该法共 11 条，内容涉及主管环境教育的行政机构、环境教育及培训项目、环境教育拨款、环境实习和研究、环境教育奖励、环境教育咨询委员会和环境教育工作组、国家环境教育和培训基金会等。[①]

2. 英国环境责任实现机制

英国环境审计开始于 1989 年，随着环境保护力度的加大，英国的环境审计制度逐渐完善。英国的环境审计贯穿于环境保护工作的始终，具有全程性。英国相关的法律法规将环境保护的实施情况、自然资源的有效利用率等都列入其审计范围，体现了审计制度的事前预防的作用和事后监督的作用。

（1）环境审计的主体、范围、标准。

英国环境审计的主体是国家审计署（NAO），它是独立于英国政府的最高审计机关，对议会负责，受议会监督。国家审计署负责对中央管辖的环境范围进行审计，各个地方政府下设地方环境审计委员会，对地方的环境工作进行审计。审计的范围包括：大气污染和气候变化、空气质量、生物多样性、林业、土壤、洪水及沿海保护、废物处理、淡水环境、水的供应、

---

① 贾晓晨:《环境教育立法研究》，江西理工大学硕士学位论文，2009 年。

海洋环境等。环境审计主要采用的标准有两个：欧盟环境管理和审计计划（EMAS）、国际环境质量标准体系 ISO14000。[①] 审计主体、范围、标准的法治化有助于审计工作的顺利开展，能够有效监督和制约政府的环境行为，促使其积极履行环境责任。

（2）环境审计目标的实现。

英国国家审计署有义务向议会提交审计结果，并且要向公共账目委员会提交政府部门资金利用率的报告。此外，英国国家审计署对环境工作进行监督和评估，具体表现为：审计署通过提高环境资金利用率，实现以小投入换取高产出；通过监督和约束，保证政府认真执行环境保护政策；通过完善的管理体制，促进环境审计工作高效、公平的进行，这样就确保审计目标的顺利实现。

（3）环境审计委员会。

英国政府设立了环境审计委员会，隶属于英国下议院，主要职责是对中央政府和其主要部门的行动进行监督，以加强环境评估，该委员会负责审议政府行为对环境保护和可持续发展的影响，审计各部门设定目标的履行情况，并向下议院定期报告。[②]

3. 加拿大环境责任实现机制

（1）法律法规的时效性强。

法律具有滞后性，只有根据社会经济发展及时进行修改或者解释才能适应现实的需要。加拿大环境治理效果显著的原因之一是非常重视法律的时效性，有关生态环境的法律法规修改较为频繁。加拿大在多部法律法规中明确了政府在生态领域的责任和问责制度，这是政府积极履行职责、开展生态保护工作的坚实的法律保障。

1988 年颁布的综合性《加拿大环境保护法》在宏观层面规定了政府在环境领域的责任，该法每隔五年就会进行一次较大的修订，以适应时代发展的需求。除此以外，加拿大的环境制度法制化程度也很高，各项制度都有相

---

① 项荣：《英国水资源环境保护审计的特点及启示》，《工业审计与会计》2010 年第 5 期。
② 徐芳芳、司林波：《英国生态问责制》，《佳木斯大学社会科学学报》2016 年第 2 期。

对应的法律支撑。例如加拿大的环境请愿制度就以《总审计长法案》为法律依据。

（2）异体多元的生态问责主体。

加拿大的生态问责主体包括：反对党、专门的环境审计机构、社会公众和新闻媒体。异体问责与同体问责相比有更强的客观性和公正性，问责主体多样化能够更好地发挥监督和制约政府的作用。

同体问责在我国问责制度中占主要地位，而且偏向于非专门机关即行政机关内部问责。由于缺乏外部制约，问责的效果往往难以保证。我国异体问责缺位问题严重，尤其是作为国家最高权力机关的全国人民代表大会并没有发挥其在问责方面的权威性和专业性的作用。

（3）环境审计力量充足。

专业化的审计人员是审计活动顺利开展的重要保证，高素质的审计人员是评判环境审计问责制度健全程度的重要指标。加拿大政府相关的环境审计人员数量较多并且专业水平高。审计公署有专门的环境专家、工程师、法律顾问、会计师等，有能力进行高效的环境审计。这是由于加拿大建立了注册环境审计师制度，促进了环境审计人员专业队伍的形成。

（二）域外政府环境问责机制的启示

1. 重视法律法规体系建设

西方发达国家生态环境良好的重要原因就是具有完善的法律法规体系，在一个良好的法治制度框架下，政府环境工作的各项指标和程序均有明确的法律依据。我国环境保护方面的法律对政府环境责任和政府环境问责的规定不完善，尤其是作为问责信息保障机制的环境审计制度不健全，审计的评估和制约作用难以发挥。

2. 重视公民知情权的保障

公民的知情权是公民实现环境权，监督政府权力的前提条件。西方发达国家民众的环境意识普遍较强，并且多数国家都通过法律形式来保障公民的知情权。从环境问责角度讲，如果公众不了解政府环境信息，就很难监督和制约政府的环境行为，因此，公民能够问责的前提是能获得有效的环境信息。提升政府信息的透明度，有助于公民行使自身环境权的实现。

3. 重视异体问责

缺少有效的监督和制约就很容易产生腐败现象，这是由权力天然的扩张性所决定的。西方国家普遍重视异体问责，多数已经形成立法机关、司法机关、行政机关、新闻媒体以及社会公众相互配合、协调一致的多元问责机制，各机关在自身权限范围内行使监督权成合力进行问责。

之所以强调异体问责，一方面，在理论上，异体问责的独立性和公平性强于同体问责，问责效果也更理想。另一方面，异体问责主体的监督会对政府机关及其工作人员造成更大的压力，促使其正确履行职责，同时提升其责任意识以及环境保护意识。

4. 重视审计队伍建设

西方发达国家的环境审计科学性和可靠性较高，具有良好的审计问责的效果的原因除了健全的法律法规、完善的问责体系，很重要的一点是具备专业的审计队伍。政府环境审计人员的专业背景非常丰富，美国政府环境有项目评估师、公共政策专家、环境科技专家等；德国的环境认证师是环境审计工作的主体，他们利用自身的专业优势实现高质量的环境审计。专业技术强就可以有效利用审计技术和审计方法，按照法律规定的程序，得出的审计结果可靠性较强。可靠的审计结果是问责信息的有效保障，因此，重视审计人员的专业能力对于提升审计质量和问责效果有重要价值。

五、完善政府环境问责机制的法治途径

（一）强化政府环境问责的观念基础

1. 转变政府执政理念，培养政府环境责任意识

公众的权利意识和环境保护意识随着社会经济的发展逐渐增强，建立服务型政府、责任政府是必然的选择。要转变政府执政理念，提高对环境保护工作的重视程度，就需要政府及其工作人员的服务意识和责任意识进一步提升。具体来讲，作为环境问责的主体，政府部门应强化责任意识，应该按照

法律规定的权限或者程序开展问责工作。作为环境问责的对象，行政机关及其工作人员要将责任意识内化于心，开展环境工作时要积极承担环境责任，保护公民环境权。

2. 加强公民环境教育，提高公民环境问责意识

在政府环境问责方面，既要转变政府及其工作人员的观念，也要培育公民的环境问责意识。

其一，健全环境教育法。环境教育可以降低环境问题产生的可能性，事前防范优于事后治理，因此，环保教育产生的环境效益远大于环境治理。同时，环境教育有助于提升公众对政府环境责任进行监督和问责重要性的重视程度，促使其积极参与政府环境问责的事务当中去。我国公众环境意识不强的重要原因之一是环境教育存在严重问题，例如，教育方法单一、教育渗透性不强、教育效果不明显等。环境教育问题产生的根本原因在于现行法律中关于环境教育规定的缺失。纵观世界各国，环境教育立法主要包括：环境教育立法原则、环境教育的实施方式、环境教育的评价标准、教育信息公开、环境教育的管理体系等内容。

其二，建立环境教育财政扶持制度。美国《环境教育法》第五部分规定："一切有志于参与到环境教育和培训计划的主体，都可以向环境保护署提出拨款申请，以实施环境教育与环境计划。"① 开展环境教育工作需要有坚实的经济基础，我国环境教育立法应该明确规定环境教育经费的来源，确保有充足的资金可以投入在环境教育中。

（二）加强政府环境责任立法

"加快生态文明体制改革，建设美丽中国"是党的十九大报告重要内容之一。报告指出："人与自然是生命共同体，人类必须尊重自然、顺应自然、保护自然。人类只有遵循自然规律才能有效防止在开发利用自然上走弯路，人类对大自然的伤害最终会伤及人类自身，这是无法抗拒的规律。我们要建设的现代化是人与自然和谐共生的现代化，既要创造更多物质财富和精神财

---

① 臧辉艳：《浅析美国环境教育法对我国的启示》，《南方周刊》2008 年第 2 期。

富以满足人民日益增长的美好生活需要，也要提供更多优质生态产品以满足人民日益增长的优美生态环境需要。必须坚持节约优先、保护优先、自然恢复为主的方针，形成节约资源和保护环境的空间格局、产业结构、生产方式、生活方式，还自然以宁静、和谐、美丽。重要措施之一就是推进绿色发展。加快建立绿色生产和消费的法律制度和政策导向，建立健全绿色低碳循环发展的经济体系。"

1. 健全环境问责立法

法律是制度的保障，完善政府环境责任立法是健全问责制度的基础，法律规定是环境问责有效运行的保障。立法机关在观念上应加强对政府第二性环境责任的重视，协调好政府第一性环境责任与环境第二性环境责任的关系。环境立法应将政府第一性环境责任与第二性环境责任相结合，着重强调因违反第一性环境责任所产生的第二性环境责任。针对这种情况，有必要构建环境问责的法律制度体系，以法律的形式将环境问责确定下来。加拿大的《联邦问责法案》颁布于 2006 年，综合了《信息公开法》《选举法》《刑法》等诸多法律相关规定，涉及多个不同政府部门，以防止政府腐败以及产生更加透明的政府内部工作机制为立法宗旨。[①] 根据加拿大的立法经验，我国可以采取以下方式健全环境问责立法：

首先，在《环境保护法》中明确政府环境问责制度，规定政府环境责任和环境问责的原则性的问题；其次，制定《行政问责法》，在其中对政府环境问责作出专门规定，提高问责制度的法律层级，具体内容包括以下几个方面：

其一，确定问责主体。明确的问责主体是政府环境问责活动顺利开展的前提，多元的问责主体是环境问责目的实现的保证。问责立法兼顾同体问责和异体问责，实现问责主体的多样化。

其二，确定问责标准。问责的标准是问责制度公平、公正运行的重要保证，统一的执法标准可以降低同类案件最终处理结果差别过大的可能。立法

---

① 司林波、刘小青：《加拿大生态问责制述评》，《重庆社会科学》2015 年第 9 期。

中应依据不同情形对问责的各项标准作出合理、谨慎的规定，使问责执行工作有明确的依据。统一的执法标准能保障问责程序和问责结果的客观性。

其三，确定问责程序。程序是法律的中心，[①] 健全的程序一方面能够减少行政主体自由裁量权产生的随意性问题，另一方面能够保障问责主体的权利。因此立法工作既重实体又重程序，司法和执法要以程序为依据。问责的具体程序应包括立案、调查、通知、执行、救济五个阶段。此外，还要细化回避、申辩等配套制度。

其四，确定问责救济。救济制度分为两种，一是由行政主管机关、行政监察机关进行的行政系统内部的救济。二是通过诉讼途径实现的司法救济。进一步健全和规范内部行政救济的申诉程序，能够增强内部行政救济的及时性和有效性；扩大行政复议的范围，逐步允许公务员对某些涉及自身权益的行政行为通过行政复议来寻求救济。[②]

2. 强化政府环境责任立法

环境立法的目标之一应该是协调好政府环境权力和政府环境责任之间的关系，根据我国现在的环境立法情况，应由其强调政府环境责任、政府环境权力与政府环境义务的平衡。具体来说，环境法律应明确规定政府在环境保护领域责任承担方面的主导地位，列明政府应该承担的环境法律职责。立法应注重法律的可操作性，需明确规定追究政府及政府官员环境法律责任的具体权限、程序和步骤，这样有利于制约政府不履行或不当履行环境职责的行为，增强环境法对政府环境行为的规制能力。

（三）构建政府环境责任多元问责机制

我国问责制度一直以来以行政问责为主，问责主体单一、缺少多样性，这是问责效果不理想的一个重要原因。因此，建立由行政机关、立法机关、司法机关、社会公众和新闻媒体的多元问责机制，对于监督和制约政府环境行为有非常显著的现实意义。

---

① 〔美〕P. 诺内特、P. 塞尔兹尼克：《转变中的法律与社会：迈向回应型法》，季卫东、张志铭译，中国政法大学出版社 2004 年版，第 73 页。

② 郭勇平：《我国地方行政问责制存在的问题及对策研究》，《法治与社会》2012 年第 2 期。

1. 健全立法机关问责

全国人民代表大会及其常委会是我国立法机关，立法机关的问责有权威性和主动性的优势，问责主体应该处于主导地位，发挥重要作用。然而，由于机构设置、代表素质、会议制度等原因，我国立法机关的问责有严重的缺位问题，这些问题可以从以下几个方面去完善。

首先，赋予有关部门充分的问责权。由于全国人民代表大会每年开会的时间有限，这样的会议制度不能保证问责的全程性。全国人大常委会作为全国人大的常设机构，在其闭会期间负责日常事务的处理，面对繁重的工作任务，全国人大常委会不具备处理环境事务的能力，不能及时对政府环境行为进行问责。根据我国宪法规定，人大下设的负责环境事务的专门委员会是环境与资源保护委员会。然而，该委员会的监督权缺乏独立性，不具备环境问责权。美国国会为监督和审计政府的行政行为与绩效，设立了一个专门的问责机构，即美国政府问责办公室。美国政府问责办公室是一个独立的无党派机构，由于其为国会工作，所以通常被称为"国会的看门狗"。① 根据西方机构设置的经验，我国可以赋予环境与资源保护委员会充分的环境问责权，具备独立的监督权后可以对政府的环境行为进行全程的、长期的、有效的问责。

其次，丰富问责方法。虽然《各级人民代表大会常务委员会监督法》规定了多种监督方法，例如执法检查、询问和质询、罢免和撤职，以及听取和审议政府环保专项工作报告、国民经济和社会发展计划、预算的执行情况报告和环境审计工作报告等。然而，与西方的议会问责相比，我国立法机关的问责的具体方法还是较为有限，并且具体方法未能发挥其应有效用。我们可以从以下几个方面进行完善：一方面，增强人大质询制度和调查制度的可操作性。进一步细化程序安排、调整时间规定以及实施步骤。另一方面，增强人大罢免制度的科学性，完善救济程序和公众参与。第一步是由提案主体提出罢免案，向人大常委会提交调查证据；第二步是人大常委会根据这些证据

---

① 司林波、刘小青：《美国生态问责制述评》，《中共天津市委党校学报》2015 年第 6 期。

来决定是否该进入听证程序。由提案主体、罢免对象、社会公众代表、媒体等人员参加听证，按照程序投票表决。听证完毕，由按照少数服从多数原则决定是否罢免。

最后，加强人大自身建设。进一步改善人大代表的年龄结构、知识结构；提高专职人员在人大代表中的比例，建立专职人员办公经费账户，使人大代表有精力、有财力并且能相对独立地履行监督职责；在各级人大设立专门的监督问责机构，广泛吸纳民意，严格依法监督，不断增强人大刚性问责的力度。① 只有加强自身建设，才能更有效地提升人大的监督问责能力。

2. 健全司法问责

司法机关有狭义和广义之分。狭义的司法机关，仅指审判机关即人民法院；广义的司法机关包括审判机关和检察机关。这里所讨论的司法机关指狭义的司法机关即人民法院。司法机关进行问责一方面能推动环境法的发展，促使政府积极承担环境义务，并且能够给有关主体提供法律救济。司法程序的启动程序决定了这种问责方式具有被动性，在一定程度上，这不利于法院对政府环境行为进行监督和制约。但司法问责特有的程序性、直接性、强制性等优势是其他问责主体所不具备的。

实践中，审判是司法机关对政府是否履行环境责任的问责主要方式，然而，由于现行司法体制的不健全和审判本身的弊端，关于环境问责方面的审判还有很多问题。法院若想更有效地监督政府是否履行环境责任，并且对其失职行为进行法律追究，可以考虑从以下几个方面着手：

一是要扩大行政诉讼的受案范围，使政府所有的环境行为都能处于法律的规制之下，将有关国民经济和社会发展计划、环境保护规划等抽象行政行为也纳入司法审查范围，使法院对政府环境责任履行状况进行更充分的问责。

二是丰富行政诉讼的类型。目前我国行政诉讼的种类主要有撤销之诉、确认之诉、变更之诉等。上述这些诉讼类型，不能满足法院追究政府履行环境责任的需要，为了更好地保障公民的环境权，更好地发挥司法问责的效

① 张成立：《西方国家行政问责法治化对我国的启示》，《当代世界与社会主义》2011 年第 1 期。

果，进一步建立健全环境公益诉讼制度就显得尤为重要。我国新《环境保护法》规定了环境公益诉讼，体现了一定的进步性和时代价值，但实践中，有法律资格并且有相应能力提起公益诉讼的主体较少，这不利于环境公益诉讼的开展。美国对公益诉讼原告起诉资格的规定较为宽松，例如《清洁水法》第 505 条规定："本款不限制任何人或一群人依据成文法或判例法寻求实施污染物排放标准的权利，或寻求任何其他法律救济包括起诉行政长官或州政府机构的权利。"[①] 我国应适当扩大环境公益诉讼的主体范围，赋予事实上利益受到损害的主体相应的起诉资格。

3. 健全社会公众问责

社会公众问责是公众参与的重要措施，是公民监督政府环境责任承担状况最直接的途径。这种问责方式容易全方位地展开，中央政府和各级地方政府均能成为其监督和追究的对象，因此健全社会公众问责非常必要。实践中，我国社会公众问责发挥作用极为有限。由于社会公众监督和追究的非权力性，所以要使政府环境责任真正得到落实，其还必须与权力性监督和追究结合起来。[②]

我们可以采取以下措施健全社会公众问责：

其一，拓宽公众问责渠道。支持公众积极参与到环境保护工作中，鼓励公众检举揭发违反环境法律的行为，例如可以为其提供专门的举报热线。此外，要充分发挥新闻媒体的作用，利用电视广播、报纸期刊等方式及时曝光政府及其工作人员的违法失职行为。

其二，丰富公众问责方式。公众参与问责的途径主要有两种：一是行政复议和行政诉讼直接引起问责，此种方式以国家强制力作后盾，问责效果有保证，并且具有可救济性；二是检举、批评、建议等间接引起问责。总体看来，诉讼是公众参与问责最合适的方式，因此，应为公民参与环境公益诉讼提供支持和保护。

---

① 曹明德：《中美环境公益诉讼比较研究》，《比较法研究》2015 年第 4 期。
② 张建伟：《论政府环境责任问责机制的健全——加强社会公众问责》，《河海大学学报》2008 年第 3 期。

4. 健全党内问责

根据中国共产党第十八届中央委员会第六次全体会议通过的《中国共产党党内监督条例》,"党委(党组)在党内监督中负主体责任,书记是第一责任人,党委常委会委员(党组成员)和党委委员在职责范围内履行监督职责。党委(党组)应加强对同级纪委和所辖范围内纪律检查工作的领导,检查其监督执纪问责工作情况;党的各级纪律检查委员会是党内监督的专责机关,履行监督执纪问责职责,加强对所辖范围内党组织和领导干部遵守党章党规党纪、贯彻执行党的路线方针政策情况的监督检查;纪委派驻纪检组对派出机关负责,加强对被监督单位领导班子及其成员、其他领导干部的监督,发现问题应当及时向派出机关和被监督单位党组织报告,认真负责调查处置,对需要问责的提出建议。"党内问责是一项重要的监督途径,应发挥党内问责在环境保护领域不可替代的作用。

(四)健全政府环境审计机制

1. 调整现有审计体制,提高审计问责的独立性

审计的独立性越高,对政府问责的难度就越低。我国属于行政型审计模式,审计署受国务院垂直管理,并定期向全国人大常委会做审计工作报告。审计机关的具体职责是监督和检查各级政府和部门对国家财政支出的使用情况。然而,一方面各级地方审计机关隶属于同级政府,受同级政府领导;另一方面,审计机关的人事任免、工资福利等都受同级政府管控。在这种情况下,审计机关以同级政府为审计监督对象,其监督作用就难以发挥。可以考虑从以下两个方面着手提升审计的独立性:

其一,调整审计关系。英国、美国为主要代表的立法型模式特点在于最高审计机关隶属于立法机关,审计机关直接对立法机关负责。此种模式下的审计机关独立性较强。然而,效仿西方立法型审计模式,直接改变现有的审计体制并不现实。但可以通过调整审计关系来增强审计机关的独立性。具体来说,可以向各地方审计机关设置办事机构,各办事机构受审计署的垂直领导,根据审计署的安排开展审计工作,不受地方政府部门的管控。这样既可以增强审计的客观性与独立性,还可以优化审计机关管理模式,进一步提高

审计效率、节约审计资源。

其二，提高审计权威。在审计报告方面，上下审计机构也应采取垂直管理的模式。审计结果自下而上逐级上报，避免地方行政机关的干扰，保证审计结果的真实有效性。公平、公正的审计结果可以让问责更加有力。

2. 实现审计主体多元化，加强审计问责的全面性

审计主体多元化要求多个部门共同参与审计活动，增强了政府环境审计的力度，这样有利于充分发挥政府环境责任审计的作用。然而，实施主体的多元化的弊端在于可能也会出现各主体之间推脱责任的问题。为了解决这一问题，可以开展环境审计联席会议或环境责任审计专业委员会。明确规定纪检监察机关、组织部门和审计机关的具体工作，使各问责主体明晰职责分工，相会配合，协调一致，加强信息交流，共同进行问责。

3. 强化对审计结果的运用，增加审计问责的有效性

由于《审计法》规定审计机关只有建议、制止等方面的权利，无法直接追究问责对象的责任。这就产生了审计风暴年年有，但违反法律法规的行为却层出不穷，这表明审计没有发挥良好的效果，其中重要的一个原因是审计结果的利用不充分。

充分审计结果的运用，要对审计结果进行持续调查，促使行政机关及其工作人员积极履行环境责任或者及时处理环境问题。在持续调查过程中，审计机关可以向环境监管部门提交环境责任审计报告，也可以通过直接追究相关环境责任单位和环境责任人责任或者移送司法机关。在处理期间内，环境监管部门可以通过实时信息平台将问责处理的情况向审计机关传达，这样可以让审计问责落到实处。在审计过程中发现的违法违规现象应有纪检监察机关依纪依法查处。组织部门将环境审计结果报告纳入被审计人员的档案，审计结果作为考核、任免、奖惩的重要依据。

审计机关对审计过程中发现单位的违法违规行为应该及时处理；对审计中发现的需要移送处理的事项，应当区分情况及时报送有关部门。此外，作为异体问责主体之一的新闻媒体应保持信息渠道的通畅，定期公布问责结果，使问责的过程更加透明化。主体之间权责明确，相互之间协调配合，有

助于共同实现对环境责任的问责，同时也能提高问责的效率。

4.拓展环境审计的时间范围，增强审计问责的综合性

我国审计多采用"先离后审"，这种方式存在时效性不足的弊端。扩大审计的时间范围是提高环境审计质量的必要途径。

审计本身具有兼备事前预防、事中控制、事后问责的功能，这决定了环境审计的目的不仅是对违法违规行为进行追究处理，更重要的是在于监督和约束政府环境行为。因此，要使环境审计制度的效果更加理想，要求我们建立事前、事中、事后一体化的全程性监督模式。事前审计可以对决策在实施之前进行评估，根据科学的审计结果判断决策的可行性，这样既可以将防范关口前移，又可以对错误决策进行责任追究，实现事前问责的效果。事中审计可以发现运行中的问题并提出合理建议。事后审计具有处理相关问题，评价责任履行状况，追究相关责任人的效果，同时，还具有警示后人的威慑作用。总体来说，拓宽我国审计范围需要将审计关口前移。具体而言可以采取以下方法：

可以根据领导干部的晋升和履职情况分别处理，"先审计后离任"适用于即将被提拔的干部，根据考核结果对其进行任命；"先审计后任免"适用于任期中出现问题较多的领导干部，根据审计结果对其进行任免，并及时向公众反馈信息。

从另一角度来说，也可以按照领导干部的任期时间长短进行划分。任职期限越短，审计活动越频繁；任职到达一定期限后，可以相应降低审计的频率。

5.提高审计人员素质，促进审计问责的专业性

环境审计工作的专业性和综合性，这对审计人员的素质提出了较高的要求。审计人员除了学习审计、会计等方面的知识，还应该扩充生态、环境、工程等方面的知识，努力成为复合型人才。此外，提升审计人员素质离不开专业培训，应该定期对审计人员进行知识培训，通过考核判断其专业能力，还可以开展审计研讨会，使审计人员相互之间交流经验、相互学习。

（五）完善信息公开制度

政府信息公开是责任政府的必然选择，是实现对政府环境责任问责的前提。如果公民不知晓环境信息就难以监督政府及其工作人员的环境行为。可以考虑通过以下两个途径健全信息公开制度。

其一，丰富信息公开权利主体的内涵。新《环境保护法》第 53 条规定："公民、法人和其他组织依法享有获取环境信息、参与和监督环境保护的权利。"然而，环境问题具有全球性特征，在我国环境治理过程中必然会出现外国人、外国机构参与的情况。因此，笔者认为在政府环境信息公开制度中权利主体应采用"居民"一词，这样就能顾及在中国长期生活或者工作的外国人和外国机构获取环境信息的权利。

其二，建立统一的共享信息平台。在现有技术基础上，充分利用各部门现有监测站网，由环保部门牵头协调推进监测、预警及社会服务等基础设施建设，实现信息网络系统监测数据共建、共享。[①] 统一的平台有利于环境信息之间的联动，既能促进不同区域之间环境治理经验的交流，又方便民众获取真实准确的环境信息。

（六）改革生态环境监管体制

改革生态环境监管体制是树立社会主义生态文明观，推动形成人与自然和谐发展现代化建设新格局的重要环节。党的十九大报告指出："政府需要进一步加强对生态文明建设的总体设计和组织领导，设立国有自然资源资产管理和自然生态监管机构，完善生态环境管理制度，统一行使全民所有自然资源资产所有者职责，统一行使所有国土空间用途管制和生态保护修复职责，统一行使监管城乡各类污染排放和行政执法职责。构建国土空间开发保护制度，完善主体功能区配套政策，建立以国家公园为主体的自然保护地体系。坚决制止和惩处破坏生态环境行为。"

六、结论

随着我国经济的快速发展，生态环境问题愈发严重，环境保护与经济发

---

① 杨诚程：《新〈环境保护法〉信息公开条款实施面临的障碍及其解决对策》，湖南师范大学硕士学位论文，2015 年。

展之间的冲突日益激烈，公众环境意识的觉醒和国际环保浪潮的推进迫切要求政府切实履行环境责任。然而，由于我国政府环境问责制度的不完善，政府环境行为缺乏有效的制约监督机制，政府不履行或者不正确履行环境责任等情况时有发生。

完善政府环境责任问责制度有利于增强政府及其公务人员的环境意识和责任意识，促进责任政府和服务型政府的建设；有利于转变经济发展方式，实现全面、协调、可持续的发展；有利于提高公民参与环境保护积极性，增强公民的权利意识；有利于环境治理和环境执法的开展，提升工作效率和效果；有利于改善环境质量，实现人与自然和谐共处。

本章通过对我国政府环境责任以及环境问责制度的立法现状进行分析，指出政府环境问责制存在的理念落后、立法缺失、主体单一、配套机制和衔接机制不健全等问题，结合域外问责生态经验为完善我国政府环境问责制度提出了几点建议，即强化政府环境问责的观念基础、加强政府环境责任立法、构建多元问责机制、健全政府环境审计、完善信息公开制度，确保公民知情权。

我国政府环境问责法律制度起步较晚，学界相关研究尚不成熟，加之个人的研究能力不足，对很多问题分析不到位，理论深度有限，制度构建较弱。希望以后有机会对政府环境问责制度进行更深入的学习和研究。

第四章　领导干部环境责任离任审计的法治化

一、领导干部环境责任离任审计的相关概念和理论分析

（一）领导干部环境责任的概念

准确界定"领导干部环境责任"首先要从以下两个基本概念入手：第一是领导干部的内涵。根据《中国共产党组织工作辞典》的解释，"干部是一个外来词。在中国，通常指在党和国家机关、国有企事业单位、人民团体和军队中担任公职或从事公务活动的人员"。[①]领导干部则是指掌握一定领导权力、承担相应管理职责、在干部队伍中担任领导职务的人员。由《中华人民共和国公务员法》第十六条和第十七条可知，担任副科长以上"领导职务"的干部被称为"领导"，而许多担任非领导职务（通常不包括科员、办事员）的干部也被称为"领导"，这属于"担任非领导职务的领导干部"。结合《党政领导干部选拔任用工作条例》第四条的相关规定，党政机关中任职的"领导干部"就是省部级以下直至县级党政机关，包括这些机关的工作部门、内设机构，再至工作部门内设机构的领导成员，而"非领导职务"干部则要求是处级（调研员）以上。立足"离任审计"和"责任追究"的相关特点，可将对生态环境负有保护责任的"领导干部"界定为：在各级地方党委和政府工作中对当地生态保护和建设负有领导、组织、决策等责任的正职领导干部以及经过合法程序授权的、纳入离任审计与责任追究范围的副职领导干部和负责生态相关工作的部门一把手。具体包括各级地方党委书记、政府首长等正职领导，还包括分管生态工作的副职领导以及环保、水利等部门的一把

[①]　中共中央组织部：《中国共产党组织工作辞典》，党建读物出版社 2009 年版，第 288 页。

手。第二是环境责任的内涵。从法学的视角出发，"责任"一般有以下三种基本内涵：一是因自身角色而产生的义务，即每个人分内应做的事；二是某人对某件事的产生、发展及导致的结果等一系列过程所应当承担的义务；三是因为没有做好自己的工作而应承担的强制性义务或不利后果。① 相应地，环境责任便可定义为责任主体对生态环境的变化、发展所应负担的义务以及因未履行好环境责任而应承担的不利后果。

综上所述，领导干部环境责任可以作以下理解：在我国国家公务系统中担任一定领导职务的人员，在自己环境保护职责的范围内，依据政府的职能定位和环境保护的具体需要，所承担的采取措施、方法保护环境的义务以及因没有做好分内工作而应当承担的不利后果。这里所说的领导干部主要包括四类主体：党政主要领导干部、党政分管环境保护的领导干部、与环保相关的政府工作部门领导干部以及对环境保护具有职务影响力的领导干部。

（二）领导干部环境责任离任审计的概念

离任审计最初适用于经济领域，是指对相关负责人在任职期间进行资产管理以及履行经济责任等情况进行的监督、审查和评价活动。领导干部环境保护责任离任审计充分借鉴了经济责任离任审计的基本原理和方法，将其运用到环境领域。作为党的十八大之后新提出的新型审计制度，国内外学者对环境责任离任审计的研究并不多见，目前尚不存在对领导干部环境责任离任审计概念的统一界定，笔者依据党内政策文件的相关指示精神将领导干部环境责任离任审计概括为：依据国家相关法律法规，在领导干部离职前，由相关部门和人员对领导干部任职期间当地生态的开发利用、污染防治、环境保护效果等内容以及领导干部对生态管理责任的履职情况进行的审查、鉴证和评价活动。领导干部环境责任离任审计将环境责任与领导干部的政绩考核直接挂钩，可以有效转变各级领导干部的经济发展理念，提升其生态保护意识，是大力加强生态文明建设、实现美丽中国梦的有力举措。

---

① 张文显：《法学基本范畴研究》，中国政法大学出版社 1991 年版，第 23 页。

（三）领导干部环境责任离任审计的理论分析

1. 环境受托理论

现代民主社会中，政府在接受民众的委托利用公共权力进行社会公共事务管理的同时，必须对民众履行相应的公共受托责任，而保护生态环境、促进社会可持续发展则构成了政府公共受托责任中的重要内容。生态环境在很大程度上属于一种公共资源，单靠市场无法有效解决企业、个人在环境方面的"搭便车"行为，需要政府运用行政手段来制止违法破坏环境的行为。因此，政府环境保护是政府在市场经济条件下为解决外部经济问题所承担的一种特殊的受托经济责任。地方党政领导干部作为地方政府的代言人，理所应当成为承担环境保护的责任主体。而经济责任离任审计作为一种确保领导干部全面履行受托经济责任的有效控制机制，具体到生态保护上便形成了对领导干部的环境责任离任审计。

2. 可持续发展理论

随着经济财富的迅速增长，人们愈发地注重生活品质的提升、环境的可持续发展。老百姓过去"盼温饱"，现在"盼环保"；过去"求生存"，现在"求生态"。近些年来，许多地方领导干部深受"唯 GDP"论的影响，只追求地方经济的迅速发展，而忽视不恰当的发展模式所引发的生态破坏问题。重金属污染、化学品污染、雾霾等环境事件已严重制约我国经济社会的可持续发展。"美丽中国"的生态目标需要各地领导干部转变思维，树立起"绿色 GDP"的发展理念，注重经济与生态的协同发展。要想扭转领导干部不重视生态保护的不利局面，就必须从加强对领导干部的行政问责做起。领导干部环境责任离任审计正是基于以上思路，以可持续发展理念为指导，通过生态问责来倒逼环境保护。

3. 审计免疫系统理论

审计免疫系统理论以仿生学原理为基础，将审计看作是保障国家经济运行安全的免疫系统，可以主动地去预防、揭示和查处各种影响社会健康发展的问题，其主要有三大功能，即免疫自稳、免疫防御以及免疫监视功能。免疫自稳功能是指审计可以推动促进经济社会发展的制度建设，并通过制度规范来防范各种违法违纪问题的发生；免疫防御功能是指审计可以为经济社会的平稳运行设置一层保护罩，防止其受到个人、内外部组织的非法侵害；免疫监视功能是指审计可以对经济社会发展中存在的一些潜在危害及时地做出预警，避免危害进一步扩大。在此理论指导下，领导干部环境责任离任审计应运而生，使各地的生态环境免受当地领导干部环境不作为、乱作为的侵害，并通过生态问责机制的建立来提升领导干部对生态的重视程度，不断改善各地的生态环境状况。

4. 行政问责理论

"行政问责"一词，最早见于《公共行政实用词典》中，意指"由法律或组织授权的高官，必须对其组织职位范围内的行为或其社会范围内的行为接受质询，承担责任"。[①]我国并没有建立西方国家三权分立的政治体制，这就需要一套科学的行政问责机制来规范和制约政府的用权，以确保政府各职能部门的顺利运转以及整个经济社会的健康运行。审计部门作为政府机关及其领导干部行政责任的评价主体，肩负着为组织部门人事决策提供信息来源的职责。随着时代的发展和工作理念的转变，审计问责不能仅仅止步于对领导干部的经济责任，而应全面覆盖政治、道德、法律等基本责任。追究政府的环境责任顺应了国家构建生态文明社会的基本战略，理应成为领导干部离任审计的重要组成部分。

二、领导干部环境责任离任审计的机制

领导干部环境责任离任审计制度的建立对提升各级领导干部的环保意识，促进生态责任的有效落实具有极大的推动作用，其制度构建需要借鉴绩效审计的核心理念，围绕"谁来审""谁被审""审什么"以及"怎么审"等内容展开，也即领导干部环境责任离任审计的四个构成要素：审计主体、审计对象、审计内容以及审计流程。

---

① 王素梅：《中国特色常态化行政问责机制中的国家审计理论创新与实践探索》，《会计研究》2015 年第 7 期。

（一）领导干部环境责任离任审计的主客体

1. 领导干部环境责任离任审计的审计主体

明确领导干部环境责任离任审计的审计主体是为了解决"谁来审"的问题，不同的主体所处的地位、所拥有的职权以及所秉持的价值观存在不同程度的差异，也会对整个离任审计的目标、进程及其结果造成不同程度的影响，选对合适的审计主体对于保障审计流程的科学性以及审计结果的准确性具有至关重要的作用。根据审查主体的自身性质可将其分为权力机关、党政机关以及委托的独立第三方。

党政机关包括审计、环保、国土、林业、公安以及纪检司法等部门，各级党政部门最熟悉政府的各项环保政策以及当地的生态环境状况，由党政部门参与领导干部的离任审计有利于充分发挥审计的专业性和针对性，提高审计的工作效率。但是，党政机关的工作人员与被审计的领导干部存在不同程度的利益关系，在具体的审计工作中难免会有所偏袒，会影响审计结果的权威性和有效性。

权力机关即指各级人民代表大会及其常委会。各级人民代表大会及其常委会通过决定权、任免权、监督权等的行使来对党政领导干部进行环境责任审计，这有利于避免党政机关工作人员在利益上的受制于人，可以有效增强审计结果的准确性，但也会因对审计内容的缺乏了解而导致工作效率的低下。

委托的独立第三方指科研机关、高等院校、公益组织等社会机构。委托的独立第三方作为中立的机构，本身具备充裕的时间以及专业的审计能力，能够对领导干部的环境责任作出较为科学、独立的审查，但在某些政府工作人员的"抵制"下，委托的独立第三方无法接触到最新的权威数据，从而影响整个离任审计的进程。

由此可见，由以上三者中的任何一方单独担任领导干部环境责任离任审计的审计主体都会影响最终的审计结果，而从三类主体中各抽调一部分工作人员成立联合审计小组则可以很好地保障离任审计的科学性、有效性及其工作效率，此联合审计小组便是领导干部环境责任离任审计的最佳主体。

2. 领导干部环境责任离任审计的客体

领导干部环境责任离任审计的客体即审计对象包括各级党政主要领导、党政分管领导、政府工作部门领导以及具有职务影响力的领导。党政主要领导承担对下级政府以及本级政府相关部门的领导责任，必要时承担因重大环境决策失误所引起的直接责任；党政分管领导承担其环境分管领域内的相关领导责任；政府工作部门领导则承担各自在相关政府环境行为中的直接责任；具有职务影响力的领导对其职务行为所造成的环境后果承担责任。

（二）领导干部环境责任离任审计的主要内容

离任审计的主要内容是审计对象作出的能够对生态环境破坏、保护、修复产生影响的所有政府环境行为，主要包括政府环境保护政策的制定、执行以及实效三个方面。

1. 政府环境保护政策的制定

（1）各级政府部门的环境保护政策是否符合国家层面法律、法规的规定，具备合法性。党的十八大之后，生态文明建设被纳入"五位一体"总体布局，上升到国家战略层面来考虑。党的十九大报告也提出要不断加大对生态系统的保护力度，着力解决一系列突出的环境问题，牢固树立社会主义生态文明观，加快生态环境监管体制改革，推动形成人与自然和谐发展现代化建设新格局。为了不断加强生态文明制度建设，实现绿色发展，中央出台了一系列法律法规，号称史上最严的《环境保护法》更是为生态文明建设领域四梁八柱的构建筑牢了根基。各级政府在加强各地生态环境保护时需要制定相应的环境保护政策，这包括地方法规规章、环保政策以及生态规划等内容。这些法规、政策、规划必须符合国家层面关于环境保护的法律法规的规定，这既是构建我国环境保护法律法规体系的基本要求，也是落实国家各项生态保护目标的现实需要。

各级政府部门的环境保护政策是否兼顾经济、效率、公平、和谐等价值理念，具备可持续发展性。党的十六大将"可持续发展能力不断增强"纳入全面建设小康社会的目标之一。可持续发展观在注重经济和社会效益的同时，将生态效益放在了一个突出位置，坚持可持续发展不能只盯经济增长，要更加关注人与自然的和谐发展，牢固树立尊重自然、顺应自然、保护自然的基本理念，做到在保护中发展、在发展中保护，走低碳发展、循环发展、绿色发展的环保新路。各级政府在制定环保政策时，必须要具备长远的眼光，立足于经济、社会、自然的整体发展，注重人与自然、代内以及代际间的公正平等，将生产节奏和力度严格控制在当地生态环境的承载能力之内，既满足当代人生存与发展的需要，又不影响子孙后代对碧水蓝天的渴求。

（2）各级政府部门的环境保护政策是否与当地的经济、自然状况和社会发展相一致，具备可行性。我国幅员辽阔，各地区的生态状况各异，相应的环境承载能力也存在差别，有的地区要优先开发、重点开发，而有的地方则应当限制开发、禁止开发，尤其是在我国几大水系的发源地，这些地区生态环境一旦遭到破坏将会影响全国亿万人民的生活，所造成的后果是不可修复的。在对这些地区进行适度开发时一定要划定并严守生态红线，绝不越雷池一步。同时，考虑到我国各地城镇化发展的不均衡以及资源环境基础、日常生活方式等的差异，并没有所谓千篇一律、适合所有地区发展的"最优方案"。各级政府制定环境保护规划时，不能固执僵化、生搬硬套，而要灵活变通，充分考虑当地特殊的自然和社会发展状况，因地制宜，找寻最适合自身的生态发展模式。

2. 政府环境保护政策的执行

（1）环境保护法律法规以及相关政策的执行情况。上文已提及政府环境保护政策的制定需要具备合法性、可持续发展性、可行性等要求，许多地方政府也确实这么做了，但是所取得的效果却差强人意。问题就出在政策落实的环节上，许多地方政府对环境保护法律法规以及相关政策执行不力，于地方有利的就坚决贯彻执行，于地方不利的就歪曲执行、变更执行，甚至阻挠执行。这种有令不行、有禁不止、政令不畅的问题不解决，再科学、再健全、再完善的生态保护政策也不过是一纸空文。环境责任审计应当重点抓住政府各项环保政策的贯彻执行情况，审查各级党政主要领导干部是否因经济发展的需要而弱化对环保政策的推行，各政府部门负责人是否因部门利益而放松对具体环保措施的实施，各企业负责人是否因企业效益而置各项环保指标于不顾，以此来不断提升政府的生态环境治理能力。

（2）环境保护资金的筹集和使用情况。对环境保护资金的审计应当从以下几个方面入手：第一，审查资金是否筹集到位。许多效益不好的排污企业缴纳环保资金的意愿较弱，环保部门也常常出于经济效益的考虑而对排污企业的征收力度不够，导致缓征、欠征的现象突出；第二，审查资金是否管理规范。现实中经常出现环保部门截留、挤占、挪用环保资金的情况，缴入财政的资金也往往并不能审批用于污染治理项目，审批完的资金也不一定能及时拨付，这就会导致环境治理工程不能如期进行；第三，审查资金是否使用合规。随着治污项目的不断增多，环保资金越来越显得捉襟见肘，许多项目在并未筹集到充足资金的情况下就急忙上马，导致项目到中后期因缺乏资金而不得不中断，造成环保资金的严重浪费，同时项目治理单位的管理不善也常常导致环保资金被挪作他用。

（3）环境保护工程项目的建设情况。环境工程项目作为地方污染防治的主要手段之一，其管理绩效的好坏与各地环境治理的优劣息息相关，环境离任审计需要全面审查各地环境工程项目的规划、建造、日常管理等整个环节。首先，各地环境工程项目的规划要符合环境保护政策的要求以及当地生态发展的现实需要，坚决杜绝不合理规划、浪费资源、套取项目资金等现象的发生；其次，大多数环境工程项目涉及的行业多、范围广、工期长，且对技术水平要求较高，在项目建造过程中，要注重各个部门的相互协调，严守质量关口，对偷工减料和存在安全隐患的工程项目坚决取缔，并及时追究相关负责人的责任；最后，要加强对环境工程项目的日常管理和监督，将各工程项目的日常维修以及更新换代情况纳入环境负责人的考核体系中，以不断增强环境工程项目的防污治污效果。

3. 政府环境保护政策的实效

（1）环境治理的成果是否符合预期的目标和法定的标准。环保政策的实效应当以环保目标的实现与否为依归，尽管一个地区的生态或环境状况很难在较短的时期内发生大的改变，但一个个具体的预期目标和环保数值依然可以成为衡量某段时期内政府环保绩效的标准。比如，"十五"计划要求二氧化硫排放削减 10%，但 2005 年二氧化硫排放量却比 2000 年增加了 27%，^①与预期情况正好相反；2015 年《政府工作报告》计划要求氮氧化物、二氧化硫排放要分别减少 5% 左右和 3% 左右，氨氮排放、化学需氧量都要减少 2% 左右，^②北京市 2015 年底二氧化硫、氮氧化物、化学需氧量和氨氮等四项主要污染物同比分别减排了 9.8%、8.83%、4.33% 和 12.98%，^③超额完成了目标。评判领导干部任期内的环境治理成果，可以在确定合理环保目标的基础上，紧扣上任之初与离任之时等关键时点，通过各项环保数据指标的综合对比分析来总结领导干部在环境保护方面的功过是非。

（2）环境治理的成本与收益是否处于一个恰当的比例。环境治理的成本是指用以解决环境污染和修复生态破坏所需付出的人力、物力、金钱等一切代价的总和，一般包括短期成本和长期成本。所谓短期成本是指为解决某项环境问题而一次性支付的费用，比如安装某种环保设施的费用。而长期成本则是指为达成某项环保目标或落实某项环保政策，在较长一段时间内所需付出的代价，比如维持环保设施正常运转的费用或者企业每年向环保局所交的排污费。环境治理的收益指因环保政策的实施而给环境保护或生态修复所带来的利益和好处。坚持绿色发展的新理念要求生态保护与经济发展必须齐头并进，二者不可偏废，检验一项环保政策是否取得实效，就要看环境治理的成本与收益是否处于一个恰当的比例。鉴于生态环境的破坏与恢复都具有一定的滞后性，环保政策实效的考量应当综合短期成本和长期成本同收益的比较，如果环境治理的成本远远高出环境治理的收益，则此项环保政策的实施便是得不偿失。

（3）环境政策的公众参与及满意程度。在我国这样一个社会主义国家，"为人民服务"并不仅仅是一句口号，政府行使任何公权力的出发点和落脚点都应当是广大人民的根本利益，GDP 的增长和社会经济的发展最终都

---

① 郑方辉、李文彬：《我国环保政策绩效评价及其利益格局》，《学术研究》2007 年第 9 期。

② 李克强：《2015 年政府工作报告》，人民出版社 2015 年版，第 15 页。

③ 骆倩雯：《北京市实现"十二五"环境保护目标》，http://www.hbzhan.com/news/detail/113906.html，2016-12-29/2017-02-14.

应当转化为人民生活水平的提高。同样的，一切环保政策的制定落实也都应当致力于改善公众的生活质量，满足公众对绿水青山的渴求。因此，社会公众参与环保的程度以及对环境状况的满意程度便构成了环保政策绩效评价的重要内容。2005 年发生的"圆明园事件"中，正是媒体、社会公众的积极参与才最终打破僵局，推动了事件顺利发展。[①] 事实证明，公众的广泛参与可以提高政府各项环保决策的科学性，公众对环境的满意程度也可以成为政府推行环保政策的"晴雨表"。在对领导干部进行环境责任离任审计的过程中，理应将社会公众对环境政策的参与及满意程度作为一项重要指标。

（三）领导干部环境责任离任审计的运行机制

科学的审计运行机制对增强审计结果的可信度具有至关重要的作用，领导干部环境责任离任审计大致分为四个阶段：审计准备阶段、审计实施阶段、审计报告阶段、后续审计阶段。每个阶段都有各自的重点和中心工作，应当由审计部门牵头，融合党政部门、权力部门以及独立第三方机构人员的联合审计小组担当总设计师，负责离任审计整个流程的策划实施工作。

在审计的准备阶段，联合审计小组应当选派具备相关知识和经验的人员组成专门的调查组，及时地收集相关资料，并制订详细的审计实施方案，明确审计的目的、内容以及具体的实施步骤；在审计的实施阶段，审计人员可以采用谈话、问卷调查、审查等方式来收集相关的证据资料，对照审计事项来编制审计工作底稿，并及时地进行归纳汇总；在审计的报告阶段，调查组应当出具环境责任审计报告初稿，与被审计对象及其单位核实确认后形成最终的审计报告，并交由联合审计小组审议通过；在审计的后续阶段，联合审计小组应当及时向各相关部门通告被审计对象的审计结果，由相关部门作出进一步的处理，对环境保护有功的要给予奖励，对环境保护不利的则要进行相应的问责处罚，造成重大环境事故的还应当移交司法部门进行处理。整个离任审计流程如图1所示。

---

① 陈泽伟：《圆明园环评事件的背后》，《瞭望》2005 年第 28 期。

　　在规范离任审计内部流程的同时，也要处理好"离任"和"审计"的先后关系。从现有的经济责任离任审计制度中可以发现，领导干部"先离任，后审计""已离任，不审计"的现象较为普遍，这严重弱化了离任审计作为人事任免参考依据的重要作用，与经济责任审计的初衷背道而驰。为了避免领导干部环境责任离任审计流于形式，就必须采取"先审计，后离任"的审计模式，通过前移审计关口，来实现环境责任与干部考核的挂钩，以此来提高各级领导干部对环境保护的重视程度。

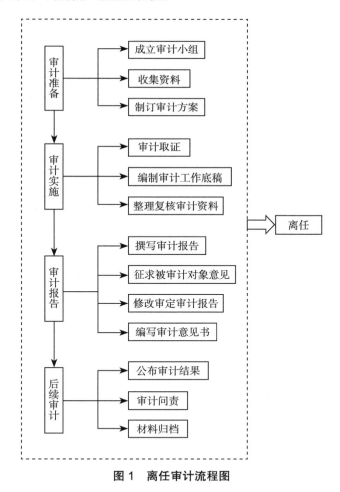

图 1　离任审计流程图

三、领导干部环境责任离任审计的现状及其面临的挑战

党的十八大以来，中央出台了一系列旨在加强生态环境保护的新制度新措施，领导干部环境责任离任审计作为转变领导干部生态观念的有力举措，一经提出便受到全国各地的积极响应，各地纷纷开展离任审计的实践试点。但环境责任离任审计作为一项新生事物被各级领导干部以及广大群众接受仍需一定时日，其在实践探索中也面临着来自各方面的挑战，其最终实效如何也尚待观察。

（一）领导干部环境责任离任审计的重要意义

1. 有利于促进生态环境责任的有效落实，使领导干部不敢不保护生态

生态文明建设是一项利国利民的伟大工程，需要政府、社会、公众的共同参与。各级政府由于掌握着资源、财政、决策等行政大权，理应当在生态环境保护中起着重要的主导作用，各级党政领导干部作为环境保护政策的制定者和实施者，是地方环境保护的第一责任人，应当对其辖区内的生态保护全面负责。而现实中，许多领导干部常常不能兼顾经济发展与环境保护二者间的平衡，为了突出政绩，总是以牺牲生态环境为代价来换取地方经济的迅速增长。在传统的政绩考核指标体系下，领导干部的职务升迁往往跟地方的 GDP 直接挂钩，只要不出现重大的环境生态事故，领导干部的政治前途便不会受到大的影响。在这种干部考核体制下，领导干部对生态保护这种周期长、见效慢的工作并不上心，只要抓住经济发展这棵"摇钱树"便有恃无恐。

环境责任离任审计正是从生态文明建设的长远大局出发，加强对各级领导干部的生态问责，以此来倒逼领导干部重视各地的生态环境保护工作。党的十八大以来，八项规定、六条禁令等一连串"打虎拍蝇"的反腐举措使得贪官污吏人心惶惶，在全国上下形成了一种不敢腐的高压态势。同样的，领导干部环境责任离任审计通过突出各级领导干部的环境责任，将各地的生态保护状况纳入官员职位升迁的考核指标中，也会逐步成为悬在无视生态保护的官员头上的"达摩克利斯之剑"，使各级领导干部不敢不保护生态，不敢

再继续有恃无恐。

2. 有利于推动国家相关立法、政策的完善，使领导干部不能不保护生态

为了避免生态环境的进一步恶化，实现社会的可持续发展，中央政府出台了一系列环境保护法律、法规以及政策文件，逐年加大了环保资金的投入，并尝试建立环境责任审计制度来约束政府的生态破坏行为。但是，各级地方政府作为地方利益的代表，往往有着特殊的利益结构和效用偏好，对中央的环境保护政策往往选择性地执行、少执行甚至不执行。尽管中央建立了相关的生态问责制度，但由于对各级政府的环境责任缺乏一个科学合理的界定标准，审计内容也仅仅停留于环境决策的合规性层面，最终的审计结果并不能成为领导干部环境绩效的衡量标准。同时，政府环境责任的落实缺乏硬性的政策保障，这就为领导干部的"选择性履行"留下了相应的制度缺口。

一切"运动式"的社会治理都是为建立长效的制度打基础，制度是一切工作的"灵魂"。生态保护作为一项长期的系统工程，需要在稳定的制度保障下才能不断向前推进。领导干部环境责任离任审计作为一项有效的生态保护制度，着眼于领导干部环境政策的制定、执行、实效等各个层面，建立了一套完善的环境责任评价指标体系，为领导干部环境绩效的认定提供了一个科学的标准。同时，离任审计制度将环境审计结果纳入到了领导干部的政绩考核指标中，保障了领导干部生态保护责任的有效落实。制度的笼子一旦扎紧，领导干部便无法置生态利益于不顾。

3. 有利于提升领导干部的环境保护意识，使领导干部自觉保护生态

中国经济进入新常态，面临着新一轮的转型升级，这为改变以往粗放式、资源消耗式的发展提供了契机。但是，中国的城镇化、工业化、农业现代化的任务尚未完成，部分地区的污染物新增量仍然处于高位，发展和保护的矛盾依旧突出。在经济增长的利益诱惑面前，许多领导干部并未树立起科学的生态发展观，将"发展是硬道理"等同于"经济增长是硬道理"，单一地以 GDP 的高低来衡量经济发展的成效。这种要钱不要命的发展方式不仅对各地生态环境的破坏是毁灭性的，从长远来看，生态的恶化也会反过来阻断经济的持续发展，形成一种双输的局面。

再完善的制度也只能从外在的层面来约束领导干部的行为，要想实现生态保护的效益最大化，必须从内在的层面入手，提高各级领导干部的环境保护意识，让领导干部积极主动地去落实环境保护政策。领导干部环境责任离任审计紧紧抓住使绿色的政绩考核"指挥棒"，引领党政领导干部更多地去关注新型的绿色发展模式，通过产业结构的转型升级来让领导干部真正明白"绿水青山就是金山银山""地上的绿叶子就是手中的钞票子"。离任审计从制度规范层面出发，从约束领导干部环境行为逐步深化为转变领导干部发展理念，继而将绿色发展的行为模式融入政府的各项环境保护政策中去，实现各级领导干部积极主动保护生态的最终目标。

（二）领导干部环境责任离任审计的现状

1. 各地区广泛开展试点实践，探索行之有效的离任审计机制

早在 2007 年，江苏省苏州市便在领导干部的经济责任审计中突出了领导干部的区域环境责任，并将区域环保投入与绩效情况纳入地方党政领导干部评价体系中，一定程度上提升了领导干部对环境保护的重视。① 2013 年，党的十八届三中全会正式提出"对领导干部实行自然资源资产离任审计，建立生态环境损害责任终身追究制"，② 相关试点工作也随之在各地开展。2014 年，四川省绵阳市下辖的三台县、梓潼县、仙海区先后开展了离任审计的相关试点工作，警醒和倒逼县市区党政负责人算好"生态账"，并出台了《县市区党政主要负责人离任生态环境审计评估试点指标体系》，涉及生态空间、生态环境、生态文化等 6 方面 32 项评估指标；③ 2015 年，北京市采取"一区县一试点"的方式，在全市 16 个区县开展了领导干部自然资源资产离任审计试点工作；④ 2016 年，湖南通过《湖南省开展领导干部自然资源资产离任审计试点

---

① 刘笑霞、李明辉：《苏州嵌入领导干部经济责任审计的区域环境审计实践及其评价》，《审计研究》2014 年第 6 期。

② 《中共中央关于全面深化改革若干重大问题的决定》，人民出版社 2013 年版，第 21 页。

③ 王小玲：《四川绵阳出台离任生态环境审计评估指标体系 "一把手"离任要算生态账》，《中国环境报》2014 年 7 月 18 日。

④ 王皓：《北京规定领导离任将审计自然资源资产和环境责任》，《北京日报》2015 年 12 月 7 日。

实施方案》《湖南省贯彻落实〈党政领导干部生态环境损害责任追究办法（试行）〉实施细则》，开启了针对市、县两级党委、政府主要领导干部的环境责任离任审计。[①] 除此之外，甘肃、江苏、云南昆明、湖北黄冈等省市也逐步探索了类似的试点实践，一时间领导干部环境责任离任审计广受关注。

2. 各地区制度建设尚不完善，试点实践的成效尚待检验

2015 年 3 月，中共中央发布的《关于加快推进生态文明建设的意见》强调："深化生态文明体制改革，尽快出台相关改革方案，建立系统完整的制度体系，把生态文明建设纳入法治化、制度化轨道。"[②] 当前一系列的环境责任离任审计试点工作都是为了探索新路子，总结经验和教训，以便形成一套科学合理的、能在全国广泛推广的离任审计的制度体系，但鉴于实践的时日尚短，究竟实践的成效如何仍尚未可知。就各地接受审计的领导干部而言，长期的唯"GDP"理念是否会成为其抵制环境责任离任审计的重要阻碍？就进行审计的审计主体而言，其是否拥有足够的专业知识以及必要的资金技术来支撑其胜任环境责任离任审计的具体工作？就审计的结果而言，领导干部的考察任用究竟多大程度上参考了环境责任离任审计的结果？离任审计的结果又如何避免因审计流于形式而造成不够准确权威的情形？就审计试点的推广而言，有多少地区能形成在全国予以复制和适用的有效经验？类似的质疑只能留待现实的检验。

（三）领导干部环境责任离任审计面临的挑战

1. 审计结果的科学性与准确性缺乏有效的保障

离任审计的结果是领导干部在其任期内环保功绩与过失的客观反映，牵涉到领导干部的考察任用，审计结果的准确与否是离任审计制度能否取得成功的第一道关口。当前，审计主体自身以及对环境责任的界定等方面仍然存在一些缺陷，影响了审计结果的可信度。

（1）审计主体方面的缺陷。

本章在离任审计的主客体部分中已提及离任审计的最佳审计主体应当是

---

① 陈昂：《湖南拟启动领导干部自然资源资产离任审计试点》，《湖南日报》2016 年 6 月 30 日。

② 《中共中央国务院关于加快推进生态文明建设的意见》，《人民日报》2015 年 5 月 6 日。

包含权力机关、党政机关以及委托的独立第三方各自工作人员的联合审计小组，但从目前各地的实践情况来看，审计主体的成员大多来自党委、纪检、审计、林业、国土等党政部门，并未吸收人大的代表以及高校科研机构等社会力量，而且审计主体组成人员的临时变动性较大，大家聚到一起只是为完成阶段性的审计目标，没有形成一支长效的专业审计队伍，导致离任审计工作有名无实。

同时，各类环境问题的广泛性和特殊性对审计人员的专业能力和业务素质提出了严峻的挑战。当前，我国审计培养体系大多培养的是会计、财务类的审计人员，对生态环境的相关内容则鲜有涉及，而纳入审计联合小组的水利、林业、国土等部门的人员对离任审计的内容又知之甚少，这大大增加了环境责任离任审计的难度和工作量，使审计领域"人少事多"的矛盾进一步突出。

此外，审计人员职业道德素质的参差不齐也给审计工作的发展带来了不小的隐患。当前，尽管各地制定了一系列针对领导干部环境责任的追究办法，但对离任审计的审计主体却没有相应的制度约束，这就给部分意志不坚定的审计人员弄虚作假留下了操作空间，尤其是在位高权重的党政领导干部不配合调查甚至积极抵制时，审计人员更有可能选择明哲保身的处理方式，从而影响审计工作的有效开展。

（2）责任界定方面的缺陷。

环境责任离任审计的结果体现了一段任期内领导干部在生态领域的功绩和成效，与领导干部日后的考察任用息息相关，每一项环境责任的界定都应当遵循严格的标准，进行准确的区分，这样才能确保审计结果的科学有效。当前，各地在离任审计的责任界定方面还存在一定的缺陷，主要表现在以下几方面：

首先，就我国目前所处的社会发展阶段而言，发展经济仍然是各地党政领导干部工作的中心，很多生态环境问题与当地重要的经济活动息息相关，在对领导干部的环境责任进行评价时，很难准确地区分其到底是属于集体责任还是个人责任，主管责任还是客观责任，前任责任抑或现任责任。如果审计人员缺乏专业的业务判断能力，则很容易给环境责任的推诿以可乘之机。

其次，生态工作的复杂性和审计范围的多样性决定了审计指标并非几个简单的环境数据便可以衡量，不同的对象以及同一对象的不同侧重点都有各自独特的评判标准。生态指标体系的构建离不开科学严谨的论证以及大量的时间精力的投入，而当前各地的离任审计方案在中央的号召下纷纷匆忙出台，其动机和审计方案的科学性值得怀疑，指标体系在实践应用中的可行性也将面临严峻的挑战。

最后，部分地区领导干部对环境责任离任审计存在抵制或规避心理，在行动上表现为提供虚假材料、游说贿赂审计主体、威胁打击报复等手段来阻挠审计人员的调查取证；部分上级领导更是将离任审计当作提携部下或打击政敌的政治工具，离任审计的内容只包含上级领导感兴趣或指定好的事项，造成环境责任审计内容的片面性，不利于全面准确地反映各地领导干部的真实环保绩效。

2. 对领导干部的问责与审计结果衔接不畅

审计评价与结果问责作为领导干部环境责任离任审计制度的一体两面，只有实现二者自身的有效衔接，才能发挥制度的整体效益，达成制度设计的预期目的。当前，在部分地区的试点实践中，环境责任的审计与问责还存在"两张皮"的现象：

首先，部分地区只审计不问责。党的十八大之后，生态文明建设被提上日程，领导干部环境责任离任审计作为一项新的改革措施一经出台便引起强烈反响，但部分地区开展离任审计工作更多的是为了响应中央号召、回应舆论要求，以形成良好的宣传效应，并没有对审计的结果引起足够的重视，更谈不上对相关责任人进一步的追究问责。

其次，部分地区只问责不审计。当前，各类环境突发事件越来越多，因环境问题引发的群体事件也不断地冲击着各地的社会秩序与稳定，部分地区党委和政府为平息舆论压力、安抚群众情绪，对具有环境过失的领导干部进行了相应的问责，但这种缺乏科学审计的问责只是政府应对危机的临时性举措，并不足以建立起一套长效机制，以形成对不重视生态的官员的普遍威慑。

最后，部分地区的审计与问责严重脱节。在部分地区领导干部的审计体系中，环境责任作为一项重要内容被纳入离任审计的范围内，但在对领导干部的责任追究体系中却仍然只有经济责任的相关内容，形成了一种"你审计你的，我问责我的"两不相干的局面，导致整个领导干部环境责任离任审计制度的形式化和空泛化。

3.对领导干部的责任追究制度尚不完善

对领导干部环境责任的离任审计只是对领导干部在其任期内生态绩效的一种客观评价，审计之后的问责才是真正牵涉领导干部考察任用的关键环节。而我国离任审计实践中的生态问责以及随后的权利救济仍然存在一些不足之处。

（1）领导干部的生态问责不到位。

领导干部的生态问责包括三个主要环节：披露、问责、整改。披露即指审计主体将审计结果和报告移送相关部门，并通过新闻媒体向社会大众进行公告；问责指有关责任部门对审计存在的问题进行处理，包括组织部门的考察任用以及纪检监察部门的责任追究等；整改指根据审计报告中的整改建议对存在的环境问题采取措施或者对不适当的环保规划进行调整。实践中，以上三个环节都不同程度地暴露出了一些问题。

第一，信息披露欠缺充分。生态问责牵涉到被审计领导干部的切身利益，部分自身存在问题的领导干部会通过不法途径来给审计人员施加行政压力，给审计信息的对外披露带来了重重阻碍；同时，我国当前对环境责任信息的披露并没有规范的格式和内容要求，这就造成了环境责任信息的披露不规范、不全面、不系统，甚至在披露的过程中故意避重就轻。

第二，问责程序不规范。尽管各地陆续开始尝试将领导干部的环境绩效纳入官员的政绩考核机制中，但相比于经济绩效的比重而言，环境绩效对领导干部考察任用的影响严重不足，只要领导干部任期内不发生需要移送司法机关的严重环境责任事故，一般的惩戒问责都是择轻不择重，许多形式化的追责也仅仅是为了平息舆情，舆情过后官复原职、异地任职的现象频频出现。

第三，环境整改惨遭忽视。环境审计与追责的最终目的是发现各地环保规划以及生态保护工作中存在的问题和不足，并进行针对性的整改，以促进各地生态状况的改善。因此，整改也是环境离任审计的重要一环，而在各地的审计实践中，问责往往被当作了离任审计的最后步骤，一旦对相关领导干部进行责任追究后，审计便告终结，并没有对后续整改情况的跟踪调查。

（2）领导干部的权利救济渠道不畅通。

生态问责给各级领导干部带来了普遍的威慑，倒逼其转变发展理念，提升生态保护意识，这是环境责任离任审计得以取得成效的坚实保障。在我国各地的实践中，出于某些方面的原因，还不能确保审计结果的绝对准确，审计结果的不准确往往会导致之后问责环节的惩处过轻或问责过度。由于领导干部的权利救济机制尚未建立，一旦出现问责过度的情形，便会导致审计对象的合法权益受到侵害，考虑到培养一名优秀干部的物质和时间成本，倘若问责过度的现象不断发生，将会给我们党和国家的事业造成不可估量的损失。

权利救济的缺失与我国传统的政治环境和思维理念息息相关。一方面，我国公务员与国家的关系被定义为"内部关系"，公务员权利受到侵害时，只能寻求内部的申诉或复核等解决方式，而不能直接向法院起诉，而申诉或复核的机关往往又是作出处罚决定的上级机关，这就造成"既当裁判又当运动员"的尴尬局面，使得公务员权利救济徒留形式；另一方面，许多官员在自身权益受到非法侵害时往往不敢据理力争，因为在上级官员看来，你对审计结果的质疑便等同于对上级领导权威的质疑。这样一来，即使申诉成功，所追回的利益也远远不及将要付出的政治代价。

四、领导干部环境责任离任审计的实施路径

（一）建立健全领导干部环境责任离任审计的法律制度

立善法于天下，则天下治；立善法于一国，则一国治。完善领导干部环境责任离任审计的基础和前提便是加强与之相关的制度建设，通过制定和健

全环境审计的法律法规以及审计准则、评价标准等，界定领导干部环境责任离任审计的目的、职责和权限，统一离任审计的行为和标准，为具体的审计实践提供明确的指引，保证离任审计工作的合法有效开展。

1. 健全领导干部环境责任离任审计相关法律法规

现阶段，领导干部环境责任离任审计主要依据的是中共中央出台的一些政策文件和国务院及各部门颁布的法规规章，这些文件精神并没有上升到国家法律这一层面，其所属法律层级较低，不利于保障环境保护责任离任审计制度的权威性和稳固性。要扭转环境审计无法可依的尴尬局面，就必须从修订相关的法律法规做起。

我国《宪法》第九十一条规定："国务院设立审计机关，对国务院各部门和地方各级政府的财政收支，对国家的财政金融机构和企业事业组织的财务收支，进行审计监督。"《审计法》也对审计机关的职责和权限作出了具体要求。从这些法律的明确规定中可以看出，审计机关的主要监督对象是财务收支，也就是所谓的经济责任，并没有涉及资源环境。而领导干部环境责任离任审计不光牵扯到环保资金的审查，还包括对自然资源资产状况、生态环境、环保政策等一系列事项的监督，远远超出了审计机关的法定权限。对此，应当修订《宪法》和《审计法》，适当扩大审计机关的职责范围，将资源环境纳入其审计对象中去，赋予审计机关进行环境审计的法律正当性。

我国《环境保护法》关于环境监督管理的规定中只明确了环境主管部门对环境保护工作的监督管理职能，而没有明确审计机关对环境责任的审计职责，应当通过修订《环境保护法》，增设审计机关对资源环境的监督权限，并明确环境主管部门和审计机关的分工合作，来为环境审计的有效开展提供法律依据。

2. 制定领导干部环境责任离任审计准则和评价标准

审计准则是审计人员从事审计业务必须遵从的行为规范，为审计人员实施审计、取得证据、形成结论、出具报告提供专业标准，是规范审计行为、降低审计风险的有效保证。当前，我国并未制定统一的环境审计准则，在现有的国家审计准则中也很少有与环境审计相关的内容，鉴于环境审计在对象、内容、操作等方面的特殊性，现有的审计准则并不足以提供具体规范的指导依据，有必要单独制定与资源环境相关的审计准则，来明确环境审计的目标、内容、对象、法律责任等相关内容，以作为领导干部环境责任离任审计的工作指南。

领导干部环境责任离任审计不光要遵循环境审计准则的规范指引，还需要借助相关的环境评价标准来对审计内容作出科学准确的鉴证。我国的环境保护标准经过几十年的不断完善，虽已初成体系，但与发达国家相比，仍然存在标准的制定不够科学、适用性不强、标准水平偏低、标准之间的协解配合不够充分等问题，不利于保障审计结果的科学性和准确性。对此，应当充分吸收借鉴发达国家的先进经验，尽快制定一套适合我国国情的环境审计评价标准，为当下环境审计工作提供技术支撑，以不断降低可能存在的审计风险。

（二）构建科学的领导干部环境责任离任审计体系

1. 建立职能一致、权责统一、廉洁高效的专业审计队伍

（1）实现审计人员的职能整合。

当前，离任审计主体的组成人员并不固定，许多都是上级协调或同级选派过来参与审计工作的，彼此间的默契程度还较低，这是造成环境离任审计工作效率不高的一个重要原因。针对各审计主体协调不畅的现状，应当加强对各审计主体的价值指引，实现各主体的职能剥离与整合。

第一，加强对各主体的目标引导。"心往一处想、力往一处使"是一支队伍取得成功的基本前提，审计、环保、国土、林业等部门在进行领导干部环境责任离任审计的过程中，要深化对环境责任的认识，不断加强对生态政绩的价值认同，将力量凝聚到具体的审计工作中，确保审计的每个环节都能得到有效的组织保障。同时，上级领导部门的统筹协调以及审计对象自身的理解与支持也是离任审计工作得以顺利开展的重要条件。

第二，明确各主体的权力分工。领导干部环境责任离任审计工作涉及会计、环保、法律、检测等各方面的内容，光靠某一个部门的力量很难胜任具体的审计要求，需要集百家之长，充分发挥各审计主体自身的独特优势，比如审计部门擅长经济审计工作，就要负责环保资金、生态工程项目的内容；环保部门熟悉环境工作，就要专注环保指标的调查和检测工作。各审计主体分工明确、各司其职，方能保障审计工作的科学高效。

第三，实现各主体的职能整合。"一个和尚挑水喝，两个和尚抬水喝，三个和尚没水喝。"做好离任审计工作，不光要明确各审计主体的职责分工，还要实现各主体工作的有效串联，防止出现一盘散沙的局面。一方面，要通过合理的人员安排来优化审计主体的学历、年龄、能力结构，使其符合审计工作的素质要求；另一方面，要加强审计工作的物质、资金、技术等后勤保障，促进各个阶段审计工作的无缝对接。

（2）加强对审计人员的责任约束。

"有权必有责"，[①] 在明确审计主体权力分工、实现其职能整合的同时，还应当制定严格的责任规范，加强对审计主体的责任约束。这不仅有利于防范审计主体的胡作非为，造成审计权力的滥用，也可以有效避免审计主体产生明哲保身、争做好好先生的心理。

第一，明确划定审计人员的职责和权力界限。"一切有权力的人都容易滥用权力，这是万古不变的一条经验，有权力的人们使用权力一直到遇到界限的地方才休止。"[②] 审计作为一种权力行使的过程，如果不能明确划定审计主体的权力和职责界限，审计结果的真实性便无法得到有效保障。因此，必须对审计的流程、内容以及方式方法等作出严格的制度规定，以此来确保离任审计的针对性和权威性。

第二，完善审计人员的违法违纪和责任管理办法。鉴于审计对象的特殊性，审计人员在离任审计的过程中常常会出现一些违法违规的行为，比如违规联系审计对象、接受审计对象的贿赂宴请、人为篡改审计信息等。要杜绝此类行为的发生，就要划定审计主体的工作禁区，加强对审计人员的责任追究，一旦出现违法违纪的行为，轻则取消审计资格，重则给予行政处分，造成严重后果的还应当追究刑事责任。

---

① 《习近平关于全面深化改革论述摘编》，中央文献出版社 2014 年版，第 70 页。
② 〔法〕孟德斯鸠：《论法的精神》（上册），张雁深译，商务印书馆 1982 年版，第 154 页。

第三，制定离任审计的监督改进措施。"阳光是最好的防腐剂"[①]，防止暗箱操作、违规审计的最好办法就是将离任审计工作置于社会公众的监督下，对群众提出的监督建议要及时回应，对群众提出的批评意见要及时整改，以过程的公开促结果的公平公正。同时，审计工作还要注重赏罚分明，对在审计工作中表现突出、贡献卓越的单位和个人要给予相应奖励，以"胡萝卜加大棒"的奖惩方式来保障审计工作的有序开展。

（3）提升审计人员的综合素质。

领导干部环境责任离任审计工作涉及的内容多、范围广，对审计人员来说，除了需要具备专业的审计知识，法律、环保、管理等方面的相关知识也不可或缺，同时崇高的职业道德以及熟练的职业技能更是必不可少的。要真正地做好环境责任审计工作，就必须建立起一支责任意识高、专业能力强的优秀审计人才队伍。

首先，不断提升审计人员的职业道德素质。环境责任审计的主要目的就是揭露和查处行为主体在环境保护方面的不作为或乱作为行为，其审计对象大多是各地手握权势的领导干部，尤其是各地的党政一把手，拥有极大政治资本和经济资源，具备很深的影响力，会对审计人员的工作带来重重干扰和阻碍。这就要求审计人员在经济和其他各种利益诱惑面前，要不断强化自身的责任意识，时刻保持清醒，敢于严格执法，确保审计结果的客观公正。审计机关应当加强对审计人员的职业道德教育，并努力营造清正廉洁的工作氛围，不断提高审计人员的责任感和使命感，保障环境责任审计工作的高质和高效。

其次，不断提高审计人员的法律意识。随着各类环境污染问题的不断出现，相关的环境责任认定以及污染治理越来越专业化，对审计人员的专业能力要求不断提高。审计人员不仅要进一步深化拓展自身的审计专业知识，更要全面提升自身对环保各项技术指标的了解和掌握，不断提高自身的法律意识，做到一专多能，使自己成为能胜任审计工作新要求的复合型人才。审计

---

① 《习近平关于全面依法治国论述摘编》，中央文献出版社2015年版，第72页。

机关应当定期组织人员培训，加强内部审计人员的业务学习，并安排相应的职称考试，对审计人员的工作实绩进行定时考核，并结合审计人员的职称来确定不同的审计津贴，这样才能充分地调动审计人员的学习积极性。

最后，不断拓展审计人员的职业技能。审计人员的主要工作方式是通过审查给定的审计材料以及询问被审计单位的相关人员，以此来发现被审计对象在环境保护工作中存在的各种问题。面对纷繁浩杂的审计资料，审计人员必须具备敏锐的洞察力，从蛛丝马迹中发现问题，及时的锁定重要线索以及关键证据，并进行精准的分析，作出有价值的审计建议。这就要求审计人员保持不停地学习，从工作实践中不断地总结经验，提高自身的综合职业技能。审计机关也应定期组织审计技术和经验交流会，增强各审计人员的相互沟通，及时地总结提炼先进的审计方法并加以推广，不断提高各审计人员的审计职业技术水平。

2. 健全领导干部环境责任离任审计的责任认定机制

（1）正确区分领导干部的环境责任。

环境责任根据责任主体的不同可以分为领导责任、分管责任以及直接责任；根据作出决策的主体不同可以分为集体责任和个人责任；根据时间的先后又可分为前任责任和现任责任；根据人为因素的多寡还可以分为主观责任和客观责任。各类责任的交叉重合给离任审计带来了诸多挑战，同时环境责任离任审计的结果关系到领导干部的考核管理，这就对离任审计工作提出了更高的要求。因此，审计人员应当制定科学合理的审计标准，以准确界定各级领导干部的环境责任，不断提高环境责任离任审计的质量。

领导责任、分管责任和直接责任的区分。通常来讲，地方各级党政一把手对当地的整体环境保护状况负有不可推卸的领导责任，由其直接决策而引发重大环境事故时还应当承担相应的直接责任；分管环保工作的相关副职领导应当承担对环境保护的分管责任；而政府其他与环保相关的部门负责人以及各企业的主要负责人则应当承担起与各单位职责相对应的直接责任。

集体责任和个人责任的区分。政府和企业在推行某项环保政策或执行某项环保指令时，可能是经由集体讨论一致得出的结论，也可能是某个领导个人的意志。决策的成功与失败不能一味地归结为个人的得失，也不宜一味地推脱给集体，应当及时的记录每一项环保措施的决策过程，严格界定相应的责任归属，既防止个人成为集体的替罪羊，又避免集体为个人的决策失误买单。

前任责任和现任责任的区分。由于生态环境的特殊性，一个地区生态面貌的变化并非一蹴而就，往往会经历一个发展的过程，这就导致前任领导环境决策行为所造成的影响可能到下任领导任职期间才显现出来。对此，要严格卡定领导干部就职和离任的时间点，因前任领导的错误或过失所引起并延伸到本期的遗留问题应当由前任领导承担相应的环境责任，审计对象只对其自身在任职期限内的环境责任具体负责。

主观责任和客观责任的区分。在现实生活中，许多环境污染事件的发生常常是由政策失误或执行不力所造成的，相关的领导干部应当为之承担故意或过失的主观责任；同时，也有部分环境责任是由外界的不可抗力所引发的，比如自然灾害或者上级不恰当的硬性指标。这两种环境责任具有本质的不同，应当区别对待，并重点对领导干部的主观责任进行追责。

（2）加强对离任审计的监督。

当前，领导干部环境责任离任审计的制度规范仍不太完善，审计过程的规范性以及审计结果的科学性还面临来自各方面的质疑，有必要进一步加强对离任审计的监督工作，保证离任审计工作的依法依规、合情合理。

一是加强对离任审计内容的监督。在制定离任审计指标的过程中，由于缺乏科学的研究论证或者部分上级领导不正当干预等一些原因，离任审计的内容会出现一定的片面性，不利于对领导干部环境责任的准确认定。因此，有必要加强对离任审计内容全面性和科学性的有效监督，确保离任审计的内容涉及环境评价的各个领域，且每个领域的具体环境指标都具备相当的代表性，这样才能凸显审计评价的权威性，为后续的考核问责打下坚实的基础。

二是加强对离任审计过程的监督。完整的审计流程应当包括审计的准备、实施、报告以及后续阶段四个环节，许多审计工作队伍并未严格的按照既定的流程开展工作，对审计过程中遇到的问题也并未进行及时的方案调整，导致审计结果的可靠性大大降低。据此，应当注重对整个审计流程的完整性以及审计步骤的规范性进行重点监督，保障对领导干部每一项环境责任的认定都有充分的证据支撑和严格的程序保证。

三是加强对离任审计结果的监督。在实际的离任审计工作中，常常会出现两种影响领导干部环境责任考核评价的情形，一种是因离任审计的目的不正当、流程不规范、内容不全面等导致的离任审计结果本身的不科学；另一种是离任审计结果本身论据充分、结论可靠，但却被束之高阁，没有得到有效的运用。因此，为了准确评价领导干部的环境责任，既要加强对离任审计结果本身准确性的核查，也要加强对离任审计结果运用真实性的监督，确保审计结论成为干部任免以及问责的重要依据。

（3）创新离任审计的方式方法。

审计信息的真实性和准确性是正确区分领导干部环境责任的有效前提。如果最终统计的信息存在虚假和错误，就无法得出客观有效的审计结果，会严重影响后续考核及问责等工作的正常开展。要提高审计信息的质量，关键在于不断改进现有的审计模式，并引进科学的信息统计方法。

审计模式的发展主要经历了三个阶段：账项导向审计模式、制度导向审计模式、风险导向审计模式。[1] 账项导向审计模式采取详细的审计方法，逐项的审查被审计单位的会计账簿、凭证、报表，有利于直接获取各类审计证据，但工程量较大，工作效率受到影响；制度导向审计模式采取抽查的审计方法，根据内部控制有效性和健全性的请假结果，对被审计单位的重点资料进行抽查，有效地降低了审计风险，但内部控制的评价标准不好统一；风险导向审计模式采取系统分析的审计模式，通过控制测试和实质性测试，评估审计过程中的重大错报风险，可以对被审计对象有一个全面的认识，并同时提高审计的质量和效率，其缺点就是审计成本较高。审计对象、审计目标不同，相应的审计重点和策略也存在差异，审计人员应当针对不同审计内

---

[1] 张勇、苏奕：《经济责任导向审计模式的构建及其研究路径》，《中国会计学会审计专业委员会 2010 年学术年会论文集》，第 5 页。

容的相应特点，采取合适的审计模式，以便更好地服务于离任审计的实践工作。

有关领导干部环境责任的指标信息量大且繁杂，需要投入大量的时间和精力，我国现有的审计人员很难在有限的时间内去高效地完成各项信息统计任务，这种"人员少、时间紧、任务重"的现状使旧式的统计方法无法充分发挥应有的审计效果，有必要引进新一代的"云计算"信息技术。"云计算"这种计算机辅助审计实施系统的运用可以广泛而全面地收集相关的审计资料，并对审计数据进行快速而准确的分析，及时锁定重点领域和关键线索，大大提高了环境责任审计工作的质量和效率。同时，"云计算"可以将大量的审计数据存储于云平台，既消除了数据丢失的顾虑，也削减了耗费材料、风险控制等后期维护成本，能为领导干部环境责任离任审计工作的高效开展提供强有力的技术支撑。

（三）完善领导干部环境责任离任审计的责任追究机制

中共中央出台了八项规定和六条禁令之后，不仅打掉了一批嚣张跋扈的大"老虎"，拍死了一群为非作歹的小"苍蝇"，更是扎紧了制度的笼子，对那些不知收敛、滥用职权、贪污受贿的党内官员形成了普遍的威慑。八项规定和六条禁令之所以能取得如此良好的反腐效果，就是因为其在问责环节的严格程度前所未有，你如果置若罔闻，丢了官帽子不说，还将面临严刑峻法的审判。由此可见，有效问责是扎紧制度之笼的强力保障，领导干部环境责任离任审计要想达成制度设计的初衷，就必须补平责任追究机制的缺口。具体来说，可以从以下几方面着手努力：

1. 确保审计结果的有效运用

审计是手段，对审计结果的有效运用才是关键。建立领导干部环境责任离任审计制度的主要目的便是通过对领导干部的生态问责来推动其更多更好的重视环境保护、创造生态政绩。为了最大限度地发挥离任审计的制度效应，应当健全离任审计的审用结合机制，也就是将离任审计的结果与官员的选拔任用、奖励惩罚紧密联系起来，以此来调动领导干部加强生态保护的积极性。

一方面，要明确各问责主体的职能分工。审计问责的主体一般包括组织人事、纪检监察、司法等部门。组织人事部门要将审计结果纳入官员的政绩考核体系中，作为官员选拔、任用、奖惩的依据，对那些生态保护意识强、生态政绩突出的官员要及时地给予表彰、发放奖金等物质精神奖励，同等情况下优先考虑提拔任用，对那些生态意识薄弱、未能有效履行生态保护职责的官员要作出一定的惩罚措施，必要时对其职务进行相应调整，将其从领导岗位上替换下来，以此来保证整个领导干部队伍的先进性和纯洁性；对于造成严重生态后果的领导干部，纪检监察部门要及时的作出警告、通报批评、记过等行政处分，涉嫌违法犯罪的，还应当移交司法部门，由司法部门追究其刑事责任。

另一方面，要使审计结果成为下一步工作的有效指引。对负有生态责任的领导干部进行问责并非推行离任审计的首要目的，充其量只能算是一种有效的手段，离任审计为的是提高官员的环保意识，解决经济发展过程中所引发的各类生态破坏问题，加强整个国家生态文明建设的能力和水平。因此，离任审计的结果不仅应当及时地报送组织人事、司法等部门进行考核问责，还应当及时地反馈给审计对象并向社会公布，让党政领导干部充分了解自己生态文明建设工作的基本情况，找出不足，并进行不断地调整与改正，也让社会公众更好地行使监督权。同时，环保部门对审计结果中反映出的自然资源损耗、空气污染、土地沙漠化等环境问题要及时地制定应对措施，尽快出台有针对性的生态解决方案；财务和审计部门也应当从审计结果中汲取相应的财务和审计管理的经验，以进一步加强和完善日后的财务和审计工作。

2. 加大对环境责任的问责力度

当前，部分领导干部一心大力发展当地经济，对随之带来的各种环境问题却不管不顾，造成许多地区生态状况的严重恶化，生态责任追究机制的不完善更是助长了这种轻视生态的不良风气，使官员在不顾生态成本盲目追求经济发展时有恃无恐。为了使离任审计能真正实现倒逼生态保护的制度设计初衷，就必须加大对环境责任的问责力度，建立环境损害责任终身追究制，增强对环境破坏行为的威慑力。

第一，细化责任形式。领导干部的生态环境损害责任不仅包括行政责任和刑事责任，还应当包括道义责任和政治责任。[①] 所谓道义责任是指决策者应当对自然和社会等履行的遵守道德的责任。党政领导干部因环境决策失误造成恶劣环境影响时，应当受到内心道德的批判并接受外界舆论的谴责，这种道义责任具有"主动性"的特征，表现为领导干部通过公开道歉、引咎辞职等方式主动为自己的环境决策行为承担责任；政治责任是指政治官员制定公共政策并推动其实施的职责及没有履行好职责时所应承担的谴责与制裁。领导干部的环境决策行为不仅要符合法律规范和程序等形式正义的要求，还应当满足合理正当的实质正义的考察，即只要领导干部的决策行为有损生态利益，即使没有违法违纪，也应当受到政治责任的追究。在对领导干部环境责任追究的过程中，上述四种责任可能发生竞合。对此，应进一步厘清四种责任的相互关系，明确各自的适用范围，尤其是在刑事责任受到追诉时效的限制时，更要加强对道义责任、政治责任以及行政责任的追究以达到惩罚教育目的。

第二，量化追责标准。《党政领导干部生态环境损害责任追究办法（试行）》明确列举了需要追究生态环境损害责任的25种情形，主要包括环境持续恶化、环境决策与法律法规相违背、发生重大环境事故以及环境监管失职等内容，每一项生态损害情形都必须有具体的追责标准，这些追责标准都应当建立在政府环境决策对生态影响的科学评估基础之上，一旦生态损害程度超出制定的评估标准，问责主体就应当启动相应的问责程序，生态破坏造成的影响越大，问责力度也应当越大。尽管对领导干部的事后追责可能无法挽回已经造成的生态损失，但终身追责无疑会对党政领导干部今后的环境决策行为起到巨大的威慑效果，使领导干部不敢"有权就任性"。

第三，设置"环境问责追踪卡"。由于生态环境的特殊性，一个地区的整体生态状况在短时间不会发生太大的变化，政府某项环境政策的施行对当

---

① 高桂林、陈云俊：《论生态环境损害责任终身追究制的法制构建》，《广西社会科学》2015年第5期。

地生态的影响也不会立刻显现出来，一些旨在恢复生态的环境政策可能需要很长时间才能取得明显效果，而一些生态环境隐患也可能在几年之后才暴露出来，这就使生态政绩具备"潜绩"的特点，给领导干部的生态责任认定带来了一定障碍。对此，可以给每位负有环境责任的领导干部设置一张"环境问责追踪卡"，记录其任职期间所施行的环境政策、批准的环境项目、自然资源资产的利用情况等环境信息，并据此作出相应的生态环境损害评估，通过对卡片的持续跟踪记录来认定领导干部的环境绩效。同时，这张卡片会被纳入领导干部的工作档案中，跟随其一生，不管其是调任、晋升还是退休，只要欠下了"生态账"，就必须有个交代。

3. 加强对审计问责的监督与保障

监督是权力运行的根本保证。针对当前存在的问责过程流于形式、责任追究不到位等情况，需要突出问责监督机制，以深入的监督来促进审计问责的制度化、规范化、程序化，确保责任真正落实到主要党政领导干部头上，充分发挥审计问责的震慑作用。同时，对于责任追究过程中问责过度的现象也要及时制止，保障领导干部的合法权利不受侵害。

第一，丰富监督主体种类。经过多年的实践发展，我国已经形成了一套科学的权力制约和监督体系，既包括人大、政协、行政、司法等党政系统内部监督，也包括社会、舆论等外部监督。加强对审计问责的监督必须有效整合监督资源，建立"优势互补、监督有力、富有实效"的监督体系，形成整体监督合力。同时，各监督主体要明确自身的监督职责，从不同层面、以不同形式进行监督，并不断加强彼此间的协作配合，定期总结交流相互的监督工作，防止出现相互推诿扯皮、各自为战的现象。

第二，创新监督方式。长期以来，由于政府信息公开工作的不到位，社会公众难以及时获知政府的环境决策信息，对环境审计以及追责的相关内容也知之甚少，无法进行有效的监督工作。对此，要充分利用互联网、报纸、电视等宣传平台拓宽公民获悉政府决策信息的渠道，使社会公众能及时了解环境问责的主要对象、问责过程以及处理意见等相关内容。同时，要不断创新公众参与问责监督的方式，通过问卷调查、开展研讨会、设立环境热线电话等形式主动了解公众的监督意见，并及时地作出回应，以此来充分发挥社会监督的应有作用。

第三，完善权利保障。在传统文化中官员一直被视为强势群体，政府和社会公众更多关注的是如何加强对官员权力的制约和监督，却鲜有重视对官员个人权利的有效保障。在对领导干部的环境问责过程中，领导干部往往缺乏陈述和申辩的机会，一旦出现错误问责或过度问责的情形，除了内部的申诉和复核之外，很少有其他的救济方式可以保障领导干部的合法权利。因此，应当完善被问责领导干部的权利救济制度，体现有权利就有救济的原则。一方面，要充分保障被问责领导干部的陈述权、申述权和追责权，被问责领导干部有权利对问责内容作出相关解释说明，不满问责结果的可以向上级申诉，并要求重新审查，对于恶意诬陷的，被问责官员还应当保留对其进行责任追究的权利；另一方面，要进一步明确领导干部被问责的适用条件，设置科学的问责体系，既要在实体上明确被问责对象的权利，也要在程序上不断细化，确保问责的方式、结果与领导干部的过错程序相适应。

（四）构建领导干部环境责任离任审计评价指标体系

环境责任离任审计的内容十分广泛，要对其进行全面概括和公正描述，仅凭几个独立的评价指标是远远不够的，需要根据审计的具体内容和相关要求，建立起一套科学严谨、丰富翔实、合理有效的审计评价指标体系，为离任审计工作提供相应的可操作标准。

1. 领导干部环境责任离任审计评价指标体系的基本原则

第一，全面性与针对性相结合的原则。环境责任离任审计作为一项复杂的系统工程，涉及的内容多而广，审计评价指标应当囊括环境保护领域的各项内容，整个指标体系的构建要能全面反映领导干部环境责任的真实情况，避免出现以个别领域或部分指标来代替整体内容等以偏概全的情形。同时，考虑到离任审计的成本和效率问题，各领域的评价指标还应当具有一定的代表性，要能突出反映领导干部在各个领域的主要责任内容，对于那些意义相近、不影响整体性的评价指标应当尽可能地精简删除，以保证离任审计工作的便捷高效。

第二，可操作性原则。领导干部的环境责任内容繁多，构建审计评价指标体系的目的就是为了将抽象的环境责任细化成一个个可供测量评价的具体指标，以方便收集与之相关的环境数据。因此，构建指标体系时应当选取那些通过实际监测、查阅资料、调查询问等方式就易于获取信息的指标，防止因审计内容过于抽象、笼统而失去可操作性。

第三，适应性原则。我国地大物博，各个地区的生态面貌千差万别，不同地区、不同部门的领导干部所应承担的环境责任也各不相同，审计评价指标体系的设计应当具备一定的弹性，要选取各地区一些具有普遍性特征的指标，并能根据不同地区的特殊情况及时的作出相应调整，以增强审计评价指标体系自身的适用性和可比性。同时，评价体系还应当随着科技的进步、国家政策的变化以及管理水平的提升而不断地发展完善。

2. 领导干部环境责任离任审计评价指标体系的内容

本章主要通过文献查阅法、理论分析法等方法进行指标筛选和优化，再进行相关分析，最后确定评价指标，初步构建起了领导干部环境责任离任审计的评价指标体系，整个评价体系由一级、二级、三级指标构成，具体评价指标结构如表1所示：

表1 领导干部环境责任离任审计的评价指标体系

一级指标	二级指标	三级指标	指标说明
环保政策的制定	合法合规性	法律法规	是否符合国家法律、行政法规、省政府法规
		规章制度	是否符合国务院各部门及省政府规章
		政策文件	是否符合其他上位法
	可持续发展性	经济效益	环保政策创造的经济价值
		社会效益	环保政策获得的社会效果
		环境效益	环保政策对环境的改善程度
	可行性	环保机构设置	机构设置是否恰当，职能是否明确
		环保规划制定	规划目标是否切实，内容是否合理
		环保资源分配	资源分配是否合理，保障是否充足

（续表）

一级指标	二级指标	三级指标	指标说明
环保政策的执行	环保政策	适用情况	环保政策是否坚决贯彻执行
		执行效果	环境执法是否取得实效
		奖惩情况	是否罚过相当，奖励是否及时到位
	环保资金	资金筹集	环保资金是否筹集到位
		资金管理	环保资金是否管理规范
		资金使用	环保资金是否使用合规
	环保工程项目	项目规划	项目是否必要，是否符合当地生态需要
		项目建设	环保工程质量，工期是否按时完成
		项目维护	日常维修是否跟进，设备是否及时更新换代
环保政策的实效	治理成效	污染控制	大气、水、土壤等污染指数是否下降
		环境质量	大气、水、土壤、生物等环境质量是否提升
		生态状况	生态面貌是否改观，生活舒适度是否提高
	成本效益	人力资源的成本收益率	环保投资收益与人力资源费用投入的比率
		环保资金的成本收益率	环保投资收益与环保资金费用投入的比率
		环保设备的成本收益率	环保投资收益与环保设备费用投入的比率
	公众参与	公众参与度	公众参与是否积极，效果是否明显
		公众满意度	公众对环保政策以及生存环境的满意程度

评价指标体系的要素说明：

第一，环保政策的制定。对环保政策的制定的评价主要从生态文明建设的角度考量，在确保环保政策合法合规的基础上，要充分体现各项政府决策的可持续发展性以及实际可行性。所谓合法合规是指政府的环保政策不仅要符合国家层面相关法律法规的硬性规定，同时还不能同地方法规、规章制度以及一切上位法相违背；可持续发展型意味着某项环保政策的出台要兼顾经济、社会、环境效益，不能一味追求经济效益的增长而忽视社会和环境利益，也不宜太过重视社会和环境效益而放弃当地经济的发展；可行性也就是环保政策的制定要因地制宜，包括环保规划目标要切实可行、内容合情合理，环保机构的设置要恰当均衡、职能清晰明确，环保资源的分配要公正适当、保障及时充足。

第二，环保政策的执行。对环保政策的执行的评价应落脚于各项环保规划的实际落实情况。习近平总书记曾说过，"一分部署，九分落实"，有了环保规划的美丽蓝图，接下来的关键就是把蓝图一步步变为现实。环保政策的落实一方面要依法依规进行，另一方面也要注重环境执法行为的威慑力和有效性，避免污染企业因处罚过轻而对环保禁令置若罔闻；对环保资金的审查集中于资金的筹集、管理、使用三个环节，确保资金筹集到位、管理规范、使用合规；对环保工程项目的审查要贯穿先期规划、中期建设、后期维护整个全过程，判断项目是否必要、是否符合当地生态需要，工期是否按时完成并确保工程质量以及日常维修是否跟进、设备是否及时更新换代。

第三，环保政策的实效。对环保政策的实效的评价应当基于领导干部任期内所取得的环境绩效进行判断，将领导干部离任时的各项指标同上任之初的各项指标进行相互比较，继而得出评判结果。可以从环境治理成效、成本效益、公众参与度三个方面入手，环境治理成效可以通过领导干部任期内污染物的控制、环境质量和生态状况的变化情况来认定，具体需要通过测量大气、水、土壤、生物等环境指标数据进行综合对比；成本效益是指环保投资收益同环保投入的比率，包括环保投资收益与人力资源费用投入的比率、环保投资收益与环保资金费用投入的比率以及环保投资收益与环保设备费用投入的比率，成本收益率越高，说明环境治理的效果越明显；公众参与包括社会公众对环保政策制定、环保宣传推广、环保事故纠纷等一系列环保活动的热情和参与程度以及对所处生活环境状况的满意程度，群众的参与和满意度越高，则说明政府的环保绩效越好。

五、结语

2016 年，习近平总书记在省部级主要领导干部学习贯彻党的十八届五中全会精神专题研讨班上的讲话中指出："各级领导干部对保护生态环境务必坚定信念，坚决摒弃损害甚至破坏生态环境的发展模式和做法，决不能再以牺牲生态环境为代价换取一时一地的经济增长。要坚定推进绿色发展，推动自然资本大量增值，让良好生态环境成为人民生活的增长点、成为展现我国良好形象的发力点，让老百姓呼吸上新鲜的空气、喝上干净的水、吃上放心的食物、生活在宜居的环境中、切实感受到经济发展带来的实实在在的环境效益，让中华大地天更蓝、山更绿、水更清、环境更优美，走向生态文明新时代。"[1] 在我国，各级党政领导干部对各地生态面貌的改善具有举足轻重的作用，实践一再证明，一个地区主要领导的环保意识强，这个地区人与自然、环境与经济、人与社会就会和谐共生；相反，一个地区主要领导的生态意识薄弱，环境污染加重、资源资产紧缺、生态系统退化等各种环境问题就会层出不穷。因此，建设生态文明新时代必须紧紧抓住领导干部这个关键少数。本章通过对领导干部环境责任离任审计的体制机制研究，为转变领导干部的发展理念、提升其环保意识提供了有益借鉴，研究主要结论如下：

第一，环境责任离任审计是提升领导干部环境保护意识、大力促进绿色发展的重要制度创新。加强生态文明建设必须建立系统完整的生态文明制度体系，用制度的约束力、强制力来促进各项生态措施的落地生根。环境责任离任审计正是从制度保障的层面出发，通过开展环境责任审计工作来不断明晰领导干部在环保领域应当承担的具体责任，通过完善领导干部的政绩考核机制来逐步加强领导干部对生态保护的重视程度，通过落实生态损害责任的终身追究来有效遏制领导干部的盲目决策。这种审用结合的新型生态保障制度可以及时地将那些在生态保护领域业绩突出、群众认可的优秀干部选拔到领导岗位上，也可以让那些不吸取教训、仍然片面追究政绩、大搞形象工程、给当地生态和人民群众生命健康带来严重危害的干部从领导岗位

---

[1] 《习近平关于社会主义经济建设论述摘编》，中央文献出版社 2017 年版，第 38 页。

上下来，有利于提高各地的生态治理能力和水平，为实现美丽中国梦保驾护航。

　　第二，审计工作与问责工作的紧密结合是环境责任离任审计制度取得成功的有效保障。对领导干部进行离任审计的过程中，审计与问责，犹如"车之双轮""鸟之双翼"，二者缺一不可。少了前者，问责就会缺乏明确依据，无从进行；少了后者，审计则会丧失威慑力，变得徒留形式。要真正发挥环境责任离任审计的制度功效，就必须两手都要抓，且两手都要硬。一方面，通过建立职能一致、权责统一、廉洁高效的专业审计队伍，健全领导干部环境保护的责任认定机制，可以得出科学有效的离任审计结论，为领导干部的生态问责和进一步选拔任用提供依据；另一方面，通过加大对领导干部的生态问责力度，将生态政绩与职务升迁挂钩，可以倒逼领导干部进行生态保护。这种审计与问责工作相结合的制度安排为提升领导干部的生态意识，增强领导干部保护环境的积极性和主动性提供有效保障。

第五章　社会参与和环境共治

一、社会公众参与环境治理的意义

（一）环境共治是生态文明体制改革的重要内容

绿水青山就是金山银山，金山银山的堆砌不能以牺牲绿水青山为代价。2015 年 9 月，中共中央和国务院发布了《生态文明体制改革总体方案》以增强生态文明体制改革的系统性、整体性和协同性。其中，该方案明确了构建以改善环境质量为导向，监管统一、执法严明、多方参与的环境治理体系是生态文明体制改革的主要目标之一。立足于已有的《生态文明体制改革总体方案》，党的十九大报告进一步指出，要加快生态文明体制改革，建设美丽中国。习近平总书记同时强调："人与自然是生命共同体，人类必须尊重自然、顺应自然、保护自然。"随着中国特色社会主义进入新时代，我国社会的主要矛盾也已经转化为人民日益增长的美好生活需要和不平衡不充分的发展之间的矛盾。新时代人民的美好生活需要包括方方面面，与基本的物质文化需要相比是一个内涵更加宽泛的范畴，这些新生的"软需要"集中于民主、法治、公平、正义、安全以及环境等领域。个体成长于自然环境之中，享受着自然资源所带来的恩泽，人民的美好生活需要自然也包含着对美好自然环境的渴望。

美好的自然环境对于政府、企业以及社会公众具有不同的意义，生态文明体制改革的一个重要任务便是需要回答谁是环境治理的主体。为了解决环境治理的主体问题，党的十九大报告提出要"构建政府为主导、企业为主体、社会组织和公众共同参与的环境治理体系"，易言之，守护自然环境、建设美丽中国并非政府一家之责，而是需要动员企业、社会组织以及广大群众参与其中。为了促使社会力量能够充分发挥其在环境治理中的作用以实现真正意义上的环境共治，除了要肯定企业、社会组织以及公众在环境共治中的基本地位，政府还要为社会力量参与环境共治创造必要的条件，构建起多方互利共建的内部体系要求和相关议事规则。正如有学者所言："社会主义生态文明建设是人民群众共同所有、共同建设、共同治理、共同享有的伟大事业，是造福全体人民的最普惠的民生工程。参与社会主义生态文明建设是全体人民的共同权利和共同义务，人人有责。"[①] 只有广泛动员社会力量，才能打赢生态文明建设的人民战争。

（二）社会参与是环境社会治理的必然要求

在社会管理方面，我国在传统上以政府为中心，对社会的定位和作用一直存在不科学、不准确的认识，导致社会应有的功能得不到充分发挥。在党的十八届三中全会通过的《中共中央关于全面深化改革若干重大问题的决定》（以下简称《决定》）中明确提出："全面深化改革的总目标是完善和发展中国特色社会主义制度，推进国家治理体系和治理能力现代化。"《决定》中多次提及"治理"这一概念，如国家治理、政府治理、社会治理。这一概念的提出，是党对人民在参与国家事务、经济文化事务以及社会事务的过程中存在问题的回应，同时进一步反映出党在依法治国的过程中的相关理念发生变化。"管理"与"治理"虽仅有一字之差，其内涵却有重大差别。"管理"重在"管"，是单方面意思的强加，而相较之下，"治理"体现出更多的主体多元性、互动性和包容性。因此，从管理到治理，这是几千年来中华社会建设理念的一大飞跃，是党的治国理政方式的升华。

社会管理和社会治理具有明显不同的内涵。在社会管理中，管理的主体主要是政府，是政府的一元独治，而社会是被管理的对象，所以双方是一种对立的关系。实践已经证明，政府作为行政权力的拥有者，更倾向于依靠发号施令的方式进行强制化管理，这种模式使得政府处于主导地位，社

---

① 张云飞：《习近平生态文明思想话语体系初探》，《探索》2019 年第 4 期。

会处于从属地位。因此，社会管理主要是欲达到其控制个体并使之顺从的目的。而社会治理则不同，治理的主体除了政府，还包括社会力量，如社会组织、企业组织以及个人，政府对于社会事务不再一家独揽。政府不仅是治理的主体，同时也是被治理的对象。政府和社会不再是完全对立的角色，而是地位平等的合作型伙伴关系，社会治理的过程同时也是政府和社会各主体之间平等的合作过程，如今大量社会组织、企业组织以及公民团体开始承担原本只应由国家和政府承担的责任。在社会治理中，政府仍保有其主导性地位，但政府的单方意志已不能随意强加他方，而必须遵循民主形式，以充分调动社会各方的积极性，鼓励社会参与者自主表达、协商对话、达成共识，最大限度发挥好社会力量的独特作用，实现公共利益最大化。①

从"管理"到"治理"，虽一字之差，体现的却是对社会建设发展规律认识的不断深化。改革开放 40 多年来，我国的市场经济体制从无到有，再到不断完善，社会正在发生重大而深刻的变化。尤其是进入 21 世纪以来，随着我国加入 WTO，要求我国在多方面与国际接轨。伴随着社会转型的速度愈发加快，传统的农业社会、乡村社会、封闭社会、人治社会向更为先进的工业社会、城市社会、开放社会、法治社会转变。同时在市场经济体制下，人、财、物作为资源在市场内加速流动，社会中有了更多自由流动的资源，社会成员也有了更多的选择余地和活动空间。近代经济形式在加强社会流动性和社会交往程度的同时，将"个人"变成了经济交换和社会交往的主体。②市场经济的不断发展和完善也促使不同的利益主体产生以及利益多元化局面的形成。在这样的时代，面对错综复杂的利益关系和矛盾，政府一方独治的管理已经完全不能满足社会建设的需要了。而与利益相关者之间通过沟通、协商、博弈以及妥协等手段的社会治理模式才能适应当今利益多元化的需要，搞好社会建设。

---

① 陈家刚:《从政府管理走向政府治理》,《决策探索（下半月）》2013 年第 12 期。

② 王伟等:《法治:自由与秩序的平衡》,广东教育出版社 2012 年版,第 10 页。

二、从环境"一元独治"到"多元共治"的转变

（一）现代社会的环境问题与环境危机

所谓的环境问题是指"由于自然界或人类的活动，使环境质量下降或生态系统失调，对人类的社会经济发展、健康和生命产生有害影响的现象"。[①]在人类历史上，人与自然之间不断产生各种冲突与矛盾。在工业革命之前已经存在一定程度上的环境问题，但是由于自然本身所具有的承载能力和自净能力，人类的生产和生活活动并未对其造成实质上的伤害。然而，几次工业革命的兴起对人类的生产和生活方式产生了巨大的影响，人类社会进入工业时代。工业不同于农业，其需要使用大量能源为之提供动力，如早期工业发展主要使用煤、石油等能源，同时也伴随着对自然环境的污染和破坏。随着工业化、城市化从最初的工业国家向全球不断扩张，全球人口的爆炸性增长，人类从自然界攫取自然资源的力度越来越大，排放的污染物种类和数量不断增多，对自然界造成的破坏也越发严重。人口、资源与环境之间的矛盾和冲突不断加剧，甚至达到了不可调和的状态。尤其是 20 世纪，人类将自身发展同环境保护完全对立起来，其赖以发展的生存空间和获取经济资源的生物系统——森林、草原、海洋、耕地乃至空气都遭到了巨大破坏，产生了比环境问题更为严重的直接影响人类生存和发展的环境危机。[②]

日益严重的环境问题使人们开始反思自身的行为，对环境的价值尤其是生态价值的认识也进一步深化。如今，有关保护环境以及可持续发展理念在世界范围得以推广，国际性环境保护宣言以及具有约束力的国际文件相继发布，各主要国家也在本国宪法中规定了保护环境的条款并进一步制定了关于保护环境的具体法律规定。[③]更重要的是，作为公民个人也开始关注自身所

---

① 韩德培：《环境保护法教程》，法律出版社 1998 年版，第 3 页。

② 20 世纪 30 年代至 60 年代全球发生了"八大公害事件"，分别是：马斯河谷事件、多诺拉事件、洛杉矶光化学烟雾事件、伦敦烟雾事件、四日市哮喘事件、米糠油事件、水俣病事件、骨痛病事件。20 世纪 80 年代全球又发生了"新八大公害事件"，分别是意大利塞维索化学污染事故、美国三里岛核电站泄漏事故、墨西哥液化气爆炸事件、印度博帕尔农药泄漏事件、苏联切尔诺贝利核电站泄漏事故、瑞士巴塞尔赞多兹化学公司莱茵河污染事故、全球大气污染和非洲大灾荒等。

③ 丁彩霞：《参与式社会：环境共治中公众的核心行动》，《内蒙古师范大学学报（哲学社会科学版）》2017 年第 3 期。

享有的环境权益，有关环境权的理论和实践也在不断发展。

（二）环境"多元共治"在我国的实践及现状

近年来，我国重大环境污染事件频发，范围涉及空气污染、水污染以及固体废弃物污染等各主要领域。我国正在加快构建由政府、企业和社会三方参与的社会共同治理体系，环境治理作为社会治理的重要组成部分，自然也需重视并发挥社会力量的作用。长期以来，我国在环境管理中一直采取以政府为核心的模式，存在管理主体单一、管理模式较为粗放、社会力量的参与程度不够等主要问题。政府、企业以及社会在环境治理方面各自为政且力量分散。政府未能充分发挥其协同各方的作用，企业对自身破坏环境的生产行为约束不到位，社会对协同治理环境的必要性认识模糊，未能形成政府、企业和社会三方共治的局面。多方参与的环境共治可以打破过去政府包办一切事务的旧模式，是全新的社会理念在环境治理领域的运用，是政治民主化在环境治理领域的直接体现，同时也是公众维护自身环境权益的重要途径。

政府、企业和社会公众共同参与的环境治理模式是一种平等开放、协同合作的多元共治结构。首先，环境的多元共治模式应是建立在平等开放的组织结构基础之上。政府、企业、公众以及环境保护组织等治理主体在环境治理中的地位是完全平等的，这意味着它们能够无差别、无先后地向社会提供环境公共产品和服务。[1] 政府不再凌驾于社会和其他治理主体单纯地发号施令，而是鼓励社会各界积极参与环境治理，与其相互依存、共同成长，同时接受来自社会的监督、批评和建议。环境的多元共治结构同时是开放的和充满活力的，能够在充分把握和细致分析有关情况的基础上，及时向社会做出反应。其次，环境的多元共治强调其本身所内含的协同合作性。协同合作的多元共治结构强调在复杂的大系统内，通过子系统之间的良性耦合，取得大于单要素之和的结果。[2] 由于社会对于环境治理的需求具有多层次和动态性

---

① 田千山：《生态环境多元共治模式：概念与建构》，《行政论坛》2013年第3期。

② 田千山：《生态环境多元共治模式：概念与建构》，《行政论坛》2013年第3期。

的特点，而传统的"命令—服从"式的单一治理模式已经完全不能再满足其需要。在协同合作的生态治理模式下，各个治理主体是协作互动而非对抗的关系，共同面对并解决生态环境问题。

需要进一步明确的是，虽然环境治理的各个主体的地位是平等的，但是各自的力量和实际发挥的作用仍是不均衡的。其中政府以其强大的权威和力量，具有其他治理主体所不具备的社会资源调动力，担负起构建生态环境治理所需社会基础的责任，它依然是这个复杂系统中最核心的主体。① 由此，多元共治的环境治理模式是以政府为重心的。政府为主导的环境治理不同于以往政府单方面的环境管理，它能在最大程度上建立科学合理的环境治理权责分配体系。此外，政府是环境治理责任的最主要承担者，同时对企业、环保组织以及公众等其他治理主体予以适当授权和责任分担，进一步优化各主体之间的权力结构。

三、环境共治中的公众参与及域外经验

（一）环境权是公众参与环境共治的法律基础

我国 2014 年修订的《环境保护法》除了更进一步地明确政府责任和加大对违法排污等行为的处罚力度之外，修改的一大亮点就是重视并强调社会力量在环境治理中的作用，倡导社会共治，将民间力量有序纳入环境治理体系中。《环境保护法》第 5 条明确规定了环境保护中的公众参与原则，鼓励个人与社会力量积极参与环境的治理和保护，社会共治的理念贯穿于整部环境保护法之中。

公众享有环境权益，这是公众参与环境治理的权利基础。在法律上对公众的环境权益予以确认，建立健全公众参与环境保护的制度机制是促成环境共治的必要环节。公众参与的核心在于政府和公众间的互动，它强调政府一方应主动听取并适当吸收公众意见，公众一方能够参与政府决策过程和治理

---

① 田千山:《生态环境多元共治模式：概念与建构》,《行政论坛》2013 年第 3 期。

活动。公众参与以民主理论为基础，同时制度化的民主制度能够更好地顺应当今政治民主化的潮流，更好地满足公众对环境权益的期待。有学者认为："公众参与的本质意义，可以被理解为通过寻求政府过程的公共性，超越无政府主义和利维坦这毫无生机与希望的两级，实现两者之间的平衡。"[①] "公众参与实际上是重构公共物品供给主体和过程的公共性和民主性的制度化努力。"[②]

（二）公众参与环境治理的主要方式

公众参与可以分为政府主导的内源性参与和自下而上的外力推动型参与。前者主要指政府主动提出的公共议题进行的公众参与，由政府主导参与，这其中又可分为公众真实参与和虚假参与。后者指公众主动向政府提出议题，其中有些议题能够发挥很好的作用，如公众通过提出专家建议稿、在媒体上报道、向政府上书以及提起行政诉讼等方式向政府施压让其开放公众参与的渠道。然而在现实中大部分参与仍得不到政府的关注和回应，这就不能称其为有效的公众参与，而至多是公众的行动或意见建议。[③]

环境治理需要共治，它包括了由政府组织环境保护运动、公众广泛参与、环境资源使用者付费以及环境污染者和破坏者担责等内涵。由于市场自身所固有的缺陷，环境污染者受益而被污染者受害等权责不对等现象时有发生，其原因在于市场机制难以改变每个人欲尽可能地使用公共环境资源和产品的自利性倾向，个人对于环境保护则更多采取搭便车的态度。而作为"看得见的手"的政府，其追求的更多是经济的快速增长，而对于环境问题的关注、投入以及治理具有被动性。政府作为环境公共产品和资源的最主要供给者，还存在着因自身权力不断扩张产生的权力腐败，环境污染者对政府官员的贿赂等问题。因此，社会力量参与环境治理成为必然的选择。

公众作为环境问题的直接承受者和环境权益的重要利益相关者，掌握大

---

① 张凤阳：《政治哲学关键词》，江苏人民出版社 2006 年版，第 312 页。转引自王锡锌：《利益组织化、公众参与和个体权利保障》，《东方法学》2008 年第 4 期。
② 王锡锌：《公众参与和行政过程》，中国民主法制出版社 2007 年版，第 74—75 页。
③ 蔡定剑：《中国公众参与的问题与前景》，《民主与科学》2010 年第 5 期。

量直接的环境信息，其是环境共治主体体系中的重要组成部分，可以有效打破各方所掌握环境信息不对称的局限，提高制定环境治理对策的科学性和有效性。通过参与环境治理，公众也能强化自身的环保意识，提高自身的环境素养，不仅能够实现和维护公众的环境权益，同时也平衡了不同阶层和主体实际享有的环境权益不均衡的情况，更好地实现环境公平。公众参与环境治理既包括形式上的程序性参与，如参与环境立法、环境公共决策以及涉及环境污染的听证会等，还包括直接从事环保活动的实质性参与，如在工业生产中使用清洁能源、农业生产中少使用化肥等。

（三）公众参与环境共治的域外经验与启示

目前主要发达国家均将公众视为环境治理的重要参与力量，对其发挥的独特作用予以重视和肯定。

1. 美国

美国联邦环保局早在 1981 年就发布了《美国环保局公众参与政策》，经过十多年的实践，结合时代的发展并在充分听取公众的意见建议之后，新的公众参与政策于 2003 年正式修改发布并沿用至今。公众参与政策旨在向联邦环保局的官员们就以合理有效的方式让公众参与环境监管和环境方案的决定等方面提供指导和方向。该政策适用于联邦环保局的所有方案和活动，在公众已经有效参与的场合，联邦环保局可以运用该政策进一步增进公众参与。当公众参与的程度需要提高时，该政策可以提供深入参与的指引。公众参与政策的核心在于为公众提供能够有效参与任何环境决策和活动的基本步骤，主要包括了公众参与的计划和预算、确定存在利益关系和受影响的公众范围、提供技术或财务协助市民方便参与、提供信息服务、进行公众咨询和参与活动、审查并使用公共政策输入情况并予以反馈，以及评估公共参与等共七个步骤。[1]

2. 日本

在日本，其关于环境保护的基本法律是 1993 年制定的《环境基本法》，以此为基础制定了其他 12 部规定环境保护具体领域的环境"个别法"。根据

---

[1] Public Involvement Policy of the U.S. Environmental Protection Agency, May 2003.

《环境基本法》，日本又于 1994 年、2000 年和 2006 年制定了三次环境基本计划，作为中长期环境省 ① 具有法律效力的施政纲领。公众参与原则体现在整部环境基本法与环境基本计划中，其参与权的核心包括知情权、监督权以及议政权等。日本公众参与环境治理的机制已经覆盖到环境治理的全过程，健全的公众参与机制包括了预案参与、过程参与、末端参与和行为参与四种。②20 世纪六七十年代，日本政府对琵琶湖污染的成功治理从侧面反映出日本公众参与环境治理机制的有效性。

琵琶湖是日本的第一大淡水湖，然而伴随着日本 20 世纪 60 年代经济的高速增长，琵琶湖的自然环境和文化面貌均发生了较大变化，尽管相关部门积极进行了各种环境保护工作，然而其环境负荷在 1972 年左右终于超过了湖水的承载能力，水环境的自循环功能遭到破坏。治理部门认识到传统的仅以政府为主的单一治理模式已经不能解决问题，因此采用新思路，运用社会保水、机制保水、科技保水、工程保水和管理保水五套体系，同时投入巨资，将琵琶湖治理为今日清澈的日本第一大湖，供应着流域内 1400 万人口的用水。在公众参与和社会保水方面，治理当局通过发布环境白皮书和利用宣传报、互联网媒体等手段，及时向居民提供琵琶湖的环境状况、环境保护对策实施报告。③ 同时县政府在琵琶湖旁边建起规模较大的琵琶湖博物馆，向居民推行关于琵琶湖保护的科普教育。此外县政府还号召居民将环境保护落实到自身的日常生活中，积极推动居民参与各种环保活动，如进行垃圾分类、多使用节能产品等。通过以上措施，预计 2020 年左右，琵琶湖的水质有望达到 20 世纪 70 年代的水平；到 2050 年左右，则可恢复到日本经济高速增长之前的水平。④ 环境保护及其治理是一个涉及公共利益的问题，公众参与作为环境治理的一支重要力量而日益受到国家的重视，从琵琶湖治理的

---

① 环境省，日本中央省厅之一，主要负责地球环境保全、防止公害、废弃物对策、自然环境的保护及整备环境等。

② 余晓泓：《日本环境管理中的公众参与机制》，《现代日本经济》2002 年第 6 期。

③ 张兴奇、秋吉康弘、黄贤金：《日本琵琶湖的保护管理模式及对江苏省湖泊保护管理的启示》，《资源科学》2006 年第 6 期。

④ 钟和：《日本琵琶湖治理经验》，《中国环境报》2003 年 7 月 2 日。

事例中，可见日本的环境治理是非常重视民众参与的，最大限度地发动民众力量参与环境治理，能够达到事半功倍的效果。

3. 英国

英国的环境公众参与具有更长的历史和更坚实的民众基础，相关经验也更加丰富。英国是较早进行环境立法的国家，尤其是在 20 世纪 80 年代之后，英国的环境立法呈现出不断加强的态势，目前已经形成完备的环境法律制度体系，其中对公众参与环境共治也作出了详细的规定。英国的公众参与不再是通过简单地磋商对话达成意见的一致，而是通过源头介入和多种多样的方式，实现了一种不同阶段和不同层面的环境共治格局，能够使得政府决策更加科学，更利于实现环境共治。随着生产技术的进步和人们生活水平的提高，环境问题同时也呈现出多种多样和更加复杂的情况，伴随着技术层面上的越发复杂，需要更多专业知识予以支撑。但是，公众虽然掌握更多的环境信息，但这些信息往往更多是零散和碎片化的，缺乏一定的科学性和权威性，由此第三方权威机构的作用凸显了出来。英国政府在作出环境决策时，非常重视第三方权威机构的报告。尤其在涉及环境争议时，报告具有法律效力，司法部门也予以尊重。除了第三方权威机构，非营利性法人组织也发挥了重要的作用。在环境治理中，需要将理论和实际操作联结起来，把政府的政策和公众的行动结合起来，将政府的宏大目标分解为公众一个个可以执行的行动目标。非营利性法人组织更容易取得民众的信任，政府可以通过与之合作向民众宣传环保法律法规和信息，民众则可向其反馈意见和建议，起到桥梁的作用。英国政府和非营利性法人组织在推动环境共治的过程中，注重"以人为本"，采用广大公众喜闻乐见的方式参与环保。

4. 来自域外经验的启示

发达国家和地区在探索环境共治道路的种种经验，证实了公众是环境治理力量的重要源泉。对于我国这样一个幅员辽阔、人口众多的发展中国家而言，公众主动积极参与环境治理更显得极为迫切。尤其在实行市场经济之后，市场主体的逐利性使得对环境保护的重要性认识严重不足。在缺乏公众充分参与的情况下，仅仅依靠环保宣传教育、提高公众环保意识是难以全面有效解决环境问题的。动员社会公众积极参与环境治理的内在驱动，是建立在公众对其环境权益有着充分认识的前提之下，需要构建各种有效的机制来保证公众参与环境治理，使公众能够体会到环境污染会给自身带来的损害，赋予其能够对环境进行有效监督的必要权利，使其能够真正成为环境治理的一支重要力量。

依法有序推动公众参与环境治理，这是中央的明确要求，也是转变经济发展方式和全面深化改革的内在需要。环境保护是全社会的事，我国政府也日益重视公众在环境治理中所发挥的重要作用，在法律法规和中央一系列重要文件中均对公众参与的地位作出了明确规定。2015 年开始施行的新《环境保护法》在总则中将公众参与作为一项基本原则予以规定，并设专章规定了信息公开和公众参与，使其更具可操作性。中共中央、国务院出台的《关于加快推进生态文明建设的意见》中指出："要充分发挥人民群众的积极性、主动性、创造性，凝聚民心、集中民智、汇集民力，实现生活方式绿色化。""完善公众参与制度，及时准确披露各类环境信息，扩大公开范围，保障公众知情权，维护公众环境权益。"结合以往公众参与的经验和不足，原环境保护部出台了《环境保护公众参与办法》，作为新《环境保护法》的配套细则，旨在切实保障公民、法人和其他组织获取环境信息、参与和监督环境保护的权利，畅通参与渠道，规范并引导公众依法、有序、理性参与。该办法在起草过程中听取了包括专业人士和普通民众在内的社会各界的意见建议，从制定本身开始就贯彻了公众参与、民主决策的原则。该办法的出台，为公众参与环境保护提供了重要的制度保障，进一步明确和突出了公众参与环境保护工作的分量和作用。进一步落实到地方，河北、山东、陕西、江苏等省以及一些地市也发布了本地方的环境保护公众参与办法，结合本地实际规定了公众参与环境治理的方式、内容以及程序，等等。

四、进一步完善我国公众参与环境治理的对策

（一）提高公民的环境保护意识

提高环境共治能力，与全体公民的环保意识是密不可分的。公众作为环

境权益的最主要、最广泛、最密切的利益相关者，其环境权益的享有不能仅仅依靠政府的管理和保护。同时，公众自身也是主要的环境污染源之一，其自身环境意识的提高，环境知识的丰富，环境理念的融入以及环境保护行为的践行也是不可缺少的重要基础。环境治理作为生态文明建设的一部分，惠及全体公民。每一个中华儿女不仅是环境治理的利益相关者，更是环境治理的践行者。环境共治体系涵盖了生产、分配、流通和消费所有的环节，是一整套密不可分的体系，渗透到公民日常生活的方方面面。所以，公众的环境理念、偏好和行为都能在极大程度上影响环境治理的目标是否能够实现，并进而决定着环境治理的方向、进程和质量。政府虽然作为环境治理的领导力量，但是并不能忽视其他治理主体的作用。社会组织、公众乃至个人都是非常重要的治理主体，只有获得他们的支持，政府在环境治理的过程中才会有坚实的基础，环境治理能力才会提高，最后取得广泛而持久的成果。

在具体实践中，公众应该学习有关环境保护和生态治理方面的知识，树立正确的环境观和生态观。在日常生活和工作中，作出有利于环境保护的正确判断和选择。公民个人在参加生态治理时，应该选择合法有序的方式。我国有着种类丰富的社会组织，公民均可加以利用，比如最常见的工会、妇联和共青团，此外还有行业协会、商会、学会、研究会及其他科教文卫类公益组织。社会组织也应该积极发挥自己的作用，主动宣传正确的环保理念，做好社会动员工作。在开展活动的方式上，有多种多样的灵活方式可供选择，从最一般的平等对话、协商谈判到规劝疏导，从而为解决问题出谋划策，化解不同利益主体之间的冲突，不断为提高生态治理能力做出努力，推动我国环境治理不断进步，为我国的生态文明建设提供智力支撑和思想保障。

环境治理的主体中，企业是不可忽视的重要力量。作为市场经济的细胞和社会生产的基本单元，企业的一举一动都会对生态治理造成巨大的影响。要实现环境治理能力的现代化，就必须实现企业的生产现代化。为此，应该合理布局产业，关注企业生产带给环境的影响，同时积极响应世界绿色发展潮流，发展绿色产业，减轻对环境的负担。选择对环境影响更小的生产模式并因时制宜地调整产品结构。企业应该严格遵守国家和地方制定的排放标准，这是企业做到正常生产的底线，不可逾越。除了遵守各项排放标准之外，企业也应不断开辟创新的发展道路。现代化企业的一大特征就是创新，为此应不断创新管理模式，开发新技术、新产品。新技术应符合现代生态治理的需要，能最大限度减少对环境的污染。对于节能减排的新产品，要大力推广。企业提高自身的环境治理能力，不仅是在履行其社会责任，反过来也会为企业树立良好的形象，赢得社会的支持和信赖，最终为企业带来更大的经济效益。

（二）进一步完善环境信息公开制度

环境保护离不开公众参与，纵观发达国家的环保历程，政府、企业和公众始终是环境治理的三大支柱。公众有效参与环境治理的一个重要前提是保障其环境知情权、监督权和参与权，实现上述权利需进一步健全我国的环境信息公开制度。目前我国的环境信息公开制度应进一步加大公开环境信息的力度，从而更好地保障公民的环境知情权，这是公众有效行使手中环境监督权和参与权的前提。

政府和企业掌握了大量的环境信息，包括负面的信息，比社会组织和公众掌握得更加全面和详尽。但出于种种顾虑，前者通常缺乏公开所掌握环境信息的主动性，如担心负面信息会造成社会不稳定，进而损害自身形象和利益。为了保障公众的环境知情权，政府和企业应消除顾虑，主动树立面向社会和公众义务提供生态环境信息的理念，按照"公开为原则，不公开为例外"的法治要求，将其掌握的环境信息主动公之于众。公众有权利申请政府和企业公开相关环境信息，除非法律有明确不得公开的规定之外，应将信息予以公开。政府可以通过主动公开环境信息引导公众进行更环保的消费，使他们能够通过政府持续不断公开的环境信息中得到实惠。企业也应该遵守国家相关法律法规的要求，积极进行技术创新，在生产经营等环节中尽可能合理使用资源，不断提高资源的利用效率，减少对生态环境的污染，生产环境友好型产品。同时，定期编制本企业环境报告书，自觉承担和履行社会责任。

环境信息公开需要完善的信息互信机制和健全的环境信息共享平台。当前科技的快速发展为人们了解信息提供更多方便的渠道，但同时产生信息量巨大、真假信息鱼龙混杂的困局。各环境治理主体的彼此信任是多元共治模式得以有效运行的关键。为此各治理主体应加强彼此间的沟通和交流，推进环境信息的互通有无，在彼此之间建立互信关系。对于环境信息的发布，要针对不同受众的具体情况，采用其更易于接受的方式。有了良好的互信机制，还应具备完善的信息共享平台。目前我国某些领域，如企业信息的公示已经有了全国统一的信息公示平台。建议建立一个全国统一的环境信息公示系统，尤其需对各企业的环境信息予以重视，包括企业因污染环境所受到的行政处罚。

（三）探索适合我国的环境公益诉讼制度

公益诉讼肇始于 20 世纪 70 年代的美国，之后被世界上许多国家借鉴和移植。在我国，公益诉讼的兴起旨在回应一幕幕在生态环境、国有资产以及食品药品安全等领域上演的"公地悲剧"。[①]公益诉讼维护的是社会公共利益，但在不同的领域公众所享有的公共利益并非千篇一律，而是各有所侧重。目前，公益诉讼的法律依据是 2017 年修正的《民事诉讼法》第 55 条，"对污染环境、侵害众多消费者合法权益等损害社会公共利益的行为，法律规定的机关和有关组织可以向人民法院提出诉讼"。作为我国诉讼体系中的一项新增制度，公益诉讼制度能够进一步保障当事人的诉讼权利。2017 年修正的《行政诉讼法》在一般公益诉讼的基础上，确立了环境行政公益诉讼制度，第 25 条第 4 款规定："人民检察院在履行职责中发现生态环境和资源保护、食品药品安全、国有财产保护、国有土地使用权出让等领域负有监督管理职责的行政机关违法行使职权或者不作为，致使国家利益或者社会公共利益受到侵害的，应当向行政机关提出检察建议，督促其依法履行职责。行政机关不依法履行职责的，人民检察院依法向人民法院提起诉讼。"相比于一般的环境公益诉讼，环境行政公益诉讼的起诉方和被诉方均严格限定为检察机关和行政机关，是一类更加特殊的环境公益诉讼。至此，环境公益诉讼的法律框架在我国基本搭建起来。

---

① 梁鸿飞:《检察公益诉讼：法理检视与改革前瞻》,《法制与社会发展》2019 年第 5 期。

目前，我国法律已经正式建立了环境公益诉讼制度，且该种诉讼已经有了较为丰富的实践。但是作为一种之前法律没有明确规定的全新的诉讼类型，其在法律制度以及司法实践中仍存在一些问题，如对环境公共利益的界定较为模糊、提起环境公益诉讼的主体不明确以及相关主体提起环境公益诉讼的动力不足，等对于环境公益诉讼，在立法制度层面和司法审判实践当中都需予以进一步完善，从而实现其在保护生态环境、节约自然资源和维护公众环境利益等方面效用的最大化环境公益诉讼中，首要理论问题便是该如何界定"环境公共利益"这一概念。"环境公共利益"是一种抽象利益，在不同情形之中范围有所不同，难以具体定义。但"环境公共利益"的界定又直接限定了环境公益诉讼的受案范围，所以需要明确其范围。根据主流观点，"环境公共利益"应该符合公共性、合理性、时空性三个特征。所谓公共性，即环境利益应该属于社会上不特定多数人，该群体所有个体均享有此利益；所谓合理性，即应该对收益和损害进行比较，收益应该大于公共性，实现利益的最大化；所谓时空性，即没有一成不变的环境公共利益，其标准应符合一定的时空背景。明确了环境公共利益的三个基本特征，就可以明确环境公益诉讼的受案范围，为此可以在立法中对该三项标准予以明确，厘清公共利益与国家利益、私人利益的边界，更好地发挥环境公益诉讼制度的作用。

从已有相关法律规定来看，我国目前的环境公益诉讼起诉主体范围过窄，主要局限于有关机关和环保团体，这不利于环境公益诉讼制度作用的充分发挥，应对起诉主体的范围作出适当扩大。为了更好发挥环境公益诉讼制度的作用，应增设公民为起诉主体，这里既包括公民个人，也包括以共同的诉讼目标为基础而形成的公民集体。在各起诉主体之间，应当以环保组织和公民为最主要的起诉主体，公民和环保组织也可以一起作为原告提起环境公益诉讼，环保组织应对公民提起公益诉讼提供必要的协助。对于环境行政公益诉讼以外的环境公益诉讼，检察机关作为起诉主体，不应当作为第一选择，其可以在确实存在侵害环境公共利益但其他起诉主体都未提起诉讼的情形下，作为公益代表人，以普通原告地位提起环境公益诉讼。

从司法审判实践来看，目前环境公益诉讼中，除了起诉主体范围过于狭窄之外，已有的起诉主体仍然处于弱势，提起公益诉讼能力不足，所以对起诉主体应提供一定支持。目前最高人民法院所作出的《环境民事公益诉讼解释》中对支持环保公益组织起诉做出了一定规定，如检察机关支持起诉、减免相关费用等。但是对于环保公益组织自身能力建设方面，应该引起重视。

五、结语

党的十九大宣告中国特色社会主义新时代的到来，同时也向我们描绘出一幅全面决胜小康社会、夺取社会主义建设新胜利的宏伟蓝图。与此同时，党的十九大报告对过去五年的生态文明建设予以高度肯定，但仍指出"生态环境保护任重道远"，对我国生态环境保护工作的认识提升到一个新的高度。"生态文明"入宪，更是肯定了党的十八大以来以习近平同志为核心的党中央在生态环境保护和生态文明建设工作上所取得的重大成就。作为一个拥有14亿人口的发展中大国，美丽中国的早日实现离不开广大社会公众的积极参与。信息技术的飞速发展、互联网的高度渗透乃至以微信微博为代表的自媒体的普及，社会公众能够更加便捷的方式获取环境信息，从而提升公众对环境保护工作的知晓度和参与度。我们正处于公众参与环境治理的新时代，当前应进一步完善政府负责、社会协同、公众参与的环境治理体系，完善环境保护法律法规，最终形成三方共治共享的环境治理格局。

党的十八届三中全会提出要推进国家治理体系和治理能力现代化，党的十九大报告更是首次提出国家治理现代化的时间表和路线图，是名副其实的国家治理现代化的宣言书。现代化早已成为世界各国发展的必由之路，但现代化的实现不是一蹴而就的，而是一个长期且艰苦的过程。因此，只有不断以制度现代化推进国家现代化，在今后的社会建设中需要不断完善并创新政治、经济、文化、社会、生态等领域的各项制度及运行机制，最大限度地消除制度上的弊端，实现社会各项事务解决的科学化、制度化、程序化和规范化。社会治理及其创新，国家治理体系和治理能力的现代化的实现，将为我国社会主义现代化建设提供坚实的制度保障和强大的动力支撑。

第六章　生态环境监管体系建设

近年来，随着全国环境治理的不断推进，生态环境恶化趋势得到有效遏制，效果显著。但是，从整体来看，我国生态环境形势仍不容乐观。大气污染、水资源污染、水土流失、生物多样性遭破坏等现象依然严重。对此，党的十九大报告提出，"要改革生态环境监管体制。加强对生态文明建设的总体设计和组织领导，设立国有自然资源资产管理和自然生态监管机构，完善生态环境管理制度"，对生态环境监管体制改革提出了新要求。

生态环境属于公共产品，按照萨缪尔森在《公共支出的纯理论》中的定义，就是所有成员共同享用的集体消费品，社会全体成员可以同时享用该产品；而每个人对该产品的消费都不会减少其他社会成员对该产品的消费。[1]因此，每个人都有享有美好生态环境的权利，或者在不受污染和破坏的环境中生存发展的权利，这种环境权被视为公民的一项基本人权。[2]洛克认为政府存在的目的是为了人民的和平、安全以及公众福利，[3]为了保障每个人所享有的生态环境权利，满足人民对安全和公共福利的需求，政府有义务加强对生态环境的有效监管，建立健全完善的生态环境监管体系，有效防止过度开发或污染排放导致的生态环境恶化，避免"公地悲剧"的发生。

一、生态环境监管体系的发展进程

完整的生态环境监管体系包括监管法律法规，监管组织机构设置，监管

---

① Paul A. Samuelson, The Pure Theory of Public Expenditure, The Review of Economics and Statistics, Vol.36, No.4（Nov.,1954）,p.387.

② 吕忠梅:《再论公民环境权》,《法学研究》2000 年第 6 期。

③ 〔英〕洛克:《政府论》(下篇)，叶启芳、瞿菊农译，商务印书馆 1983 年版，第 80 页。

问责机制、监管执法以及包含监管权力配置、监管程序等在内的监管模式等诸多要素。我国从 20 世纪 70 年代开始重视环境保护问题，随着 40 多年间生态环境监管体系的不断完善，生态环境立法、监管机构设置、环保制度建设等各个组成要素都取得了不同程度的发展，为生态环境保护作出了重要贡献。

（一）生态环境监管中央政策不断升级

中华人民共和国成立后，党中央、国务院对环境保护问题给予了高度重视，对环境保护的认识也不断加深。1973 年，第一次全国环境保护会议通过了《关于保护和改善环境的若干规定（试行草案）》，并确定了环境保护"32 字方针"，[①] 这是我国环境保护和监管工作的重要起点，对环保观念的树立和环保工作的开展具有重要的推动作用。1983 年，国务院召开第二次全国环境保护会议，并将环境保护确立为我国必须长期坚持的一项基本国策，首次把环保问题上升到国策层面。同时，会议还强调了环境监管工作的重要性，把强化环境监管作为环保工作的中心环节。

党的十八大以来，以习近平同志为核心的党中央对生态文明建设和环境保护提出了一系列新思路，为进一步加强环境保护、建设生态文明美丽中国指明了方向。2012 年，党中央做出"大力推进生态文明建设"的战略决策，把生态文明建设纳入中国特色社会主义事业"五位一体"总体布局中，中共中央十八届三中全会通过的《中共中央关于全面深化改革若干重大问题的决定》提出，"建立和完善严格监管所有污染物排放的环境保护管理制度，独立进行环境监管和行政执法"。2015 年，随着全面深化改革的推进，生态文明顶层设计和制度体系建设不断加速，中央相继出台了《关于加快推进生态文明建设的意见》《生态文明体制改革总体方案》，40 多项涉及生态文明建设的改革方案制定落实，《大气污染防治行动计划》《水污染防治行动计划》和《土壤污染防治行动计划》相继颁布实施。党的十八届五中全会首次将生态文明建设写入国家"十三五"规划，将生态环境保护和监管工作提到了新高度。

---

① 1973 年中国第一次环境保护会议上确立了环境保护工作的"32 字方针"，即："全面规划，合理布局，综合利用，化害为利，依靠群众，大家动手，保护环境，造福人民"。

2017年，习近平总书记在党的十九大报告中全面阐述了加快生态文明体制改革，建设美丽中国的战略部署，并将建设生态文明提升为"千年大计"，并明确提出要改革生态环境监管体制，设立国有自然资源资产管理和自然生态监管机构，统一行使职责，完善生态环境管理制度，生态环境监管体系建设进入新篇章。2018年，在党的十九大精神的指导下，中共中央国务院发布了《关于全面加强生态环境保护，坚决打好污染防治攻坚战的意见》明确提出要"完善生态环境监管体系"，并作出"实施生态环境统一监管""建立综合监控平台"等重要统筹部署。2019年10月，党的十九届四中全会再次强调要实行"最严格的"生态环境保护制度，全面建立资源高效利用制度，健全生态保护和修复制度，严明生态环境保护责任制度，将生态环境监管体系建设作为推进国家治理体系和治理能力现代化的重要抓手。

（二）生态环境保护法律体系基本建立

习近平总书记在2018年的全国生态环境保护大会上强调，只有实行最严格的制度、最严密的法治，才能为生态文明建设提供可靠保障。法治是规范生态环境保护和监管的重要依据和有力保障，保护生态环境必须依靠法治。改革开放40多年来，随着国家法治建设的不断推进，我国共制定实施了60多部生态环保法律法规，其中，由生态环境部门负责组织实施的法律就有13部，行政法规30部，国家层面有效的环境标准总数更是多达2011项，[①]在立法层面已经初步形成了综合性法律和专项法律相结合的生态环境保护法律体系。

在宪法层面上，关于生态环境保护问题，早在1978年宪法和1982年宪法中就作了相关规定。1978年宪法第十一条明确规定了："国家保护环境和自然资源，防治污染和其他公害。"1982年宪法对合理利用自然资源、保护生态环境和生态平衡做出了更进一步的规定，将第九条第二款修订为："国家保障自然资源的合理利用，保护珍贵的动物和植物。禁止任何组织或者个人用任何手段侵占或者破坏自然资源"；第十条第五款首次将"一切使用土地

---

① 郄建荣：《纠正地方立法放水刻不容缓——我国环境资源法律体系形成，立法执法相关问题不容忽视》，《法制日报》2019年11月25日。

的组织和个人必须合理地利用土地"写入宪法；此外，新增第二十六条明确规定了："国家保护和改善生活环境和生态环境，防治污染和其他公害。国家组织和鼓励植树造林，保护林木。"2018年，我国宪法序言第七自然段增加的"新发展理念""生态文明""和谐美丽"等价值宣示，此外，第八十九条第六项还赋予了国务院生态文明建设的职权，既体现了"部门法的宪法化"，也回应了环境法的价值诉求，大大加强了对生态文明建设的规范供给力度，使我国生态环境法治迈向宪法化的新阶段。

自1989年12月《环境保护法》正式发布后，我国相继制定了30余部与环保有关的单项法和相关法，主要可分为三类：一是环境污染防治类的法律，如《水污染防治法》等；二是自然资源利用保护类的法律，如《森林法》等；三是生态保护相关的法律法规，如《中华人民共和国自然保护区条例》等。这些专项法律的出台有效防治了不同领域的环境问题，是我国针对不同环境问题进行的分步调整。

在党中央提出生态文明建设后，我国加快了相关生态环境法律法规的出台和修订步伐，新修订的《环境保护法》于2015年1月1日正式实施，成了环境保护的基础性、综合性法律。新《环境保护法》加大惩治力度，被称为史上最严的环保法，据最新统计数据，2018年全国实施行政处罚案件18.6万件，罚款数额152.8亿元，比2017年上升32%，是新环境保护法实施前2014年的4.8倍。①新《环境保护法》在突出强调政府的监管职责的同时，还体现全民参与环保理念。随后，在新《环境保护法》的统领下，多部环境法律相继进行了修订。

2017年出台的《中华人民共和国环境保护税法》，2018年8月出台的《中华人民共和国土壤污染防治法》以及12月出台的《中华人民共和国耕地占用税法》等，都是对生态环境法律体系进行的补充完善。此外，2019年6月出台的《中央生态环境保护督察工作规定》，首次以党内法规形式，对中央生态环保督察的主体、对象、内容、程序、方式以及追责都作了全面系统

---

① 中华人民共和国生态环境部:《2018中国生态环境状况公报》，http://www.mee.gov.cn/hjzl/sthjzk/zghjzkgb/201905/P020190619587632630618.pdf.

的规定，有效弥补了新环保法对于地方党委政府环保责任落实及其监督方面的短板。

除了全国人大和中央政府的环境立法，我国地方环境立法工作也取得了长足进步。2015 年，我国对《中华人民共和国立法法》进行了修改，进一步扩大了地方立法权的适用范围，规定在不同宪法、法律、行政法规和本省、自治区的地方性法规相抵触的前提下，设区的市的人民代表大会及其常务委员会可以对环境保护的事项制定地方性法规。这样就在很大程度上消除了由于地方性差异而给立法带来的不利影响，充分考虑到了由于我国各地千差万别的实际情况，为地方立法机关依法制定适合自身的地方性法规提供了法律依据，将国家立法更加具体化和地方化，充分体现地方立法的从属性和补充性。① 根据学者统计，2015—2018 年，19 个省 76 个设区的市共制定环境保护地方性法规 83 部，几乎每个设区的市都制定了环境保护地方性法规，立法力度不可谓不大。② 而从总体上看，地方环境立法具有一定的地方特色，制度创新不断，有力地推动了国家环境立法进程。例如，《三江源国家公园条例（试行）》提出建立以资金补偿为主，技术、实物、安排就业岗位等补偿为辅的规范长效生态补偿机制；《深圳经济特区环境保护条例》和《重庆市环境保护条例》中率先规定的"按日计罚"制度，该制度已被纳入新《环境保护法》中并向全国推广。

（三）生态环境监管机构职能整合强化

我国生态环境保护行政机构经历了从无到有，从弱到强，从小环保到大环境的发展阶段，经过多次重大变革，目前已基本形成以国务院生态环境部为主的生态环境保护组织体系。③

中华人民共和国成立初期，我国生态环境保护工作分别由工业和相关经

① 肖兴、姜素红：《论我国地方环境立法之完善》，《中南林业科技大学学报（社会科学版）》2007 年第 4 期。
② 严新龙、钱刚：《环境保护地方性法规立法研究——以 76 个设区的市地方性法规为样本》，《湖北警官学院学报》2019 年第 4 期。
③ 郑石明：《改革开放 40 年来中国生态环境监管体制改革回顾与展望》，《社会科学研究》2018 年第 6 期。

济管理部门，以及林业、水利、土地、农业等资源管理部门承担。以 1973 年召开的第一次全国环境保护会议为标志，揭开了中国环境保护事业的序幕，也开启了生态环境管理体制的改革历程。1974 年国务院环境保护领导小组组建成立，负责统一管理全国环境保护工作，担负着制定执行环保政策方针、审定环保规划、组织环境监测、协调督查全国范围内环保工作的职能。这是生态环境保护行政机构最初的形态，它标志着国家级环境保护行政机构在我国诞生。随着生态环境保护和监管工作的探索推进，生态环境监管机构先后经历了由城乡建设环境保护部（部内设环境保护局）、国务院环境保护委员会、国家环境保护局（隶属于城乡建设环境保护部）、独立的国家环境保护局（副部级）、国家环境保护总局（正部级）、环境保护部（成为国务院组成部门）、最后到生态环境部的重大变革。可以看出，我国生态环境部门机构和职能在这一过程中得到了不断的强化。

横向来看，2018 年 3 月，党的十九届三中全会审议通过的《中共中央关于深化党和国家机构改革的决定》《深化党和国家机构改革方案》，第十三届全国人民代表大会第一次会议审议通过了《国务院机构改革方案》，展开了新一轮生态环境行政主管部门的职能调整，通过科学整合原国土资源部、发改委、水利部等多个部门的相关职责，分别组建生态环境部以及自然资源部，做到了执法权和管理权的有效分离：前者统一行使生态环境监管与行政执法职责，负责全国范围内的生态环境制度建设、统筹协调、监督管理、保护修复、监测督查、监督执法等，使得生态环境保护体制更趋于完善和定型；后者统一行使全民所有自然资源资产管理者的职责，将过去分散在各个部门的自然资源的调查和确权登记整合，统一行使用途管制和生态修复的职责，有利于对山水林田湖进行整体保护、系统修复和综合治理。

可以看出，此次生态环境机构改革实现了对自然资源开发保护和生态环境污染防治的全面统筹、系统集中、统一监管，体现我国对自然资源和生态环境整体保护、系统修复、综合治理的思想，表明国家在优化部门职能、协同部门权责、提高生态环境行政监管效力和效率。此外，2018 年 12 月，中共中央办公厅、国务院办公厅印发《关于深化生态环境保护综合行政执法改革的指导意见》，旨在有效整合生态环境保护领域执法职责和队伍，建立职责明确、边界清晰、行为规范、保障有力、运转高效的生态环境保护综合行政执法体制，强化生态环境保护综合执法体系。

纵向而言，2016 年，中共中央办公厅、国务院办公厅印发《关于省以下环保机构监测监察执法垂直管理制度改革试点工作的指导意见》，要求建立垂直管理机构和地方协作配合机制，把属于中央和地方共同管理或地方负责的事项，由地方政府设立管理机构实行分级管理，加强中央政府对地方政府指导、协调、监督。环保垂直管理制度破除了以往的环境监测监察权与执法权都由同一主体行使的这种"既是运动员、又是裁判员"的状态。一方面，将环境监测权与监察权上收省级以上环保机构，增强了监察的权威性，有效监督政府依法行政。另一方面，将环境执法权下移至省以下环境保护部门，也能够适应当前跨区域、跨流域、跨层级的治理需要，只有相对集中的执法权，才能够有效体现环境治理的实际成效。

综上可见，我国新一轮的生态环境监管机构职能改革，宏观上体现了新时代生态文明整体性理念；中观上兼顾了我国中央与地方之间、行政部门之间的协同治理观念；微观上对各级行政主管部门的职能进行了科学配置，将生态环境相关的管理权、执法权以及监测监察权进行有效分离，明晰政府职权与责任，为新常态下生态环境监管体系建设提供了全方位的指导思想及具体方向。

（四）生态环境监管模式多元综合发展

伴随生态环境监管机构的改革不断深化，生态环境监管模式也发生了变化。过去，环境监管被认为是政府的职责，应该全部由政府运用行政手段解决，建立了以政府为主导的"命令—控制"型环境行政管制模式，政府是环境监管的唯一主体。但是，随着生态环境需共同治理意识的强化，企业和社会公众逐渐参与到生态环境监管中来，运用市场调节和司法等手段解决生态环境问题。

1982 年国务院发布《征收排污费暂行办法》开始运用市场机制。根据生态环境部网站统计，2007—2016 年，国家共出台 343 项环境经济政策，地方共出台 318 项环境经济政策，环境金融、环境税费、生态补偿、排污权交易等市场机制得到了有效运用。① 2006年、2007年原环境保护总局先后颁布《环境影响评价公众参与暂行办法》及《环境信息公开办法（试行）》，以行政规章方式确认了公众参与。2015年，新《环境保护法》将"公众参与"作为基本原则加以规定后，原环境保护部出台《环境保护公众参与办法》，对依法、有序、自愿、便利的公众参与进行了具体制度安排。新《环境保护法》实施前十年间，全国各级法院共受理环保组织提起的环境公益诉讼案件17件，而仅新《环境保护法》实施当年，全国各级法院受理的由社会组织提起的环境公益诉讼案件就有37起，是前十年案件总和的两倍还多。②2015年最高人民法院、原环境保护部、民政部联合发布《关于贯彻实施环境民事公益诉讼制度的通知》，鼓励和规范社会组织提起环境公益诉讼。据统计，已有700多家组织经民政部审核获得提起环境公益诉讼的主体资格，截至2018年，全国法院已受理涉及全国29个省的300多件由社会组织提起的环境民事公益诉讼案件。③

　　相比于过去单一的监管主体，现在参与生态环境监管的主体变得更为多元，在政府机构的主导下，企业等社会组织参与其中。按照监管主体的不同，目前我国生态环境监管模式可分为行业监管模式、区域监管模式和企业自律监管模式。行业监管模式以各环保部门为主体，分行业对环境问题进行监管的模式。区域监管主要以地方环保部门为监管主体，对特定区域内的环境问题进行监管的模式。而企业自律监管模式则是由企业在生产经营过程中进行自我监督的一种自我监管模式。我国生态环境监管就是在生态环境部统一监管下，行业监管与区域监管相结合，辅之以企业自律监管。

　　综上，我国生态环境建设已经有了较高的政治优位，生态环境监管建设成效显著。在法律法规方面，综合性法律和专项法律相结合、中央立法和地方立法相配合的生态环境保护和监管法律体系基本形成；在机构设置方

---

① 杨琦佳、龙凤、高树婷、李晓琼：《关于推进我国环境保护市场机制的思考》，《环境保护》2018年第7期。

② 宫丽泓：《环保NGO参与环境公益诉讼的困境与出路》，《怀化学院学报》2019年第9期。

③ 吕忠梅、吴一冉：《中国环境法治七十年：从历史走向未来》，《中国法律评论》2019年第5期。

面，成立了生态环境部、自然资源部，对全国生态环境和自然资源进行统一监管；在监管模式方面，行业监管与区域监管相结合的模式正在发挥积极作用。面对高要求的生态环境目标，我国生态环境监管体系正处于不断地完善之中。

二、生态环境监管体系的现有问题

我国生态环境监管体系建设的各个方面都取得了显著成效，但是，在现行的体系中依然存在若干问题。目前生态环境遭破坏的现象依然存在，表明生态环境监管体系仍然有待进一步完善。

（一）生态环境监管立法体系不够完善

生态环境法律体系对生态环境保护和监管的重要性不言而喻，目前生态环境监管立法虽然数量不少，但整体上立法质量有待提高，而且由于缺乏体系性考量，存在碎片化、不均衡、立法空白和重叠并存以及法律衔接性不足等问题。

首先，生态环境监管立法呈现碎片化特点。我国生态环境监管法律规定比较分散，不同领域的环境监管规定分布于不同法律中，而不同立法对监管力度的规定不尽相同，容易出现监管力度不一的现象。此外，生态环境监管的法律还存在重合交错的情况，对同一生态环境问题不同法律中规定了不同的监管方式，如对自然资源的监管，按照不同要素划分，同一资源会被划分为不同的领域，采取的监管方式也会不同。例如，地下水资源具有水资源和矿产资源的双重属性，《矿产资源法》规定，矿产资源的开采是由地质矿产主管部门颁发许可证，而《水法》也规定了地下水的抽取必须向水行政主管部门申请取水许可证方可进行。2016 年"常州市高露达饮用水有限公司"就以已经缴纳采矿权使用费和矿产资源补偿费为由，拒绝缴纳水资源费，并由此引发了一系列行政诉讼。①

---

① 《常州市高露达饮用水有限公司与常州市水利局、常州市人民政府行政处罚、行政复议二审行政判决书》（2017）苏 04 行终 262 号，https://www.qichacha.com/wenshuDetail_com_8b431736923710f07f30d204428a4084.html。

其次，生态环境监管立法显露不均衡态势。我国生态环境立法被分割为污染防治、自然资源利用保护和生态保护三个子系统，造成了污染防治、自然资源保护和生态保护之间的立法分离，三者制度发展存在明显的"重环境，轻生态"的失衡现象。我国的新环保法也是围绕着环境质量保护的污染防治问题，在生态保护建设方面的规定却严重不足。而以要素保护为重心的环境法律容易忽略各种环境及资源要素之间的相互影响，缺乏系统化的整体性考量，从而导致过分关注某一问题的及时解决而造成法律资源的非理性配置。

再次，生态环境监管立法存在大量的空白地带。目前，我国在一些新型生态环境及跨区域污染领域的立法上存在缺失或不完善，在生态系统及其服务功能保护、大规模人群健康受害救济、生态环境受害救济等方面存在制度空白，如核安全、生物安全、土壤环境保护领域；生态环境监管制度建设方面也存在立法不完善，如排污许可证制度、排污权交易制度以及实现绿色发展所必需的环境与发展综合决策机制、环境风险管控机制、环境监测评估与信息共享机制都缺乏相关法律制度支撑；我国缺乏较高层级的生态环境总领性法律，《中华人民共和国环境保护法》由全国人大常委会通过，与许多专项立法在法律地位上是平行的，不利于其作为基础性法律作用的发挥；此外，我国缺乏有关环境行政程序的专门性、系统性的立法，我国的环境保护法律主要以实体法为主，程序法的规定较少，程序法一般分散于各环保法律、法规之中，由于缺少配套完整的程序性法规，实体法的规定往往难以准确落实。以上这些问题已经直接影响到生态环境监管法律的实施效果。

另外，生态环境监管立法存在法律重复和制度重叠。各个环境法律之间存在形式上的重复，虽然 2015 年修改的《立法法》新增了地方立法"不重复上位法"的规定，但在现实中这一规定并未得到有效落实。还有一些法律的规定之间虽然在形式上并不重复，但存在制度功能上的重叠，造成了行政相对人的负担过重，事实上违反了环境规制的比例性原则。

最后，生态环境监管立法存在衔接性问题。一是新环境保护法与各专项法之间联系不强，环境监管涉及污染治理跨部门时，监管困难；二是中央和地方环境监管立法存在衔接不当的问题，甚至还存在地方立法放水的情况，典型的就是《甘肃祁连山国家级自然保护区管理条例》将国家规定的禁止在自然保护区内进行的 10 类活动缩减为 3 类，很大程度上导致了祁连山生态环境遭受了严重破坏。

综合来看，整体上生态环境监管立法还有许多不足，缺乏整体监管的考量，增加了监管难度。

（二）生态环境监管执法效能亟待提高

1. 生态环境监管执法力度不足

自新环保法出台以来，生态环境监管执法能力得到了很大的提升，但要面对目前严峻的环境形势，监管执法力度还有待加强。

首先，我国生态环境监管缺乏有效执法手段。一是现有的监管执法手段不够有效，我国生态环境监管主要依靠行政手段，如罚款、限期整改等，种类十分有限，而且相关处罚威慑力不足，罚款金额偏低，违法行为的成本往往低于其所带来的高额利润，难以达到监管目的。例如，《中华人民共和国固体废弃物污染环境防治法》和《中华人民共和国水污染防治法实施细则》规定最高罚款限额为 100 万元，一般还是低于工业企业的环境违法行为所造成的危害、所获得的利润以及治理污染所需要的成本。二是缺少事前预防性措施，我国现有的生态环境监管执法手段除现场检查等少数措施属于事中执法之外，其他执法手段基本上属于事后执法，事前措施。三是缺少长期有效的协作手段，例如，跨行政区环境协作机制，社会参与环境执法的有效机制。四是缺乏激励性手段，环境执法为绿色发展保驾护航，绿色发展的本质是生态型发展，企业是经济发展的主体，环境执法生态化意味着引导、激励企业向绿色发展转型，而非局限于"命令"与"惩罚"。

其次，生态环境监管的执法能力不足。生态环境管理执法要综合运用生态的、信息化的诸多监测技术和评价方法。而我国当前环境保护部门的人力、财力、技术和执法规范化等方面都难以应付这些复杂专业性工作，使环境执法能力无法满足环境保护的现实需要。在物力方面，基层环境保护机构的规模与力量长期受到当地的经济状况和当地政府发展偏向的制约，发展很不平衡，经济落后地方的环境保护监管执法力量都非常薄弱，存在环境执法装备差、监控手段落后、经费难以保障、环境执法简单草率等问题。而人力方面，执法人员的数量和质量很大程度上也制约了环境监管执法能力，特别是基层环境执法不仅缺乏足够的人员，而且还缺乏具有生态环境保护知识背景的人员，据调查，全国有专业环保背景的执法人员比例很低，北京市最高约 30%，其他三个直辖市达到了 25% 以上，其余地区均不足 25%。[①]

2. 生态环境监管执法规范性不足

一方面，环境执法部门对于执法规范性的重要性认识不到位，倾向于往往重视对外执法，轻视内部制约；重视行使行政管理权，轻视保护相对人合法权益；重视处罚结果，轻视执法程序。另一方面，我国尚未建立起成熟的生态环境监管执法监督机制，环境监管执法责任制和内部执法监督制约得不到有效落实，环境监管执法督察制度的法律根据以及相关程序尚不完善，问责机制还存在相当的随意性，公众监督渠道不畅通，这些都是导致生态环境监管执法存在不规范现象的重要因素。

（三）生态环境监管体制改革尚需深化

我国生态环境监管体制呈现出"横向分散，纵向分级"的特点，属于"条块结合"的双重领导。从横向来看，各监管部门之间职责设置不尽合理，纵向来看，存在地方保护主义问题，政绩考核机制不够科学合理。

1. 横向职能仍然不够协调

生态环境涉及方方面面，大气环境、水资源、土壤资源等要素之间相互影响，一旦发生环境问题往往牵扯多个部门，这就需要各部门协同配合。中央大部制改革后，新设立的生态环境保护部整合了多个监管部门的职能，内设机构达到 21 个，行政编制由 311 名增加到 478 名[②]，增加编制近 54%。一方面，这虽然在一定程度上做到了职能的有效整合，依然没能彻底解决职能

---

① 王灿发：《我国生态环境执法的主要制约因素及破解之道》，《中国机构改革与管理》2019 年第 1 期。

② 中国机构编制网：《生态环境部职能配置、内设机构和人员编制规定》，http://www.scopsr.gov.cn/zlzx/bbwj/201811/t20181120_326753.html.

交叉问题，生态环境保护部和自然资源部之间依旧存在职能一定的交叉情形，内设分工依然不够明确，职能交叉，缺乏有效的沟通协调机制。生态环境问题内容繁杂，仅凭一个部门的力量难以解决，依然需要多部门协调合作解决，可是，生态环境保护部门在行使综合管理职权的过程中，依然难以对其他管理机构实行有效制约，造成其部分监管职能空洞化。另一方面，随着生态环境保护部门的管辖范围从污染防治和核辐射安全领域向农、林、水、土等领域生态保护方向扩张，执法对象激增、类型增多，虽然有助于降低部门间协调成本，但也可能导致短期内急剧增加市县级执法负荷，削弱了其专门化程度，存在职能泛化风险。

2. 纵向监管仍有待加强

在中央对生态文明建设的强烈号召下，我国各级地方政府也开始重视环境保护工作，生态环境在一定程度上得到改善。但是，地方经济发展与环境保护的职能冲突却始终存在，尤其在一些资源型地区尤为显著。我国地方政府长期以来有着重视经济建设，忽视生态环境保护的传统，当生态环境保护与经济发展产生矛盾时，地方政府往往倾向于牺牲长远的生态环境利益，地方环境监管行政化干预问题突出：一方面，很多基层政府存在地方保护主义现象，地方政府利用手中的行政权力，为违规项目和污染企业充当"保护伞"；另一方面，环保部门地位不独立，环境监察执法难以有效落实，违法违规企业得不到及时查处；更有甚者，对中央环保督察也敷衍应对，环境违法企业在地方保护下违法成本极低，造成一些地区环境资源承载压力持续增大，环境污染无法得到有效遏制。

这是由于中央对地方政府的环境监管缺乏有效约束，地方的人事和财权都在同级党委和政府手中，因此地方环保部门更多的会听从于地方政府的安排；上级环境保护部门作为专业指导和监督部门，难以有更大的约束和监督手段。此外，政绩考核机制不够科学也是导致地方保护主义的重要因素。传统地方政绩考核是以经济发展速度和规模为主要考核因素，资源消耗和环境质量方面的内容在考核中占的权重较低。多年来地方政府一味追求 GDP 增长，每当经济发展和生态环境保护发生冲突，地方政府的现实做法往往是保发展而舍生态。近年来，在"五位一体"的发展观影响下政绩考核指标在不断完善，但"重经济，轻环保"的政绩观在一定程度上仍然存在。

综合横向与纵向来看，虽然中央下发的环境监测监察垂直改革方案有助于解决地方保护主义，但却与"大部门制"方案基础上建立的综合执法改革不甚协调。纵向维度的垂改与横向维度的综合改革事实上存在一定的紧张关系，在上收后的县级环保机构难以统筹属地管理的国土、农业、水利等部门执法机构；而且国土、水利等部门的执法机构承担的环境保护以外的其他职能难以剥离原来机构；各部门各领域执法职能呈碎片化，执法依据、程序和方式都存在差异，整合起来难度大，对应的追责风险也会提高。[①]

（四）生态环境社会共治仍然不足

在现行生态环境监管体制中，社会组织和市场监督主体的参与不足，多元共治的监管模式尚未健全。目前，生态环境监管以政府为核心，在行业监管与区域监管相结合的监管模式下，存在着监管部门职责不明、协调欠缺、职权划分不科学等问题，严重制约着该监管模式价值和作用的发挥。而现行监管模式中的企业自律监管模式的发展也不尽人意。由于我国企业监管观念起步较晚，加之相关法律法规不够健全，致使企业面临守法成本高的困境，由此产生了企业的社会责任意识不强烈，环境保护意识淡薄，监管制度不完善，方法不科学以及监管负责人员专业素质不高等问题。企业自律监管模式要想有效运转，发挥重要作用，还需进一步完善发展。生态环境监管中社会组织和公众的参与度相对较低。数据显示，党的十八大召开后的五年内，社会组织提起的环境公益诉讼案件共 252 件，检察机关提起共 1383 件，前者占比不足 16%。[②]2018 年全国法院共受理社会组织提起的环境民事公益诉讼案件 65 件，受理检察机关提起的环境公益诉讼案件 1737 件，社会组织提起的数量比仅占 3.6%。[③]而造成社会组织和公众参与度低的原因包括：一是公

---

① 周卫：《我国生态环境监管执法体制改革的法治困境与实践出路》，《深圳大学学报（人文社会科学版）》2019 年第 6 期。

② 周强：《最高人民法院工作报告——2018 年 3 月 9 日在第十三届全国人民代表大会第一次会议》，http://gongbao.court.gov.cn/Details/69d3772d9e94aae3ea2af3165322a1.html.

③ 最高人民法院：《中国环境资源审判 2017—2018 白皮书》，人民法院出版社 2019 年版。

民环保意识差，且缺乏参与渠道；二是环保组织、公众等主体分散，力量薄弱，面对生态环境问题更倾向于通过政府运用行政手段解决；三是社会组织和公众缺少生态环境监管的合法性基础，大大削弱了其在生态环境监管方面的作用。[①]

生态环境是公共产品，生态环境的保护和监管不仅仅是政府或政府某一部门的职责，而是需要全社会所有成员的共同监管，形成多元共治的生态环境监管模式。

三、生态环境监管体系建设的域外经验

生态环境保护问题早已成为国际共同关注的重要事项。美国作为资本主义国家的龙头在生态环境保护上也走在世界前列，其在公众参与生态环境监管方面的建设对我国具有很强的借鉴意义。日本、德国与我国同属大陆法系，且都经历了极其严重的环境污染，在环境监管立法以及环境监管多元建设方面都值得我国学习借鉴。

（一）美国

美国的生态环境监管，由最初的公民自发形成的环保组织逐步发展到现如今完善的监管体系，除了全民性的环保意识外，最主要依靠的还是环境立法的发展迅速。美国环境立法除去一个综合的环境政策法，大致可分为公害防治与自然资源保护两大类。1970 年 1 月正式生效施行的《国家环境政策法》，预示着美国 70 年代环保黄金十年的开端，被誉为"环境大宪章"，作为美联邦第一部环境成文法，确立了减少人类活动对环境负面影响的国家政策，内容主要包括国家政策声明、"环境影响评价制度"及成立"环境质量委员会"，环境质量委员会规格较高，可以对其他联邦环境保护管理部门之间的利益冲突进行有效的协调；美国的公害防治立法是以水污染、空气污染、噪声污染、固体废弃物、毒性物质及放射线等为主要管制对象；美国有

---

① 张虎彪:《民间环保组织的合法性建构何以可能——基于两个案例的比较》,《兰州学刊》2014 年第 7 期。

关自然资源保护的立法主要集中在国有土地的利用与野生动物的保护上。美国环境立法比较重视保障民众参与的权利，不仅有利于调和冲突的利益，也有助于法律的贯彻执行。此外，美国环境立法中的司法审查条款，明确了哪些行政决定可请求法院审查、审查的范围以及各项管制规则和标准、制定时应履行何种程序、应建立哪些档案、哪些信息必须公开供民众索阅。这些程序规定有利于保障每个公民参与环境保护决策过程的权利。

美国的环境监管体系由环保署、国会和司法系统组成。其中，环保署代表联邦政府统一行使环境监管的职责；国会负责各项环境保护法律的起草、修改和制定；而司法系统主要负责审判与环境有关的案件及环境法律解释。为了履行环境监管职责，美国环保署在各个州都设有自己的办事机构，同时每个州又设有州环境监管机构。美国环保署与州环保机构共同行使环境保护监督管理权。尽管大多数联邦法规都授权联邦环保署把实施和执行法律的权力委托给经审查合格的州环保机构，但联邦环保署仍有权力对环境保护执行不力或对环保计划不配合的州实施惩罚。美国适用的是相对集中的环境监督管理体制。由于美国具有较完备的环境法律体系，因此美国环保署与州环境监管机构职权划分明确，州环保机构依本州的法律履行职责，保持了相对的独立性。美国环保署主要负责监管州环保机构执行情况，这种相对集中的监管体制避免了不同部门之间资源的争夺或相互推诿的现象。

此外，美国还是环境信息公开制度建立较早并且比较完善的国家，在1966 年美国就制定了第一部关于政府信息公开的法律《信息公开法》，规定了美国公民可以向美国国家环保署和各州的环保部门申请具体环境信息，相关机构必须在 10 天内作出答复。各州环保部门建立了专门的数据库，录入了企业违法行为、环保投入、检查记录、污染物排放情况等一系列的环境信息，提供给公众与企业进行查询。《综合环境应对、赔偿与责任法》《资源保护和恢复法》要求企业公开真实的环境信息和潜在危害。《紧急计划和公众知情权法案》规定企业需填写《毒性化学品排放表》，向政府提供排放的毒性化学品信息，并由环保局制定《毒性物质排放清单》公之于众。信息公开的义务主体范围较广，包括国家环保署、地方环保部门、企业，以及依法掌握环境信息并承担环境责任的非政府组织。

另外，生态环境保护行政奖励机制也是美国政府常用的监管手段。比如遵纪守法的企业可以得到政府的正面宣传从而提高声誉，或者说得到各种形式的财政补贴，甚至企业、工作人员可能会因为高标准、严要求地执行各类环境规章制度得到奖金或者说是职位升迁，这些奖励机制往往会激发企业的环保积极性。[①]

可见，美国的生态环境监管与中国的政府主导的"命令—控制"型不同，主要以全民性的环保意识为动力，完善的法律法规作为保障，以集中化环境监督管理体制为运行基础，庞大的民间环保组织为重要力量，以广泛的公众参与为坚实后盾。

（二）日本

日本在第二次世界大战后经济崛起，但由于其国土面积狭小，工业相对集中，造成了很多十分严重的公害事件。深受污染之害的四日市居民率先以停止侵害请求赔偿为诉讼请求将石油、电力等多家公司告上法院，并在经过了漫长的审理过程后最终胜诉。此后，日本民众纷纷开始进行环境维权，对政府、高速公路、电力等多个主体提起诉讼。可以说，在日本环境保护的发展过程中，民间公害诉讼起着不可替代的推动作用。在民间公害诉讼的推动下，政府加速了环境监管立法、环境监管制度的建设，同时还加大了对环境保护的宣传力度。与我国政府的主动介入不同，日本对于生态环境保护也存在一定的被动性，在环境污染已经严重损害到公民健康后，才在公民发起公害运动的压力下推进生态环境的治理和监管工作，可见，公民的主动参与也是日本生态环境监管体系的重要推动力量与监督力量。

在生态环境立法方面，1968 年日本出台《大气污染防止法》。1970 年12 月，召开了"公害国会"，修改了 1967 年《公害对策基本法》，删除了旧版中"维护生活环境要与经济发展相协调"的条目，实际是对经济优先原则予以否定，确定了"环境优先"原则。[②] 目前，《环境基本法》是日本政

---

① 张福德:《美国"柔性"环境执法及其对我国的启示》,《环境保护》2016 年第 14 期。
② 何勤华:《日本法律发达史》,上海人民出版社 1999 年版,第 128 页。

府开展环境治理的主要法律依据，该法以 1967 年《公害对策基本法》为基础，经历 1970 年对《公害对策基本法》进行彻底修订，至 1993 年正式颁布，历时 26 年。日本《环境基本法》以"建立低环境负荷、可持续发展的社会""享受和继承环境的恩惠""积极推进国际协调框架下的地球环境保护"为三大基本理念，规定政府的主要职责包括建立环境标准、制订计划和纠纷处理。在《环境基本法》之下，有关环境的法律为数相当多，涵盖民法、刑法及行政法等各个部门法领域，一般以职能的不同区分为救济法、管制法及事业法三大类。在生态环境监管体制方面，日本政府的环境厅设立于 1971年，2001 年升格为环境省。目前，日本已在全国 47 个都道府县、12 个大市和 85 个政令市全部设立环境行政机构，基本形成以环境省为核心的全国性一体化行政管理体系。除了环境省外，在日本国家层面的环境行政中，还有农林水产省、外务省、经济产业省以及国土交通省等多达十几个内阁部门在各自的职责范围内对生态环境进行监管。

根据《日本环境基本法》第七条规定的"中央政府应制定环境保护相关法规，制定国家环境保护计划，建立永续发展指标，并推动实施之。中央政府应协助地方政府，落实地方自治，执行环境保护事务"，日本属于中央领导下的地方政府主导环境监管体制，地方环境管理机构是全国环境管理行为的主要力量，地方自治体在环境预算、制定政策、法规等方面享有极大的权力。与此同时，环境大臣对于环境省和地方环境自治体有管辖权，如果环境大臣认为地方环境自治体处理该环境问题时违反了法律条令，或者损害了公共利益，则可对地方环境自治体的处理进行干预。具体干预措施包括提出意见和建议、要求提供资料、要求改正、进行协商、代替执行、强制整改以及向最高法提起诉讼等。

此外，日本环境部门的行政干预极为严格、彻底，凡达不到规定标准的，一律停产或转产，迫使企业不得不投入大量资金向环保型转型。在日本的各级环境监管机构都设有审议会和咨询机构，审议会和咨询机构由专家和社会团体以及个人共同组成，在审议会和咨询机构的参与下，环境监管机构制定出的法律、法规、政策、方案都更具科学性、合理性和可行性。

　　（三）德国

　　第二次世界大战后，联邦德国为了尽快走出战争阴影，以重建家园和发展经济作为首要目标，此时，联邦德国虽然已经制定了《水管理法（1957年）》以及《联邦肥料法（1968年）》等法律[①]，但环境立法相对零散，缺乏全面有效的治理。而在州层面的法律中，联邦德国的十一个州在联邦法没有涉及的环境侵权问题上分别制定了相应的污染控制法，各州的法律规定存在不同程度的差异，巴伐利亚州甚至在联邦环保局建立之前便成立了州环境保护局。

　　这种环境破坏型的经济增长所带来的污染问题严重影响了德国公民的生活，公众的环保意识逐步加强。1971年联邦德国以独立政策的形式颁布了环境纲领，随后颁布了《废弃物处理法（1972年）》《联邦环境污染防治法（1974年）》《联邦自然保护法（1977年）》等具有极强针对性的单行法，环境污染和破坏行为在短时间内就得到了有效的控制。1990年东西德合并，德国开始重视环境法的整体性规制，试图克服环境单行法环境治理片面化等弊端，并开始德国环境法典的编纂，目前虽然该法典草案尚未获得议会通过，但2010年新的《环境行政法》作为环境法典遗留下的法律遗产生效，其中包括了新《水资源管理法》、新《自然生态保护法》《非离子放射防护法》《环境法规清理法》，对今后的环境保护工作提出了新要求，除继续加大对传统重要环境领域的保护力度外，还结合当下科技的发展，管辖范围有了进一步的扩展，如囊括了放射性物理离子对环境和人体健康的损害等。[②]

　　德国环境立法具有鲜明的特点：第一，十分重视预防和事前环境影响评价。预防性原则作为德国环境立法的指导，最早体现在《空气污染防治法》，在法律的制定过程中发挥着重要的作用。随后在1990年颁布的《环境影响评价法》，更是集中的体现并诠释了对于事前预防的许多具体操作办法。第二，重视公民对环保事业的参与监督和督促。例如《联邦污染控制法》规定

---

① 丛选功：《联邦德国的环境立法》，《国外环境科学技术》1989年第1期。
② 王功：《二战后德国环境法制建设及发展趋势研究》，《学术探索》2017年第11期。

了发布法律条例都需征求各相关方面（科研机构代表、涉及的企业代表）的意见。第三，重视环境信息公开，欧盟早在 20 世纪 90 年代就发布了《关于自由获取环境信息的指令》，德国随后结合本国国情颁布了《环境信息法》，将环境信息的知情权范围从独立的个体扩展到法人，甚至还包括一切社会组织和团体，而需要提供和给出环境信息的部门也从之前的政府行政机关和相关管理部门，扩大到凡是与环境保护有关并且掌握着一定有效环境信息的各种机构、部门和企事业单位。

此外，德国还是世界上较早在立法中体现企业责任制度的国家。德国 1919 年的《魏玛宪法》中规定："所有权包含义务，于其行使，应同时顾及公共利益。"这一规定体现了所有权并非是绝对的，为了公共利益，所有权应当受到必要的限制。这一理论也是德国企业环境保护责任制度的理论基础。特别是德国 1996 年颁布的《循环经济和废物处置法》将企业环保责任制度确立起来，这一制度要求企业以发展循环经济为目的，在生产过程中应尽可能地避免污染物的产生，在产品使用后，能够被重复利用或者对其处理不会造成对环境的污染和破坏。这一制度促使企业在生产开始就充分考虑到材料的选用、环境的控制等事项，以满足循环经济的要求，提高了企业的环境保护意识和责任感。①

德国联邦环境部下设的三个直属局包括联邦环境局、联邦自然保护局和联邦核辐射保护办公室，拥有近 2000 名工作人员，各州也均设立了本州的环境管理机构。德国生态环境监管体制从横向来看，其财政部、司法部、经济合作与发展部、农业部等均涉及部分环境管理的职能，各部根据自身职能配置设置了相应的环境管理司局，负责具体工作，通过"共同部级程序规则"对各部门职能冲突进行处理，保证各部门间的合作。纵向而言，根据《德国宪法》第三十条和第八十三条规定，联邦政府环境管理的主要职能是一般环境政策的制定、核安全政策的制定与实施及跨界纠纷的处理。州政府环境管理主要是环境政策的实施，还包括对联邦的一些框架立法细化，对本

---

① 刘慧卿：《国外环境监管机制及其对我国的借鉴》，《环境保护》2014 年第 13 期。

州环境问题解决享有自治权，可以制定本州区域内环境政策。可见联邦与各州之间并非领导关系，各州都拥有相当的自治权。各州实施环境管理法规、政策一般经过上议院审议批准，联邦通过启动司法程序来监督各州实施环境管理的情况，对于执行不力的州向法院提请起诉，或发出限期纠正的通知，此外，民众、媒体和非政府组织依据德国联邦法律规定都可以对环境管理方面的执法情况进行监督。

四、生态环境监管体系的完善路径

在对域外生态环境监管体系进行考察之后，结合我国生态环境监管所面对的具体问题和迫切的现实需求，完善生态环境监管体系的主要路径包括：

（一）完善生态环境监管立法体系

庞德认为，随着文明的发展，法律已成为社会控制的主要手段，其他所有的社会控制方式都从属于法律方式，并在后者的审查下运用。[①] 因此，生态环境监管工作离不开相关法律法规的支撑，法律法规是政府开展监管工作的依据和基础。习近平总书记十分重视生态环境法律建设，他强调，"保护生态环境必须依靠制度、依靠法治"，[②]"要完善法律体系，以法治理念、法治方式推动生态文明建设"。[③] 因此，要制定完善的生态环境法律体系，以最严格的制度、最严密的法治来监管生态环境。

"每一有机体之自为自得，均有赖于其整体与部分间的均衡之维持，有赖于每一部分之各有其分，各尽其责。"[④] 法律体系的构建也是如此，体系中各法律法规之间既需要有整体性、系统性，又需要分工明确、相互协调。鉴于目前我国立法过于分散的情况，要采取整合的方式强化整体性立法。对现

---

① 〔美〕庞德：《通过法律的社会控制》，沈宗灵、董世忠译，商务印书馆1984年版，第10页。

② 中共中央文献研究室：《习近平关于社会主义生态文明建设论述摘编》，中央文献出版社2017年版，第99页。

③ 中共中央文献研究室：《习近平关于社会主义生态文明建设论述摘编》，中央文献出版社2017年版，第110页。

④ 〔德〕弗里德里希·卡尔·冯·萨维尼：《论立法与法学的当代使命》，许章润译，中国法制出版社2001年版，第32页。

有生态环境相关立法进行体系化编纂，以《中华人民共和国环境保护法》为基础，修订整合现行生态环境保护单行法，形成原则统一、结构合理、制度协调的生态环境保护法典，有效提高生态环境保护效率，强化立法的整体性，构建以宪法为根基，以生态环境保护专门立法为主干，并涵盖其他部门法中环境保护规范的"大环保"法律体系。

（二）提高生态环境监管执法效能

生态环境监管工作最终都要通过执法来完成，加强监管执法建设是生态环境监管体系建设中重要的一环，对推进生态环境监管能力现代化具有重要意义。

1. 提升生态环境监管执法能力

一是要构建以信用为基础的新型事中事后监管体制，加快监管执法信息化建设，创建信息共享平台，运用大数据进行科学执法，充分发挥现代技术在生态环境监控、监测及治理中的作用。2019年3月，信用生态环境部印发《2019年环境影响评价与排放管理工作要点》表示生态环境部将建设全国统一的环境影响评价信用平台。

二是要科学配置和应用各类环境监管手段。环境监管手段除了行政许可、监督检查、处罚等高强度的行政强制性监管工具，还有警示、约谈、协商、信用承诺制、行政合同、激励性监管以及公共参与等中低强度更加灵活的监管手段。实施有效监管，实现治理主体和治理手段的多元化。

三是要加强监管执法队伍建设，提高执法人员专业素养。增加监管执法人员数量，通过选拔、培训提升专业能力，造就一批具有生态环境监管执法专业知识，善于运用现代化手段，技术过硬的执法现代化人才。

四是要加大监管执法装备投入，推进环境智能监管，为执法人员进行监管执法创造有利条件。新一轮全球科技革命为环境保护带来了新机遇，在大数据、人工智能、区块链与云计算新技术的推动下，在污染监管领域，小型化、低成本化的新型监测设备与物联网、大数据等技术结合，使得环境质量监管精细化、智能化成为现实。美国、欧盟已着手制定新技术在环境保护中应用的标准和指南工作，为了占领新一轮环境新浪潮中的科技高地，不错失加速解决环境问题的机遇，我国也需要紧跟潮流。

2. 加强对生态环境监管的规范性

一是要加强生态环境监管的规范性，应当以法律的形式规范并完善环境规划、生态红线、环境影响评价、环境与健康风险评估等事前预防类法律制度，环境许可、环境监察、环保督察等行为管制类法律制度，生态补偿、排污权交易、环境行政指导等激励指导类法律制度以及以生态环境损害赔偿制度、环境诉讼制度为代表的事后救济类法律制度，为依法依规监管提供权威标准与法律支撑。

二是要加强对生态环境监管的监督。《环境保护法》第 67 条规定："上级政府及其环境保护主管部门应当加强对下级人民政府及其有关部门环境保护工作的监督。"《环境监察办法》作为生态环境监管工作最根本的依据，在整合生态环境保护立法的过程中，要对其进行修订完善。提升其法律效力，明确监管责任主体，理顺各监察机构、环境执法机构职能和地位，规范生态环境监管程序。通过完善相关法律法规，加强有关制度设计，实现环境执法和司法的有效衔接，完善整个生态环境监管体系。

（三）推进生态环境监管体制深化改革

针对目前我国生态环境监管中出现的条块分割、职责交叉，缺乏协调、地方监管无力等情况，有必要对现行监管体制进行改革，建立一套长效的保障机制，保证监管能有效实施，提升生态环境监管能力。

1. 强化整体治理，构建协调机制

中共中央国务院《关于全面加强生态环境保护坚决打好污染防治攻坚战的意见》指出要"整合分散的生态环境保护职责，强化生态保护修复和污染防治统一监管"。应当进一步明晰生态环境部门对生态环境统一监管的职能，整合分散于各部门的监管职能，对生态环境监管实行统一规划、统一部署、统一审查评估。厘清统管部门和分管部门之间的权责边界，通过制定"权力清单"和"责任清单"的方式明晰职责。明确中央和地方在生态环境监管中的权责范围。中央层面主要承担统一领导、宏观调控的作用，地方则应积极主动着重解决区域性、地域性的生态环境监管问题。但是，实践中生态环境监管情况复杂，生态环境部无法单独完成生态环境的监管工作，需要与国土、农业、水利、气象等部门紧密协作，所以要构建各部门之间的协调机制，设立协调机构，推动各部门完成生态环境监管协作，提高监管效率。

2. 推动垂直管理，落实政府责任

2015年召开的党的十八届五中全会提出，要实行省以下环保机构监测监察执法垂直管理制度改革，并在多省进行了试点。垂直管理能够有效避免地方政府的干扰，使环保部门能独立行使职权，从而提高监管效率，优化监管体制。但是目前我国实行垂直管理所依据的基本是政策性文件和行政命令，上升到法律法规层次的少之又少。要全面推行垂直管理制度，必须要在相关立法中明确监管机构的法律地位和职权范围，增强监管机构的权威性，从人、财、物等方面加强监管机构建设，把人员任免、经费预算等事务与地方政府剥离开来，使其不受地方政府牵制，真正实现监管职能的独立行使。此外，要在全国范围内积极推进垂直管理改革试点工作，各地方政府和有关部门应积极配合本地区改革试点的需要，不设关卡、不推卸责任，积极主动为改革试点作出贡献。

3. 制定科学合理的政绩考核机制

完善地方政府评价考核体系，转变以"GDP论英雄"的发展观念。遵循生态环境监管规律，制定一套科学、可行、全面的考核评价机制，推动环境监管良性发展，为生态环境建设保驾护航。具体来说，就是要在政绩考核标准中加入生态环境建设方面的内容，将环境保护目标完成情况纳入对本级人民政府负有环境保护监督管理职责的部门及其负责人和下级人民政府及其负责人的考核内容，作为对其考核评价的重要依据，以平衡经济增长、人均收入、环境质量等政绩考核点所占的比重。考核结果应当及时公开，并作为领导班子和领导干部综合考核评价、奖惩任免的重要依据，接受公众监督。

4. 进一步完善跨区域生态环境监管

为强化中央对地方环境的监督管理，探索解决跨区域生态环境治理问题，我国于2006年正式设立了华东、华南、西北、西南、东北、华北六大区域督查中心，主要承担加强环境保护监督执法、应对突发环境事件、协调

跨省界污染纠纷等职能。2017 年"督查中心"改为"督察局"，由原来侧重于督查企业变为"督政"加"督企"，构成了生态环境监管体制改革的重要组成部分。

完善跨区域生态环境监管机制的重点包括：一是跨区域生态环境监管要注意遵循生态系统的整体性及其内在规律，合理划分区域、流域，按照区域、流域设置监管和执法机构。明确各区域、流域机构的权责和执法职能，理顺工作流程，优化配置。二是设立专门的跨区域、流域生态环境监管协调机构，负责协调各区域、流域之间，各部门之间的协作关系，实现跨区域、流域生态环境监管工作的有序衔接。三是针对不同区域、流域的特点，采取符合当地情况的监管方式，创新监管执法。

（四）创新生态环境多元共治监管模式

企业自律监管和社会组织、公众监管对生态环境建设具有重要的意义，能够有效弥补政府监管的低效和缺位，是生态环境监管体系的重要组成部分。要进一步推进企业自律监管，让各主体以适当的方式和程度参与到生态环境监管过程中，鼓励多元主体参与，充分发掘其生态环境监管的潜力。

1. 推进企业自律

综合考虑我国企业实际情况，借鉴域外经验[①]，在企业内部建立一套完整的生态环境管理制度，推动企业自律。

第一，提高企业的环保意识。以往企业为了经济利益不顾生态环境的污染和破坏，缺乏环保意识，这也是很多企业不主动进行生态环境监管的原因。对此可以通过宣传教育、定期约谈、进行环保奖惩等方法引导企业积极承担监管责任。

第二，制定科学的监管制度。一是成立专门的监管机构负责本企业的环保监管问题；二是构建符合企业自身发展的污染物排放控制制度，制定详细

---

①　例如，日本 20 世纪 70 年代为遏制工业污染而实施的"公害防治管理员"制度，就是一项很好的制度创新。日本"公害防治管理员"制度的核心内容包括：企业必须设立相应的环保监督管理组织机构和监测手段，并配备具有一定专业知识的环保监督员；试行企业环保监督员培训和持证上岗；定期公布企业及环保监督员的守法情况。

的标准，根据不同污染物严格控制排放量；三是制定与企业相适应的环保目标体系，分阶段完成，确立以预防为主、防治结合的监管原则，并将监管责任到人；四是及时更新监管方法和技术，更换陈旧、落后的机器设备。

第三，要加强监管人员培训，聘用专业监管员。所有制度的制定与实施都要靠人来完成，人员队伍素质的高低决定了监管执行的好坏，所以提升管理人员的监管水平至关重要。要通过人才引进、专业培训、举办讲座等方式扩充人才队伍，培养高素质人才，确保企业生态环境监管有效实施。

2. 鼓励社会参与

有学者通过生态环境保护不仅需要政府和企业参与，也需要社会组织和公众广泛参与，营造全社会共同保护生态环境的良好氛围。一是增强全民生态环境保护及参与意识，提高生态环境保护的公众参与度。二是完善生态环境监管信息公开。信息公开是公众参与监管的前提，政府和企业要充分利用广播电视、网络媒体、报纸等各种媒介及时公布环境信息，让公众了解环境情况并对其进行监管，督促政府认真履职，企业严格守法、规范行为。三是拓宽公众参与生态环境保护的渠道，明确公众参与的方法和流程，通过设立专用电话、邮箱，开通微博、微信公众号等方式畅通参与渠道，鼓励公众积极参与。

第七章　政府治理大气污染的财税体制建构

一、公共预算与控权型大气环境治理

国家治理所对应的财政收支规模和结构反映在年度预算文本之中，形式意义上预算为政府执行支出乃至收入之依据，表现出财政作用的权力性特征；实质意义上预算乃实现民主政治的必要手段，表现为财政作用的公共性特征。[①] 历史上作为财政收支记录方式的许多概念都早于预算，但真正让预算流行开来的主要原因在于其控权要义和公共本质，这无疑顺应了近现代民主法治发展的思想浪潮。一方面，现代预算的法律要义是控制政府权力，防范财政权力滥用对国家财政支出公共性的违背。"预算并非简单的数字游戏，而是控制和约束政府的工具、方法和技术"，[②] 正如学者所言："概一国之法治，莫重于规范国家权力的运作，限权之关键，首当是对国家财权的掌控，而控财之要义，则在于支配'国家钱包'的预算。"[③] 另一方面，预算国家的治理面向为公共性，民主法治国家的政府预算实则为公共预算，公共预算体制建立于公共财政时代转轨之下，不同于封建社会统治时期皇朝财政体制下私人预算模式，也不同于计划经济时期计划财政体制下统收统支、计划分配的预算模式，现代国家中财政收支都要围绕体现并保障社会民众的个体权利与公共利益而展开。

自我国转入市场经济体制以来，公共预算理念和体制逐渐得以确立和完善，结合当前的大气污染治理来看，其积极反映在如下几个方面：一是国家

[①]　蔡茂寅：《财政作用之权力性与公共性——兼论建立财政法学之必要性》，《台大法学论丛》第 25 卷第 4 期。

[②]　熊伟：《认真对待权力：公共预算的法律要义》，《政法论坛》2011 年第 5 期。

[③]　徐志雄：《现代宪法论》，元照出版有限公司 2004 年版，第 360 页。

财政收支的法定化和公共性，在预算法定和税收法定原则要求下保障政府预算收支一定要"取之于民，用之于民"，节能环保支出作为每年政府预算支出的重要组成部分，其每一笔收入和支出都要经过各级人大的审议通过，只有在获得绝大多数人大代表的支持以获得合法性之后预算文本始得生效，并且在预算执行过程中必须保证用于节能环保方面的公共财政用到实处，以维护广大民众的环境利益。二是预算的全过程并非国家机关的单方权力行为，而是通过公共预算中的实体原则和程序体制构建起公众参与的权力—权利互动范式，政府用于大气环境保护和治理的财政资金使用过程和效果都要接受公共监督，通过推进预算公开和发挥预算民主等方式来引导和培育公民参与预算治理。三是预算知识是公共治理的必需品，预算能力是国家治理过程中最切实关键的政府能力。正如美国著名预算法学者阿伦·威尔达夫斯基所言："如果你不能预算，你将如何治理？"政府主导大气污染治理的特定内涵之一就是政府财政担负着相当一部分的环境治理费用和社会规制成本，政府要承担的这部分财政支出规模反映在每一财政年度编制的预算案当中，以特有的计量、记录和编排方式科学理性地将公共财政所对应的环保支出事项及投资金额数字化，因此，政府主导大气环境治理突出表现在以公共事务的预算收支计划的过程。整个现代国家治理史就是一部以预算控权、预算民主和预算能力为构成因素的预算治理史，在预算控权上，预算制度的原初目的就是限制政府权力的滥用；在预算民主上，公众民主参与预算全过程以监督政府权力行使的合法性与合理性，最终确保财政指向公共利益的目标达成；在预算能力上，限制政府权力和捍卫公共利益是预算的延伸能力，作为财政治理的预算本体能力，政府每花一笔钱都是以达成某一预设效果来获得正当性的，投入到大气污染治理的财政资金必须达到"物尽其用，支出有效"的理想状态，这既包含政府合法且合理地行使财政权力，也要求预算安排尽量达到理性预算的标准，更要以绩效预算作为治理效果的考量。

（一）环保预算收支的立法控制

公共财政过程实际围绕国家财政的收入与支出而展开，以往在以强调私权保障和公权限制的宪政民主时代，较为侧重对政府财政收入行为的控制，熊彼特十分注重以税收为主导的财政收入行为，为此提出了"税收国家"的概念，主要特征是"中央政府及下级政府在全国范围内用税收的方式来汲取财力"。虽然局限于收入侧面的权力规制契合了保障纳税人个体财产不受非法和过度侵犯的私人利益，却与日就增长的公共支出规模产生供需矛盾，进而影响到公共利益的实现。为此，王绍光指出应当实现由税收国家到预算国家的演化，完成这一演化进程并非从侧向收入向偏重支出的视角转换，而是弥补长期以来对预算支出层面的理论研究短板，将收入与支出牵连起来，只有在"税收国家"的基础之上才可能建成"预算国家"。① 观之眼下，法学理论界更是将收入与支出很好地联结到一起，突出表现为财税法学科的二元结构属性，在统一的财税法概念和语境下论证政府财政收支问题已成为通行的研究范式。

在"收支同体"的财政运行逻辑下，谈论环保预算问题就必须围绕环境财政的收支全过程而展开。政府在财政方面的权力表现为二维面向，即收入权与支出权，一方面，为争取大气污染治理中所需的资金来源，政府必须借助国家强制力将纳税人的部分私有财产转移到国家所有，以供环境保护等公共事务治理的集体使用；另一方面，待国家机关征收募集到充足的财政收入后，会根据国家治理方方面面的资金需求给予合理分配，从而体现公共财政的治理价值。在这两个方面，由于政府在其中享有着税费征管权、支出计划权等，有必要对其施以法治约束，因为诚如孟德斯鸠所言："权力一旦失去制约，就会像一匹脱缰的野马一样肆无忌惮地践踏一切"，只有将权力放进制度的笼子里，用法律的准绳来界定和衡量政府权力范围和实施效果，才能保证政府及其部门在治理大气污染过程中合法行为，不至因政府滥用财政收支权力而发生侵犯公民个人权利或损害社会公共利益的不利后果。财政收支法定的要求具体体现在税收法定原则与预算法定原则两方面，前者是指"税法主体的权利义务必须由法律加以规定；税法的各类构成要素皆必须且只能由法律予以明确规定；征纳主体的权利义务只以法律规定为依据；没有法律依

---

① 　王绍光：《从税收国家到预算国家》，《读书》2007 年第 10 期。

据，任何主体不得征税或减免税收"，^①后者强调的是"预算付诸实施之前必须提交立法机关审议，一旦经立法机关批准通过，预算就具有法定效力，行政机关只能在预算范围内执行，不得擅自改变，尤其是不得突破预算规定的支出限额"。^②税收法定和预算法定在公共治理当中发挥着十分重要的作用，一方面，强调税收法定就意味着政府采用税收手段来激励和规制环境行为必须遵从法律规范，生态税制的设计、税率的确定以及征管制度的构建等都要以议会民主产生的法律为行为标准；另一方面，预算法定对征收上来的财政资金使用用途、过程和结果提出法定要求，政府在大气环境保护与治理中的财政支出行为必须以预算法律法规为依据，确保财政资金最终流向预算计划的范围。

党的十八届三中全会以来，我国十分注重财税领域的法治化建设，《中共中央关于全面深化改革若干重大问题的决定》明确提出"落实税收法定原则"，这是"税收法定原则"第一次写入党的重要纲领性文件中。党的十八届四中全会通过的《中共中央关于全面推进依法治国若干重大问题的决定》也将"财政税收"作为"加强重点领域立法"的任务。值得一提的是，2015年3月15日，十二届全国人大三次会议通过新修订的《立法法》，将第8条原先规定实行法律保留的"税收基本制度"细化为"税种的设立、税率的确定和税收征收管理等税收基本制度"，且单列为一项，位次居于公民财产权保护相关事项的首位，堪称我国税收法治乃至整个依法治国进程中的里程碑事件。^③落实税收法定原则主要表现为税收立法层面将已有税种相关的暂行条例升格为法律，近期的《烟叶税法》《船舶吨税法》《印花税法》等都体现于此，另外就是对新设税种一律采取立法的方式，如《环境保护税法》的制定通过。再者，在财政支出层面，我国也十分注重预算法治化，2014年《预算法》修订通过，其中第一条关于立法宗旨就突出了新预算法的控权性、全面性、公开性和民主性等特征，明确预算法的立法目的为"规范政府收支行

---

① 张守文:《论税收法定主义》,《法学研究》1996 年第 6 期。
② 陈治:《迈向实质意义的预算法定》,《政法论坛》2014 年第 2 期。
③ 王文婷:《让税收法定原则真正落地》,《学习时报》2016 年 10 月 6 日。

为，强化预算约束，加强对预算的管理和监督"，真正实现预算法的控权功能。此外，还通过完善具体预算制度来确保预算控权作用的有效发挥，主要有确立全口径预算制度，《预算法》第4条规定："政府的全部收入和支出都应当纳入预算"，这样就排除了预算外收入这一历史落后产物，并从横向明确了以一般公共预算、政府性基金预算、国有资本经营预算、社会保险基金预算为内容的四位一体的公共预算体制；推进预算公开的规范化、制度化，新修改的预算法对预决算的公开内容、公开时间和公开主体等做出了比较全面、明确、具体的规定，主要集中在第14、22、89条。

财政收支法定原则不仅反映在对政府统一预算收支法治化的要求，更是对部门预算过程提出的工作指引。在现代公共预算中，官僚部门是预算过程中极其重要的一个预算参与者。① 在预算过程之初，各个部门会根据本部门权责范围编制预算，再由各级政府财政部门负责统一汇编，最后再交由各级人大机关表决通过。政府预算的整个运行过程就是围绕着部门、政府和人大而展开，在理论上归根结底是预算表决机构与预算支出部门间的直接互动关系，政府只是在其中发挥着间接转述的作用。从这一点来看，各地方环保部门作为节能环保支出的预算申请者，必然要受到预算决策机关——人大的立法控制。每一级地方政府所提交的统一预算计划虽然以整体形式接受人大代表审阅，但最终的立法成果和过程监督都会影响到环保部门预算收支规范性的生成上。环保预算收支的立法控制主要表现在人大主导税收立法和预算决策的权力行使过程，政府若要开设新的生态税种或实现税制绿化，必然要以人大的最终同意为行动前提，否则就算政府税制绿化的改革目标何其具有正当性，但也会因缺乏合法性而备受民众诟病，同理，政府作出预算支出安排亦是如此。由人大主导大气环境财政收支的决策过程，一方面，可以在发挥代议制民主的基础上实现大气污染的民主治理、民主参与和民主监督，政府部署的污染治理举措针对每一国民，其实行的税费政策必然对公民合法财产权造成侵犯，通过人大立法的形式来保证政府的财政收入权力行为既在民主

---

① 马骏:《公共预算：比较研究》，中央编译出版社2011年版，第52页。

接受范围之内，也在固定的法律规则之中，从而规避政府独裁专断和不受约束而产生对私人权益的损害，故而人大主导型公共财政是保障纳税人个体权利和公共权利的制度保障，既要以人大立法的方式防范政府随意征税对公民个人的私有财产权造成不当侵害，也要通过人大立法确保公共财政支出用于满足社会公共需求，从而保障公民应当享有的社会公共权益；另一方面，人大主导下的环境财政收支决策过程，也能够为政府及其部门大气污染治理的政策执行提供法治依据，立法的形式价值就是为权力主体和权利主体展开行动提供确定性规则，并有强制性规则来维持规制执行力，从某种意义上来说，法律就是行为规则类型之一，各方共同参与的大气环境治理是一项庞大的系统工程，离不开具体规则的支持，而立法无疑是为各环境主体的行为提供最佳规则的途径，因为人大立法活动就是民意声张的过程，富有民主基础的互动式规则制定比政府部门的单向拟定性规则更具可接受性。

不过，由于我国人大的组织能力尚且薄弱，素有"橡皮图章"之称，人大代表自身的专业能力不济，与民众的联系也不够紧密，预算编制不够精细，留给代表审阅讨论的时间有限，导致人大代表在进行预算审议和表决时更多起到形式民主的作用，很少存在否决政府预算草案的情形，我国人大否决预算案的案例只散见于几个零星地方，如 1995 年饶阳县、2002 年沅陵县、2003 年武汉市都曾发生过政府预算被否决而要求修改后重新审议，但我国最高政府层面尚未有人大否决预算的先例，也可以大胆预见未来也很难发生这类情况。这是因为我国的预算法中并未赋予人大预算否决权，加上每年的全国人大会议会期短，审议事项较多，一方面，作为全国政务开支和公共开支的依据，人大代表一般不会因预算案的细微瑕疵而随意投反对票，并且在经过对各级单位和政府预算编制的严格要求和层层把控下，也能够将较大的预算失误筛查出去；另一方面，更为主要的原因是我国缺乏对全国人大否决国家统一预算这一非常态事件的对策机制，中央在先假定不会发生这类危机，并有强烈的信心和强大的能力作以保证，事实证明也确实如中央政府所愿。然而，"千里之堤溃于蚁穴"，权力围网一旦存有漏洞就会日复一日地扩张，终有一天会发生不可预估的灾害。赋予人大预算否决权在大部分时候并不是从控制政府权力的目标出发，而是通过此种途径来构建人大、发展人大和完善人大，进而平衡人大与政府之间不相对等的关系。当然，人大否决政府预算必须有理有据，特别对于中央政府的预算案，若无重大违宪违法和明显损害国家、集体和公民利益的情况，一般不宜动议否决权，可通过人大的直接修正或要求预算编制单位自行修改的方式确保预算理性。

值得提及的是，人大主导预算应是全过程的，在预算决策阶段的审议通过权、修正权、否决权，在预算执行、绩效评估阶段的监督权等。在预算民主国家，突出并建设各级人大及其组成人员的预算权力和能力尤为重要，拥有一个权能强大的人大组织才能够形成对政府权力必要且正当的制约。虽然环保部门更为了解大气环境治理的应支出规模和结构，但其作为部门预算编制的权力所有者，亦不免存在为本部门利益而肆意夸大支出，同时在"一级政府，一级预算"的编制模式下，以及环保部门与当地政府的地缘依存和政治附属关系，使得环保部门的预算收支也要受到本地政府的安排，甚至会出现地方政府挪用环保支出以作他用，部门预算支出规模的大小很多时候并非取决于该部门负责的公共治理的总成本合算，更多出于该部门在政府机构中的重要性排序，而环保部门恰恰是较受冷落的政府部门。建构人大立法主导的预算控制模式，可以通过预算法治的实体标准和程序控制来破除预算政治安排的随意性和人为倾向性。长期以来我国地方政府的预算支出大多优先分配用于国家机关公务支出和集中于城市基础设施建设，"吃饭财政""建设财政"等现象尤为突出，关系到社会公共利益的环保、教育、医疗、卫生等公共服务领域的财政支出比较有限，公共财政的民生导向体现不足，这与我国地方政府间的竞争锦标赛体制有关，在地方领导的个体趋利心态下难免会导致财政支出随地方竞争的决定要素——经济建设转移，同时，各政府部门在进行预算编制时也会考虑本部门内部利益的优先保障。在地方政府间竞争、上级和中央政府政绩考核以及现实社会的主要矛盾都指向经济建设的发展时期下，尽管环境危机日益逼近，全社会也形成了较为深刻与普遍的认知和共识，但不得不承认我国现有的环境保护政策更多是中央决策层的政治觉醒和安排，地方政府对于环境保护的重视程度取决于整个政治任务环境，由此导致环保预算规模的扩张更多听凭中央政府的意志,地方对于提高环保预算支出缺乏积极性,特别在地方财权有限、财力不济的情况下,地方政府更不愿大幅度调整本级预算的支出结构,一旦地方政府投入到环保领域的财政资金数额显著提高,其就必然要节减其他部门支出或通过各种增收手段来填补新增的部分,而这两种途径无疑要经受部门利益集团和权利享有者的抵制,最终地方政府唯有靠向上级或中央政府寻求财政转移的方式获得财力补充。故而,通过人大立法的形式可以将党政机关的政治意志转化为法律意志,看似简单的规则转化过程,却因民主要素的嵌入而合乎正当性,也因权力机关与公民社会的互动共治而趋向科学性。在人大代表的民意转述作用下,可以将社会对增加环保支出进而有效改善生态环境的强烈意愿变为现实,以此实现由从上至下的预算政治安排到从下至上的预算民主反馈的模式转换。

(二)环保预算过程的刚性约束

根据整个公共预算的流程进度,环保预算的全过程主要包含预算编制、预算决策、预算执行、绩效评价和预算监督等几个阶段,前面对人大主导预算决策过程已做了较为翔实的阐述,且绩效评价和预算监督也将在后文一一展述,故在此不再赘述和先论,基于此,本部分主要从行政权力机关一方,具体论述环保方面的预算编制和预算执行过程中的法律刚性约束问题,预算法作为控权法,其立法意图的实现依赖于政府预算权力的法治化和刚性约束力。一方面,环保部门编制预算必须遵守相应的技术守则和程序规定,环保部门预算编制的明确性和规范性是预算后续进程的最基本要求,只有依照预算法律法规准确规范地编制部门预算,人大代表才能够在预算决策过程中充分理解和正常审议预算案,进而真正发挥人大监督预算的作用,也方便环保部门在预算执行阶段更好地依照预算内容合法开支;另一方面,环保部门在具体的预算执行阶段,更要以预算法律法规规定的实体性和程序性规则行使权力,确保公共财政资金真正用于解决大气污染等环境问题。塑造公共预算的刚性约束力,既要在预算编制阶段做到科学细致且合法有据,实现对政府预算权的第一层约束,继而保证预算案的科学性、正确性和可执行性,也要在预算执行阶段做到合法合理行使行政权力,真正达到对政府部门财政收支权力的合法性控制。

1. 环保预算编制阶段

2006 年，财政部制定《政府收支分类改革方案》及《2007 年政府收支分类科目》，将环境保护作为类级科目纳入政府预算收支分类科目当中（"211 环境保护"，《2011 年政府收支分类科目》中改为"211 节能环保"），使环境保护在财政支出中第一次有了户头。① "211 节能环保"支出科目体系的建立，是预算理念与环境保护领域的融合，体现了国家对环保投入的重视和规范环保资金使用的要求。它把各个部门分别管理、散落在不同科目，以不同形式存在的环境财政支出资金，如"基本建设支出""科技三项费用""工业交通事业费""行政管理费""排污费支出"等，统一纳入环保科目，并细化了预算科目，较为全面、系统地反映了政府各项环境保护支出。通过梳理最新的《2017 年政府收支分类科目》，一般公共预算收支科目中"211 节能环保"支出主要包括环境保护管理事务支出、环境监测与监察支出、污染防治支出、自然生态保护支出、污染减排支出、可再生能源支出等，另外在政府性基金预算收支科目中也有可再生能源电价附加收入安排的支出和废弃电器电子产品处理基金支出两项。"211 节能环保"与起初的"211 环境保护"支出类型相比，它将节能支出与环保支出结合起来，更好地贴合了环境全过程综合治理的现实需要。

从"211 节能环保"支出科目设置来看，既反映了我国在预算支出结构的环保面向，为环境治理和节能保护提供了较为详细的预算保障计划，但其科目设置也存在着诸多的问题，节能环保公共支出体系还存在许多不完善之处。一是科目设置不够详尽。现有列举的有关节能环保方面的一般公共预算支出项目一共 15 款 62 项，政府性基金预算支出项目一共 2 款 8 项，但并未囊括环保支出的全部项目。例如对于提升环保技术方面的科研投入，并不包含在内，而是被整体视作科学技术支出类别来进行预算。但是环保技术在环境治理中的地位愈来愈重要，如果将环保技术投入整体放入科学技术支出，

---

① 禄元堂：《中央财政环境保护预算支出政策优化研究》，财政部财政科学研究所博士学位论文，2011 年。

则支出类别会更抽象化，而且将重点放在技术而非环保上也会导致该项支出规模的缩减，因为在市场发展需求下会倾向投资生产技术而非环保技术。二是某些科目设置不合理。通过表格可以看出，"环境监测与监察"中仅有建设项目环评审查与监督、核与辐射安全监督以及其他环境监测与监察支出三项支出内容，环境监测与信息和环境执法监察被纳入"污染减排"款中。一方面，环境监测与监察的支出绝非简单的三个项目，重污染天气加大环境督查的支出、生态环境监测网络和环境监察机构的设立与运行支出等也应包括在内；另一方面，将环境监测信息与环境执法监察纳入污染减排合理性不足，环境监测与监察并非短期内的污染减排举措，它更应是国家保护环境的一项长期活动，其支出具有长远意义。三是科目设置存在交叉重复问题。"污染防治"与"污染减排"两项实际上存在交叉，"防治"二字一在"预防"二在"治理"，其本身就包含了减少污染物排放量的要求，一些针对减排的预算支出其目的就在于防治环境污染的发生，并且其中涵盖的专门促成减排目标实现的节能支出款完全可以归并为统一的"节能支出"项，因而这两项支出内容应当合并，其中关于节能减排方面的可以纳入有关节能支出的项目中。

"211节能环保"预算支出科目实施以后，环境保护在政府预算支出科目中有了自己的账户，但是若无资金保障机制跟进其"增流"作用不突出，一些地方"211节能环保"预算支出科目还处于"有渠无水"的状况，突出表现在排污费之外的财政预算经费增速比同期其他行业增速偏低，不少支出执行不到位，仍然处于空白状态。[①]另外，环保支出的经费来源主要依靠征收排污费，并且相当一部分的支出被用于环保机构的运转经费，"吃饭财政"的现象仍现实存在。造成这种局面的原因在于地方财权有限、财力汲取能力较弱，一般性的地方税收、收费、政府性基金等各项收入难以支撑庞杂且日益扩围的公共支出需求，为保证地方在环境保护上有充沛的财政资金，中央主要有两大思路，一是划定专款专用于环境治理的地方财政资金范围，明确

---

① 吴舜泽等：《"211环境保护"科目建立和实施并未有效扭转环保机构经费"有渠无水"的状态》，《重要环境信息参考》2009年第7期。

排污费收入必须全部专项用于环境污染防治；二是主动加大对地方的环保专项转移支付力度，以弥补地方财力不足的体制性短缺。总而言之，中央就是通过环保资金的专项化来达到财力有效供给的，但这往往只能从支出层面的专项化来实现，收入方面的专项化和固定化并不唯多且难以实现，因为一旦从收入层面就将资金用途限定在固定领域内，其他公共领域所能得到的财政规模必将减少，政府也无法灵活调动资金给予资金稀缺的公共部门用来支配。故而可以看到目前只有排污费、政府性基金以及一些服务收费等政府收入会采用专收专用，已通过并即将实施的《环境保护税法》取代排污费的一个合理依据就是解除了专款专用的制度僵化，基于税收的无偿性，征收上来的环保税款足额入库，构成一般公共预算收入的组成部分，再经过政府合理的预算支出安排，可根据环境治理的成本需求度统一划定环保支出规模，不再受到排污费专款专用引起的收入规模限制。

2. 环保预算执行阶段

"预算执行是预算法的中心和归宿"[①]，是整个公共预算过程中最为关键的阶段，也是最容易发生权力滥用的阶段。要想让国家和各级地方政府投入的环境财政资金真正发挥应有的治理效果，就要严格规范环保部门的预算执行行为，严格控制环保预算的随意变动以及完善落实预算责任机制。部门预算作为公共预算体系中一级政府预算的基干，其权力与责任的规范和明确是作为政府统一预算执行的具体要求，环保部门是环保预算的执行机关，对其预算执行过程中权责义务的要求，是防范环保部门滥用职权违法开支的基本途径。

首先，强化预算的法律效力，严格规范环保部门遵照预算文本进行开支的权力。学界关于预算的法律性质一直存有争议，主要有预算法律说、预算行政说和预算折中说，预算法律说主张预算经由代议机构依法审议通过，即具备法律的一般特征和国家强制力。预算行政说认为预算不同于法律，在日本它被认为是一种"行政机关所做出的训令"或"议会对政府表示赞同的意

---

① 熊伟：《预算执行制度改革与中国预算法的完善》，《法学评论》2001 年第 4 期。

思表示"，不过该学说也正随着理论研究的发展而趋向瓦解，"预算是规范政府财政收支行为的法律规范"在日本学界正逐步得以接受。此外，我国有学者主张预算法律性质折中说，认为预算"一部分是法律，一部分是行政行为"。① 总而言之，学界关于预算法律性质的定性较为一致的地方在于普遍认同预算具有特殊法律性，有学者以"措施性法律"称之。我们认为，理论实质上预算效力是由代议机关民主表决所赋予的，在此之前，政府部门编制的预算草案只不过是"一本记录政府开支计划的记账本"而已，真正给予预算以生命力的是代议制民主的作用，这使得预算就不仅仅限于纸面上的记录意义，更突出的价值在于其控权功能。当然，预算案毕竟与一般法律有所不同，它具有一定年度期限内的适用性，而法律在生效期内具有长期适用性，况且预算案会根据现实变化经常调整变动，法律则忌讳反复修改，相对的确定性和固定化是对立法工作提出的最为基本要求，从而决定了预算的法律性具有不同于法律规范的特殊之处，这也构成了政府预算的二重奏——法律层面的"规范性"和行政层面的"有效性"。② 按照通常理解，预算是政府部门为实现有效社会治理而编写的资金分配和支出计划，属于行政行为的一部分，但究其本质来看，预算更应是明晰政府权力进而保障公民权利的民主法治路径，特别对于我国这样一个行政主导型国家，强化预算的法律效力，突出预算的规范性，具有切实必要的现实性。言述于此，依照《预算法》第53条第2款的规定："各部门、各单位是本部门、本单位的预算执行主体，负责本部门、本单位的预算执行，并对执行结果负责。"在环保部门行使预算执行权的过程中，要树立预算法治思维，严格按照预算执行，不得虚假列支，同时财政部门作为财政预算的管理机关，也必须依照法律、行政法规和国务院财政部门的规定，及时、足额地拨付预算支出资金，不得无故截留或缩减应当拨付的财政资金。

其次，预算的规范性不能成为制约公共有效治理的绊脚石，政府预算毕

---

① 朱孔武：《财政立宪主义研究》，法律出版社 2006 年版，第 132 页。

② 黎江虹：《规范性和有效性：政府预算中的二重奏》，《武汉大学学报（哲学社会科学版）》2015 年第 3 期。

竟是对未来国家治理支出的计划安排，不可能全然符合社会发展所需，预算的规范控权和刚性约束要以不影响预算执行的有效性为边界，该原则切实反映在预算调整制度上。由于经济形势改变、持续不断的政治斗争、领导层的变动以及公众关注问题的焦点转移等原因，执行中的预算案与通过时的预算案不可能完全一致，有必要根据现实情形的变化对预算案作出相应的变通和改变。① 然而，一旦授予预算执行部门适时调整预算案的自由裁量权，预算执行部门的行政长官就有可能利用这种自由裁量权去违反公共意志和立法者的初衷，因而有必要对预算执行部门的预算调整行为施以严格的法律规制，同时也要考虑到预算的规范性对有效性的反向制约效应，以实现预算调整制度的规范化为路径，不能过于偏向预算规范的控权意义而发生预算执行僵局。总言之，预算执行的有效性聚焦于预算松紧度的拿捏，而预算松紧的界定主要在于对预算弹性空间的规制上，就是说界定其边界的关键在于对预算调整的合理界定上。② 为确保环保部门的预算执行达到应有的大气环境治理效果，就有必要依法规制环保部门的预算调整行为。2014 年我国《预算法》修订过程中专设预算调整一章，明确了应当进行预算调整的四项条件（需要增加或减少预算总支出的；需要调入预算稳定调节基金的；需要增减预算安排的重点支出数额的；需要增加举借债务数额的），同时对预算调整方案的编制、审批、执行和公开都作了较为详细的规定，然而我国对预算调整制度的立法规范仍有较大提升空间，一个主要的不足之处就体现在《预算法》对压力型预算调整的忽视。所谓压力型预算调整是指受上级政府政策或指令的影响引发的下级政府的预算调整行为。③ 联系前述的纵向大气污染治理的压力型体制，尤须关注可能由于上级和中央政府的政治任务压力而导致环保预算的非常规调整，这既包括基于大气环境治理任务的政治压力导致的其他部门预算支出调整，也包括基于其他领域的政治任务压力（如大型活动、工程

---

① 〔美〕爱伦·鲁宾：《公共预算中的政治：收入与支出，借贷与平衡》，叶娟丽、马骏等译，中国人民大学出版社 2001 年版，第 250 页。

② 黄家强：《从规范到有效：预算调整的合理界定——兼评新〈预算法〉的突破和不足》，《中南财经政法大学研究生学报》2015 年第 1 期。

③ 张亲培、素坤：《中国压力型预算调整研究》，《学术界》2010 年第 5 期。

的建设任务，教育、医疗、卫生领域的民生任务等）导致的环保部门预算支出调整，还包括基于其他环境污染类型治理的紧迫任务导致的大气环保预算支出调整。针对于此，在压力型预算调整情形下，上级和中央施加给地方以任务压力就应当考虑通过转移支付的手段来平衡可能造成的地方预算波动，这也回应了《预算法》第 57 条的规定，"在预算执行中，地方各级政府因上级政府增加不需要本级政府提供配套资金的专项转移支付而引起的预算支出变化，不属于预算调整"，然而上级和中央政府应就向下转移支付导致本级政府预算支出变化这一情形按照预算调整处置，从而对预算单位的支出调整加以法律规制，同时对接受转移支付资金的下级预算单位的执行行为强化财政监督。

最后，决定部门预算执行过程中预算约束力的刚性力度并非条文所列举的实体与程序要义，而是相应法律规范对预算主体违法行为的责任条款。一般预算行为的法定性和预算违法行为的归责性构成了法律规范预算行为的正反面，只有通过责任法定的方式才能真正贯彻落实预算法定。鉴于此，我国现行《预算法》专设法律责任一章，强化了对预算违法行为进行责任追究的力度，主要责任类型包括行政责任和刑事责任，具体的责任承担方式有行政责任上对于相关责任官员的警告、通报批评、降级、撤职、开除以及要求责任单位责令改正、追回违规资金以及没收违法所得等，相比之前有了较大的进步，但同时也存在列举的违法行为类型不全面、责任形式不完备以及责任追究机制不健全等问题，①其主要涉及的是预算编制、执行中的违法行为，并没有涉及预算审批、监督中的违法行为；不仅责任形式极为有限，而且处罚力度仍旧不够；更为重要的是，预算法律责任追究依然依赖财政部门的预算监督，是一种行政内部监督，缺乏公民监督和司法救济的机制。我国预算法律责任制度存在的诸多问题，使得环保部门的领导官员违法截留、私设"小金库"、贪污腐败问题较为严重，难以控制，这一点可从近年来中央环保巡视检查披露出来的大量违规使用环保资金的案例来发现。因此，加大对预算

---

① 龚雪：《论新预算法法律责任的缺陷与完善》，《特区经济》2016 年第 1 期。

违法行为的责任追究力度，确保环保财政资金的合法使用，已然成为环境治理当中的紧要议题。为此，需要从责任力度加深、责任形式拓展和责任追究机制完善三个方面来展开，一是责任力度的加深，加大现有预算法规定的行政责任和刑事责任追究力度，特别对于行政责任方面，除行政处分和行政处罚外，还应包括行政追偿责任，例如在预算的编制和执行过程中，对有过错或重大过失并造成国家利益重大损害的公务员给予经济责任上的追究；[①]二是责任形式的拓展，创设预算违法行为的宪政责任和经济责任等类型，对于违反人大审批、修正和否决等宪法程序的预算支出安排应当启动违宪审查机制，追究相关主体的违宪责任，另外，经济责任方面可以确立针对预算违法行为的惩罚性赔偿机制，从而提高违法的经济成本，挫伤单位组织和行政官员违法支出的行动意愿；三是责任追究机制的完善，主要围绕预算违法行为的可诉性而展开，预算行为之目的是保障能提供使社会公众满意的公共产品与服务，一般情况下与国家行为无涉，更不会引起政治纷争，从而具备司法审查的可能性和必要性，所以自然不能游离于可诉性范围之外，[②]预算可诉性理念的确立直接导致预算公益诉讼机制的构建，在具体制度建设上可以借鉴环境公益诉讼的有关做法，将诉讼主体赋予给检察机关和纳税人团体组织，基于诉讼成本和效率的考量，现阶段下不宜赋予公民个人提起预算公益诉讼的权利，通过民意代表机构或组织的第三方力量间接实现司法问责预算违法行为的目标。

（三）环保预算结果的绩效评价

预算治理现代化的全景画卷，呈现的是一幅囊括预算善治、预算共治与预算法治的三维图像。[③]公共预算的基本特质为公共性，它既要求政府的预算权力行为具有合法正当性，更以实现预算支出指向的公共事务善治为目标价值。从功利主义上来说，预算治理的最终归宿是实现预算善治的理想状态，就是"使公共利益最大化的社会管理过程"。预算善治作为一项远期目

---

① 蒋悟真、王莎莎：《预算违法行为的法律责任探讨》，《江西财经大学学报》2009年第1期。

② 蒋悟真、胡明：《预算法的可诉性理念及其司法机制构建》，《当代法学》2012年第5期。

③ 胡明：《预算治理现代化转型的困境及其破解之道》，《法商研究》2016年第6期。

标，自然要有相应的绩效评价机制对阶段性预算治理效果进行评估，而不能自认为建立起科学系统的预算规则就能当然地达到公共事务的有效治理，实际上预算规则的严格遵守只是实现预算治理的前提要件，预算善治的最终形成和长久维持更多依赖于治理经验的反思与总结。正如印度著名学者阿玛蒂亚·森所言："我们绝不能将公正问题简单交给某些我们认为无比正确的社会制度或正义，然后就置之不理，也不采取进一步的社会评价。在追求公正的过程中，探究事物的实际运作以及是否获得进一步的改进是一项持久且无法回避的内容。"① 因此，预算执行并不只看部门是否恪守预算法律规范，也要看其预算执行结果是否达到最优状态，针对于此，绩效预算作为一种新的预算模式正在世界范围内普遍推行开来。

绩效预算模式肇始于 20 世纪初的美国，后在 20 世纪七八十年代逐步在世界范围内推广开来，它以结果为导向、以绩效评价为关键、以分权为激励、以监督和责任为约束，② 其中最为突出的特征便是治理结果导向和绩效评价机制。一是在治理结果导向上，绩效预算既要求政府的预算报告详细地表明支出规模、支出去向和支出结果，更要求有关政府部门的预算执行取得预期的社会效果；二是在绩效评价机制上，为科学评判政府部门的预算执行所达到的社会效果如何，需要建立起基于公共治理效果信息反馈、收集、分析和报告的绩效评价机制。近年来，我国十分重视绩效预算模式的构建，党的十六届三中全会提出"建立预算绩效评价体系"，党的十七届二中、五中全会分别提出"推行政府绩效管理和行政问责制度"，"完善政府绩效评估制度"。2009 年 6 月财政部发布《财政支出绩效评价管理暂行办法》，确立财政支出绩效评价应当遵循的基本原则和主要依据，对评价对象和内容、绩效目标、评价指标、评价标准和方法、组织管理和工作程序、绩效报告和绩效评价报告、绩效评价结果及其应用等内容做出了系统规定，时隔两年后财政部又对该文件做了后续修订。2011 年财政部印发《关于推进预算绩效管理的指导意见》，对于在全国范围内推进预算绩效管理的指导思想、基本原则、

---

① 〔印〕阿玛蒂亚·森：《正义的理念》，王磊、李航译，中国人民大学出版社 2013 年版，第 77 页。
② 孟庆瑜：《绩效预算法律问题研究》，《现代法学》2013 年第 1 期。

主要内容和工作要求进一步提出指导性意见。在法律层面确立起绩效预算机制的标志性事件还是 2014 年《预算法》的修订，其中第 12 条就将"讲求绩效"与"统筹兼顾、勤俭节约、量力而行和收支平衡"一起作为政府预算的五项基本原则，并且对预算编制、预算审批、预算执行和决算阶段都提出了绩效评价的要求。在部门预算方面，为了统一规范中央部门预算支出绩效评价工作，财政部预算司于 2005 年发布《中央部门预算支出绩效考评管理办法（试行）》。相应地，其他司局先后出台和修订了分行业、分部门的财政绩效评价管理办法，[①] 具体到中央环保部门，2016 年 2 月环保部办公厅印发《环境保护部部门预算绩效管理暂行办法》，对环保预算绩效的组织管理、目标管理、运行监控、评价机制、评价结果的反馈和应用等都作出了规定，在组织管理方面，根据需要可将绩效指标审核和绩效评价工作委托给第三方实施，在绩效目标管理方面，包括绩效目标的分类、内容和审核要求，在绩效运行监控方面，包括项目绩效定期报告制度、绩效运行监控机制等，在绩效评价方面，包含绩效评价的定义、依据、内容、实体和程序规定等，在绩效评价结果的反馈与应用方面，涉及绩效评价结果对以后年度预算编制和管理的应用与参考价值，及对其公开义务。

　　一般而言，根据资金使用主体和去向的不同，环保支出大致可分为部门支出和项目支出两种类型。围绕着环保支出的两个方面，应当划定不同的绩效评价标准，依照国际范围内的主流观点，前者应着重从财政纪律、分配效率、成本效益等三个方面对绩效进行评价，后者应从环境效果、财务稳健性和管理效率三方面进行绩效评价。[②] 一方面，环保预算支出的绩效评价要有科学的指标体系作为衡量标准，如经济性指标、合规性指标、资金配置效率指标和资金使用效率指标。在经济性指标方面，要考量环保预算支出是否达到成本收益的最大公约数；在合规性指标方面，要看环保预算权力行使的

---

①　如《中央级教科文部门绩效考评管理办法》《中央级行政经费项目支出绩效考评管理办法（试行）》《中央级农口部门项目支出绩效考评实施办法（试行）》《中央经济建设部门部门预算绩效考评办法（试行）》《中央经济建设部门项目绩效考评管理办法》等。

②　房巧玲、刘长翠、肖振东：《环境保护支出绩效评价指标体系构建研究》，《审计研究》2010年第 3 期。

全过程是否符合预算法律规范要求；在资金配置效率指标上，要检验环保部门对专项财政资金在不同环保项目之间进行合理配置职责的履行情况；在资金使用效率指标上，要关注环保部门基本经费的产出和影响效率。另一方面，环保预算支出的绩效评价除了来自预算治理信息的科学收集、反馈和整理，更来自于社会民众对于环境治理的直接观感，近年来虽然我国政府机关发布的环境监测数据显示全国的大气环境质量正渐趋好转，但现实中"国家标准"总是与"民众感受"相差甚远。正因此，环保部提出要将"大气环保考核和民众感觉直接挂钩"，"标准不是为政绩服务的，也不是为形象服务的，更不是为政府部门和商家利益服务的。只有为民众利益服务的标准才堪称真正的标准，标准也只有为民众利益服务了，标准之下的监测结果才可能真正贴近百姓的切身感受"。[①] 温家宝同志在会见参加 2011 年中国环境与发展国际合作委员会年会的外方委员和代表时，就曾指出"要使监测结果与人民群众对青山绿水蓝天白云的切实感受更加接近"，甚至在 2011 年全国"两会"上，有政协委员专门提交了《关于建立真实反映民众感受的统计指标体系的提案》，建议改革现有统计制度，建立真实反映民众感受的统计指标体系。这就要求国家在进行环保预算支出绩效评价的过程中，要突出强调预算资金使用结果产出的社会影响，与大气环境质量的民众普遍性感受相结合，让环保预算支出的公共治理效果接受社会监督。当然，强调广大民众对于大气环境状况的集中感受并非将环保预算的绩效评价定位为人为感性层次，而是在预算管理绩效评价的指标体系和大气环境质量监测的标准确定上加入民主元素，意味着政府在考量评价环境财政投入所对应实现的大气环境治理效益时，应当积极听取民众的意见，要想评价某一地方大气环境质量的好坏最为直接的方式就是去询问当地的居民，他们才是最不会说谎的人，因为人人都是生态环境的直接利益者。

（四）环保预算流程的民主参与

预算民主原则是公共预算的核心原则，它要求一国的预算全过程都要遵

---

① 陈方：《为何"国家标准"总与"民众感受"不一致》，央视网，http://opinion.news.cntv.cn/20111117/102503.shtml.

从人民的意愿并依据民主程序进行，且接受人民及其代议机构的民主监督。[1]
民主决策、民主监督和民主参与是预算民主原则的应有内涵和基本维度，具体表现如下：其一，在民主决策方面，代议机关作为民意代表依法行使预算审批权，只有经过国民议会审议表决通过的预算计划施生效力，在我国各级人大组织是政府预算的审批机关，其组成人员——人大代表是由民众直接或间接选举出来，代表广大人民依法行使表决权的各领域人士，体现的是一种预算的间接民主。其二，在民主监督方面，推进政府预算公开是实现民主监督的必要途径，它在保障公民知情权、建立责任政府、遏制财政腐败等方面具有重要价值，[2]我国 2014 年《预算法》修订，对预算公开的程序事项作了比较细致的规定，建立起硬性约束的政府预算公开制度，2016 年中共中央办公厅、国务院办公厅印发《关于进一步推进预算公开工作的意见》，对预算公开的范围、内容、方式等都提出了进一步完善的意见，预算公开制度的建立和完善是提升财政透明度、加强预算民主监督和构建权责公开的现代政府组织的必由之路。其三，在民主参与方面，自 1989 年世界上第一个参与式预算在巴西诞生以来，参与式预算已在包括中国在内的发展中国家和经济转轨国家得以普遍采用。与传统的、政府单方面主导的预算决策制定程序不同，参与式预算要求政府、公民、非政府组织和公民社会组织共同参与预算过程，并且允许公民在决定资源"如何使用"和"用于何处"方面扮演一个直接决策者的角色。[3]参与式预算体现了直接民主的长处，它使得预算治理不再是国家机关单方主导的产物，而更多是一种政府与公民社会互动治理的民主模式，有利于实现政府预算的民主性、法治性、科学性和公共性。总之，人大立法监督的民主决策、政府预算公开的民主监督和参与式预算的民主参与，已然形成推动我国预算民主的三条主要进路，[4]而预算民主化的建设和形成又直接影响到政府预算治理的权力是否明确、行为是否规范、结果是

---

① 华国庆：《预算民主原则与我国预算法完善》，《江西财经大学学报》2011 年第 4 期。
② 胡锦光、张献勇：《预算公开的价值与进路》，《南开学报（哲学社会科学版）》2011 年第 2 期。
③ 王雍君：《参与式预算：逻辑基础与前景展望》，《经济社会体制比较》2010 年第 3 期。
④ 蒋悟真：《推动预算民主的三条进路》，《法学》2011 年第 11 期。

否有效。因此，只有通过环保预算民主监督机制的构建，才能在政府主导大气环境治理的过程中真正以维护广大人民的切身利益为出发点和追求目标，避免发生侵害公民基本权利的权力违法行为，同时，也只有让公众参与到政府预算的公共治理过程中来，才能保证政府及时有效地听取社会意见，出台科学有效的应对措施。

二、税制改革与激励型大气环境治理

（一）环保税立法的直接规制

2016 年 12 月 25 日，第十二届全国人民代表大会常务委员会第二十五次会议以 145 票赞成、1 票反对、4 票弃权，表决通过《中华人民共和国环境保护税法》，规定于 2018 年 1 月 1 日起施行。这是党的十八届三中全会提出落实"税收法定"原则要求，《立法法》对"税收法定"作出明确规定之后，提请全国人大常委会审议并通过的首部单行税法，也是我国第一部专门体现"绿色税制"、推进生态文明建设的单行税法。[①] 由此，随着 2016 年营业税改增值税的全面实施，营业税退出历史舞台，环境税正式入列成为我国第 18 个税种。

为响应新一轮税制改革的减税降负要求，环境税立法的一个基本原则就是要体现排污费制度向环保税制度的平稳转移。2016 年公布的《关于〈环境保护税法（草案）〉的说明》（以下简称《说明》）中，明确要按照"税负平移"的原则进行环境保护费改税，根据现行排污费项目设置税目，将排污费的缴纳人作为环境保护税的纳税人，将应税污染物排放量作为计税依据，将现行排污费收费标准作为环境保护税的税额下限。从积极意义上说，税负平移的基本要求，既贴合了我国当前减税降负的政策环境，更减轻了增税面临的政治对抗和社会压力，使得环境税立法能够赢得最大范围内的民主同意，从而在立法程序上顺利得以通过，尽早实现法律的社会效应。从消极层面而

---

① 秦长城:《环境税:"绿色税制"一大步》,《新理财》2017 年第 Z1 期。

言，由于只是将原来的排污费进行平移，升级成环境税，决策层坚守不增加企业税负的政策基调还是让环境税法偏向柔和，总的来看，环境税处于"不能增加税负"的立法基调和"促进环境保护"的立法目标之间的矛盾纠葛之中。如果就税负平移用来排除环境税立法确立过程中可能遭遇的改革阻挠这一层面，其无疑具有实现环境保护由"收费"向"征税"的时代转换意义，但也正是因为税负平移，导致企业的环境税负成本相较过去并未显著提高。相较排污费时代，环境税加诸企业身上的环境成本波动不大，这就很难激励企业自觉更换生产设备、加大环保技术投入或采取其他环保行动，想尽一切办法来减少企业因环境污染造成的税收成本，从而尽可能多地增加企业盈利收入。因此，若不在企业成本上凸显环境税的地位，企业就不会因环境税制度的确立而感到强烈的税痛感，因为无论是排污费也好还是环境税也罢，只要企业的环境成本没有显著增加，就很难引起经营者的重视，一旦经营者不在经济上重视环境问题，我们就很难让排污企业自觉遵守环境保护责任，因为除了从法律和经济上可以控制与激励企业生产经营行为对环境产生的影响，我们无法建立起环境保护的道德高地，强迫每个人的内心都认同环境的重要性，从而外化为有利于环境利益的素质行动。

税负平移原则使得我国的环境税立法在技术层面上具有明显的"费改税"特色，主要表现在以下几个方面：

（1）纳税主体方面。环境税法将纳税主体定为在我国领土范围内直接向环境排放应税污染物的企业事业单位和其他生产经营者，基本上延续了排污费缴纳主体的范围，只是将《排污费征收使用管理条例》中的主体规定（单位和个体工商户）与现实的法人分类相衔接，将"单位"这一模糊概念进行了明确，实施排污行为的企业和事业单位才是纳税主体，这样就排除了国家机关单位的纳税义务，因为如果将国家机关也纳入环境税的主体范畴，必然是从国库中支付出去再收回来，难免是一种毫无意义的举动。

（2）税目设计方面。依照环境税法的规定，环境税目包含大气污染物、水污染物、固体废物和噪声四个类别，这与排污费的征收对象是一致的。其中，在环境税立法过程中曾经存在一个很大争议，那就是对于二氧化碳如何进行征税,一种观点认为应将二氧化碳纳入环境税的税目当中,另一种观点主张另外确立专门的碳税税种,制定相应的碳税法,这两方观点争执激烈,一直难以平息,因而在《说明》当中采取搁置争议的处置办法,暂不将二氧化碳纳入征收范围。虽然二氧化碳作为温室气体危害的主要来源未能被纳入环境税,但并不意味着政府对此问题的漠视不见。一方面,我国积极推动碳排放权交易市场建设。2011 年 10 月,国家发改委下发《关于开展碳排放权交易试点工作的通知》,正式批准北京、上海、天津、湖北、广东、深圳、重庆 7 省市开展碳排放权交易试点工作。2014 年,国家发改委制定发布《碳排放权交易管理暂行办法》,目前《碳排放权交易管理条例》也正在积极推进当中。2016 年 1 月,国家发改委又发布《关于切实做好全国碳排放权交易市场启动重点工作的通知》,要求结合经济体制改革和生态文明体制改革总体要求,以控制温室气体排放、实现低碳发展为导向,充分发挥市场机制在温室气体排放资源配置中的决定性作用,国家、地方、企业上下联动、协同推进全国碳排放权交易市场建设,确保 2017 年启动全国碳排放权交易,实施碳排放权交易制度。另一方面,碳税立法也已进入研究阶段。国家计划自 2017 年至 2020 年通过碳排放权交易来完成碳市场启动的第一阶段,第二阶段的启动标志就是碳税的开征,据发改委气候司副司长蒋兆理透露,国家正在启动 2020 年开征碳税的研究。

(3)计税依据方面。环境税沿用了排污费的计算依据和方法,即以污染物的排放量为依据,在应税排放量计算上大气和水污染物都是按照污染物排放量折合的污染当量数确定,固体废物按照排放量,噪声按照超过国家规定标准的分贝数确定,并且在计税方法上大气污染物、水污染物和固体废物都是以污染当数或排放量乘以具体适用税额来进行计算的,噪声按照超出国家规定标准的分贝数对应的具体适用税额计税的。

(4)税额标准方面。鉴于根据 2014 年 9 月发改委、财政部和环保部共同出台的《关于调整排污费征收标准等有关问题的通知》中要求,全国 31 个省、自治区、直辖市已于 2015 年 6 月底前,将大气和水污染物的排污费标准分别调整至不低于每污染当量 1.2 元和 1.4 元,即在 2003 年基础上上调1倍，其中有7个省、直辖市调整后的收费标准高于通知规定的最低标准。因而环境税基本沿用了现行的排污费税额标准，此外，考虑到各地情况差异较大，环境税法第6条规定，允许地方政府（省、自治区、直辖市）根据本地区环境承载能力、污染物排放现状和经济社会生态发展目标要求，在《环境保护税税目税额表》规定的税额幅度内确定和调整大气污染物和水污染物的具体适用税额，报同级人大常委会决定，并报全国人大常委会和国务院备案。由此可见，目前我国环保税对于主要污染物的适用税额并非全国统一的，而是国家划定一个浮动标准，地方可根据各地实际情况进行确定和调整，故而税额标准的最终确定权还是在于地方层面。这种依各地实际情况来确定税额标准的做法，未能实现环境税整体调节资源配置的平衡效应，反而因为各地的环境税标准落差有别，可能造成污染型企业的跨地区转移，从而造成环境污染问题的转移，在大气和水污染的跨域影响力下，终而使得全国性的环境污染仍旧积重难返。

1. 制度缺陷：环境费改税的现实起因

在两项事物间作出唯一性选择，一般建立于通过选择作出改变的现实迫切性，以及对二者的比较优势评价的基础之上。之所以要推进环境费改税，一方面与排污费制度的弊端不无关系，另一方面也与环境税相较排污费的比较优势相关。环境费改税的路径展开源自于我国一直以来的排污收费制度暴露出来的问题弊端，自1979年颁布的《中华人民共和国环境保护法（试行）》确立排污费制度，2003年国务院公布《排污费征收使用管理条例》以来，应当肯定的是，排污费制度对于防治环境污染确实发挥了重要作用。据统计，2003年至2015年，全国累计征收排污费2115.99亿元，缴纳排污费的企事业单位和个体工商户累计500多万户。2015年征收排污费173亿元，缴费户数28万户。但与税收制度相比，排污费制度存在征收标准偏低、地方政府和部门干预导致执法刚性不足、环保部门经费依赖性较大等问题。

排污费的征收标准明显低于污染治理成本。尽管2014年国家将污水和废气污染物的排污费征收标准提高至原有2003年标准的一倍，并对污水中的化学需氧量、氨氮和5项主要重金属污染物（铅、汞、铬、镉、类金属砷）以每污染当量 1.4 元的标准单独计征，但仍远低于污水和废气每污染当量 2.46 元和 2.1 元的治理成本。这使得排污费难以发挥污染者付费的制度效果，治理成本与排污费之间的差额需要公共财政填补，这使得我国的环境污染并未完全体现污染者付费原则，而是有一部分被平摊到每个纳税人身上，相当于大部分民众为一小部分企业或个人的排污行为买单，无法体现环境责任的公平负担。

地方政府和部门干预排污费征收的情形时有发生。依照 2003 年公布的《排污费征收标准管理办法》的规定，排污费的征收由县级以上地方人民政府环境保护行政主管部门负责。但《排污费征收使用管理条例》中规定，县级以上人民政府环境保护行政主管部门、财政部门、价格主管部门对排污费的征收、使用负有指导、管理和监督的职责，同时，在排污费征收的国家标准是由国务院价格主管部门、财政部门、环境保护行政主管部门和经济贸易主管部门共同制定的结果，未作规定的，在地方上由省、自治区、直辖市人民政府可以制定地方标准。排污费征收、管理和使用过程中存在着多部门职权交叉的情形，这使得排污费制度因为夹杂着许多环境保护目的之外的利益需求而弱化了其应有的环境规制功能。再者，这种多级政府和多部门共管的格局也使得排污费受制于来自各个方向的权力干预。一方面，中央层面的各个主管部委之间存在着不同的利益主张和基本立足，在协商制定排污费制度时，难免基于有利于本部门行政工作之展开而提出某些要求，这些要求可能与环境保护的目标宗旨相违背。另一方面，特别是地方政府施加于排污费上的行政干预更加严重，在保持地区经济稳定发展的根本方向指引下，地方政府重经济增长、轻环境保护的现象仍很严重，为了吸引投资或留住企业，一些地方对企业施加各种优惠，如实行排污费"减半征收"，有的直接划定"无费区"，还有的甚至设立"企业宁静日"，在该期间内不得随意干扰企业正常经营运作。这些来自地方政府和部门的不当干预行为已然阻断了排污费制度的正常效果发挥，导致排污费的征收、管理和使用因为受到地方的随意干预而刚性不足。

环保部门的经费支持严重依赖于排污费征收。依照《排污费征收管理条例》第 4 条的规定，排污费的征收、使用严格实行"收支两条线"，征收的排污费一律上缴财政，环境保护执法所需经费列入本部门预算，由本级财政予以保障。但在实践中，排污收费在环保部门的经费保障中占据着重要部分，多数基层财政部门尤其是西部地区，普遍存在"以收定支"的现象，排污收费用于部门经费的贡献率一度高达 32%。[①] 这就导致地方通过违规设置"收缴过渡户"、人为混库等方式挤占、挪用和截留排污费收入，甚至还出现"列收列支"排污费，"虚收空转"等问题。这些主要是因为地方财政给予环保部门的预算支持有限，排污费存在着许多征收漏洞和监管不力的地方。

2. 税费权衡：环境费改税的理论支撑

排污费和环境税制度的背后都体现了"污染者付费"原则，也即污染者负担原则。据该原则，一切向环境排放污染物的单位和个体经营者，应当依照政府的规定和标准缴纳一定的费用，以使其污染行为造成的外部费用内部化，促使污染者采取措施控制污染。[②] 在实践中，污染者付费原则常被细化成很多创造性的方式而实行，如受益费、排污费和许可证费等收费方式，还包括征税方式。总体来说，"污染者付费"原则表现为税与费两种形式，它们都是实现环境污染外部成本内部化的途径，能够激励企业采取有效措施减少污染排放，从而实现污染物排放量的源头控制。

但从财税法理上看，税与费有着不同的特质，在中国台湾法学界，我们通常所称的收费和政府性基金被视作税收之外的强制性公课，分别称为受益负担和特别公课，其中规费和受益费是组成受益负担的两大分类。"规费乃是为满足国家或地方自治团体的财政需要，而以行政高权的方式，加以课征之金钱给付"[③]，并且依照规费负担的原因不同，规费一般被分为行政规费、司法规费、使用规费以及特许规费几类。[④] 一般地，排污费被认为是政府特许授权企业排污权利的合理对价，因而属于特许规费。相较之下，环境税属

---

① 孙秀艳:《排污费花到哪儿去了》,《人民日报》2014 年 8 月 30 日。
② 王利:《论我国环境法治中的污染者付费原则——以紫金矿业水污染事件为视角》,《大连理工大学学报（社会科学版）》2012 年第 4 期。
③ 陈清秀:《税法总论》,台湾元照出版公司 2012 年版,第 80 页。
④ 刘剑文、熊伟:《税法基础理论》,北京大学出版社 2004 年版,第 17 页。

于税捐之一种，其作为社会目的税，有寓禁于征的效果。从原理上而言，规费与税收属于两种不同的公课方式，二者间的差别主要体现在以下方面：（1）性质方面，税收属于无对待给付的公法债务，而规费是个别公共服务的对待给付，这就决定了政府征税和收费之后的资金管理和支出去向有所区别，前者只能实行统收统支，不指定税款使用于哪一具体领域，一旦收入国库后就转变为数字表示，由政府预算安排和调整；后者则要求费用的征收和使用必须符合专款专用，服务于特定公共领域内的支出需求。故而，环境税相比排污费的一个主要区别就在于不再拘束于规费属性的专款专用要求。（2）原则立足上，规费体现"原因者付费"或"受益者付费"的原则要义，以有效填补公共治理成本、费用支出或利用经济手段管制市场为征收行为界限。其中特许规费主要以规费的形式实现某种经济管制目的，虽不受"成本填补原则"的有限费用限制，但也要遵循基本的"法律保留"原则，以排污费为例，对于企业的排污行为，要根据排污费征收使用的有关规定，实现法定征收和依法支出，不可因行政权力的滥用而导致排污费的管制和引导功能失灵。反之，立足于量能课税原则的环境税，其保护公共利益的要求并不能因此影响企业的正常经营，因为一旦纳税人即排污企业的经营所得被无限制征税之后，市场活力和员工生存就要受到影响。一定意义上量能课税原则是税法谦抑性的体现，它要求政府不得肆意闯入经济自治领域、增加商品和服务的成本而导致经济失去活力的现象发生。[①] 这就要求，环境税要相比排污费更加注重政府管制市场的适度性和政府引导市场发展的能动性，既要实现以税治污的最大反向管制作用，也要通过减免税等税收优惠举措来实现正向激励功能。

3. 环境费改税后的待解谜题与解困之道

尽管我国已经完成了环境费改税的改革，确立了环境税制度，但后续仍旧面临着目标重塑、税收征管和收入的府际分配等问题。一项税收制度，在议会那里获得表决通过，从而满足税收法定主义要求固然重要，但这也只是

---

① 王惠：《试论税法谦抑性》，《税务研究》2011 年第 2 期。

开启了税收的复杂工序的第一步，关键是如何让税收发挥最大效用，如何让税务机关的征管行为与复杂多变的社会现实相对接，又如何对既已征收上来的税收收入进行政府间合理划分等。其一，环境税既作为政府财源之一，又是激励企业减少污染排放的间接手段，其具有的双重目标——环境治理和财政汲取之间实际上存在着内在矛盾。其二，环境税一改过去排污费由环保部门"自收自管"的独立征管模式为财政部门主导、环保部门配合的协同征管模式，这势必会对部门间的行政紧密合作提出要求。其三，已征收入库的财政收入要在各级政府间进行合理分配，以供政府机构维持正常运转和履行公共责任，环境税的收入权归于中央还是地方，亦是亟须解决的主要问题之一。

在环境税的目标旨意上，其具有环境治理和财政汲取两大立法取向，即环境税具有社会目的和财政目的两种，前者系主要目标，后者系附随目的。从理论上看，环境税的内涵要义就是借助于财政手段来实现环境保护目标，财政收入只是手段，环境保护才是目标。但在现实语境中，可能会出现本末倒置的现象，地方政府在缺乏地方税体系下难免会将环境税作为创收来源，导致环境税的财政目的超越社会目的，从而侵犯纳税人权利，影响企业生产经营秩序。根据环境税法第一条的规定，环境税的立法目的是"保护和改善环境，减少污染物排放，推进生态文明建设"，将环境税整体定位为社会目的税，但不言而喻，其还存在财政汲取这一隐性目的。一旦将环境税定位为保护环境的政策法而忽略其税之机理，就会与排污费并无二致，因而即便是将环境保护列为首位立法目的，财政收入也始终占据一席之地。[①] 立足于此，如何处理环境税二维目的间的关系以及采取何种行动便尤为必要。在处理环境税的社会目的和财政目的方面，应当固守其通过经济诱导实现环境保护的主要社会目标，同时还不应忽略其汲取政府财政收入的次要附带功能。尽管税收作为一种无特定给付内容的财政募集手段，但在现代公共财政体制下决定着税收必须"取之于民，用之于民"，因而环境税经征收入库后成为公共

---

① 叶金育、褚睿刚：《环境税立法目的：从形式诉求到实质要义》，《法律科学》2017 年第 1 期。

财政资金组成部分，但环境治理和保护事务的公共性决定着必须用公共财政来提供资金支持。虽然不再像排污费那般从收到支都要符合专款专用的技术标准，但环境税一定要用于环境治理与保护的特定目的未有改变，这一点可从环境税法的立法宗旨中得以印证。另外，既然环境税是作为政府向排污机构征收超标排污行为之金钱对价，属于税务机关征税权的行政结果，就不免存在可能侵犯纳税人权利之违法行为，为确保权力机关合理且合法行使征税权，就要树立纳税人权利保护理念，它是评价环境税法正当性的标准所在。①在环境税的征管过程中，一方面要严格公正执法，杜绝执法者滥于行使征管权力；另一方面要建立起完善的纳税人权利体系和司法救济机制，形成纳税人对行政行为的有效监督，赋予纳税人依法维权，诉诸司法寻求救济的权利。

在环境税的具体征管方面，负责税款具体征管的财政部门与涉税信息获取的环保部门各自担负的行政职能并不相同，但却基于环境税的征管问题产生千丝万缕的联系。一方面，环境污染事实和污染量等信息属于环保部门职责范围，这是产生环境税的事实源头和计税依据。另一方面，税收的征管事宜基本上归财政部门统一负责（关税由海关部门负责），财政部门对排污组织征收环境税时，必须以相应实际发生的应税事实为依据，但财政部门基于自身职权所限无法亲自掌握该部分信息，必须得到环保部门的行政配合。这种由于行政机构职责分工造成的联合执法困境，对税收征管也提出了许多挑战，如何跨越部门间的职能分离，让各个行政部门在法定职责范围内依法履职，同时在共同执法事务中协力配合，形成共同行政上的良性合作关系是当前复合型行政面临的一道难题。环境税法第14条第1、2款分别规定了环境税由税务机关负责征管，环保部门负责污染物的监测管理，为确保税务机关与环保部门形成环境税征管的行政合力，该条第3款提出"县级以上地方人民政府应当建立税务机关、环境保护主管部门和其他相关单位分工协作工作机制"。

---

① 黎江虹:《中国纳税人权利研究》，中国检察出版社2010年版，第124页。

在具体操作上，主要表现在：一是建立涉税信息共享平台和工作配合机制。环境税法第15条规定，一方面环境保护主管部门应当将排污单位的排污许可、污染物排放数据、环境违法和受行政处罚情况等环境保护相关信息，定期交送税务机关；另一方面，税务机关应当将纳税人的纳税申报、税款入库、减免税额、欠缴税款以及风险疑点等环境保护税涉税信息，定期交送环境保护主管部门。由此可见，这种涉税信息共享机制体现着税务机关与环保部门的信息互动互通，是一种双向上的行政合作，能够起到分工负责、协力合作和相互监督的作用。二是实行纳税人申报和环保部门监管信息比对机制。依照环境税法的规定，环境税的征管实行纳税申报制，但税务机关拥有税收核定权。这体现在第20条，"税务机关应当将纳税人的纳税申报数据资料与环境保护主管部门交送的相关数据资料进行比对，一旦税务机关发现纳税人的纳税申报数据资料异常或者纳税人未按照规定期限办理纳税申报的，可以提请环境保护主管部门进行复核，环境保护主管部门应当自收到税务机关的数据资料之日起十五日内向税务机关出具复核意见。税务机关应当按照环境保护主管部门复核的数据资料调整纳税人的应纳税额"。三是环境税的计税事实依据一般基于环保监测数据，未有监测数据的依照排污系数、物料衡算方法计算，无法计算的由税务机关会同环境保护主管部门核定污染物排放种类、数量和应纳税额。

在环境税收入的府际分配问题上，虽然环境税法未给予明确规定，但理论界的主要观点普遍倾向将环境税作为地方税或央地共享税。主要有以下方面的现实考虑：2016年5月1日起，我国已在全国范围内全面推开营业税改征增值税试点，营业税这一地方税种即将退出历史舞台，由于营业税在地方财政收入中占据主导位置，据统计，2015年地方财政收入75876.58亿元，税收收入59139.91亿元，其中营业税收入17712.79亿元，占地方财政收入的23.3%，地方税收收入的接近30%，若在全面营改增完成之后，地方无疑将失去很大一块税源。目前，中央针对营改增试点过渡期内的增值税收入实行央地五五分原则，这种对半分享的比例划分背后亦是中央兼顾央地财力格局基本稳定的过渡之策和地方政府在丧失营业税这一地方税源后向中央要求弥补相应的改革利益损失的协商结果。① 可以预见，待营业税完全被增值税取代后，地方因为营改增造成的制度性税源流失需要通过增加新的地方税种来补充，而环境税无疑是最佳选择。从环境税背后的环境污染特质来看，污染物产生于具体的地区，但因其具有的流动性和扩散性，使得环境污染更多呈现区域性乃至全国性问题，这就决定了中央和地方在环境污染治理方面表现为共同事权关系，依照事权与支出责任以及财权与事权相一致原则，理论上讲环境税应是央地共享税种。但税权之分配不应只局限于分税制理论的逻辑自洽，更应溯及现实中回应地方充实财力的需求。目前在我国纯属于地方的税种有七个，包括城镇土地使用税、土地增值税、房地产税、契税、耕地占用税、车船税以及烟叶税，另外有七个属于共享型税种，分别是增值税、企业所得税、个人所得税、营业税、城市维护建设税、资源税和印花税。其中共享型税种构成了地方财政收入的主要来源，通过 2014 年各税种占地方税收收入的比重来看，纯地方税种的比重仅仅占到 24.51%，共享型税种却占到了 75.49%。② 因而，地方税体系未能建构起来的一个主要原因就是缺乏主体税种的支撑，建立地方的主体税种是地方财政自主的重要标志，它意味着地方政府能够自收自支，摆脱对中央财政转移支付的过度依赖，眼下我国房产税尚未建立，营业税又逐步从地方主体税种位置上退下这一情形下，将环境税收入的整体或大部分划给地方，无疑有助于解决地方环境治理财力短缺等问题。

（二）生态化税制的间接引导

随着市场体系下行为主体的多元化和经济体系的复杂性导致缺乏弹性的指令性管理模式越来越难发挥其效力，政府开始寻求更具激励作用的税收手段来提升环境管理效率。国家通过税制设计将环境外部成本内部化，这种现代税制变革趋势被形象比喻为"税制绿化"。实现这种税制"绿色化"主要依助两种手段，一是调整现行的税制结构，提高"绿色"税收的比例；二是

---

① 黄家强:《两个积极性：全面营改增中央地收入划分的法学视角》,《财政监督》2016 年第 18 期。
② 卿玲丽、屈静晓、文春晖:《"营改增"后地方税体系的完善对策》,《税收经济研究》2016 年第 3 期。

直接引入和确立新的生态税种[①]，即税制绿化表现为直接和间接两种方式。一种是直接开征以体现环境保护为首要目标的环境税，体现出一定程度上的"以税控污"的理念；另一种是出于激励市场自主减少环境污染的政策目标，与环境相关联，主要是生产和消费过程中的课税要素施以重税或优惠，在手段运用上总体发挥税制设计的激励导向性，具体表现为：

（1）征税对象范围的括入或排除。各个类型税种的课征对象并非囊括理论上具有可税性的全部应税客体，而是依据征管成本考虑、国家政策所需等进行有限度地排除。立足于税制绿化的政策基点，国家在进行税收立法时会对对象分类以实行区别性课税，税法对待那些污染型应税客体的态度显然要严苛于环保型应税客体，甚至为鼓励该类型产品数量或消费行为的扩增，会对其免于征税。例如我国正在推进的消费税制改革中，引导人们消费方式的转变，加大对不可再生资源的保护，是未来消费税扩大税基的一个方向。我国现行的消费税的征税范围主要包括烟、酒、化妆品、贵重首饰及珠宝玉石、成品油、小汽车等 13 个税目，值得期许的是，在税制绿化的要求下，一些过去被视为奢侈品，现已成为常规消费品且对环境保护威胁不大的商品，如化妆品、汽车轮胎等就有必要从消费税税目中剔除。2016 年国家税务总局出台文件，对利用废弃的动植物油生产纯生物柴油免征消费税，体现了对可再生新能源的税收政策支持。

（2）税率级次设计的环保偏向。税率是税制结构当中的灵魂功能，税率的高低关系着特定计税事实下的税负大小。税制绿化除了表现为征税范围的扩张或缩减，更体现在同一征税对象的税率级次高低安排，由于某一类型的事物有着技术上的优劣排序，借助于差别化税率结构可以引导生产商和消费者的行为指向内含的政策意旨，从而让生产者和消费者在成本评估下作出更契合环境保护的生产或购买选择。依然以消费税为例，在成品油、小汽车和摩托车等税目中，其各自的税率均系依照一定的环保关联标准来规定的，例如根据气缸容量的大小不同，不同类型的小汽车所对应的消费税税率

[①]　陈盛光：《中国税制"绿色化"与生态税》，《中央财经大学学报》2003 年第 1 期。

也并不相同，低气缸容量的小汽车适用较低的税率，反之，则适用较高的税率。

（3）税收优惠适用的公益原则。每个税种法律中的税收优惠条款背后隐藏着不同的目的，有基于事实的应然判断，也有出于政治上的国家礼遇，更有立足于公益上的社会正义。这种公益性一个重要体现就在于税收优惠措施适用的绿色原则，政府给予那些在税法逻辑下应当课税但符合环境利益的对象以税收减免。根据 2011 年我国颁布实施的《车船税法》规定，其税收优惠适用就体现了上述目标的合一，该法第 3 条列举的免征车船税的四种情形，即捕捞、养殖渔船；军队、武装警察部队专用的车船；警用车船；依照法律规定应当予以免税的外国驻华使领馆、国际组织驻华代表机构及其有关人员的车船。要么出于事实上的无必要课税，要么基于政治上的国家礼遇，还要么鉴于社会上的民生保障等目的。另外第 4 条和第 5 条分别规定对节约能源、使用新能源的车船，对受严重自然灾害影响纳税困难以及有其他特殊原因，对公共交通车船，对农村居民拥有并主要在农村地区使用的摩托车、三轮汽车和低速载货汽车可以减征或者免征车船税，也是分别从环境公益或民生公益作出的规定。可见，民生原则与绿色原则构成了车船税税收优惠适用的主要原因，二者统一于社会公益原则。特别随着车船在成为民生商品的同时也成为公害产品之一种，绿色原则将愈来愈突出，势必会导致未来车船税税收优惠的制度重塑。

综观整个现代西方国家的环境史，一个重要发展方向就是将税费制度与环境保护结合起来。[①]1999 年 4 月 1 日，德国《实施生态税收改革法》生效，标志其生态税收改革正式启动，这是德国政府第一次利用税收手段解决自然保护问题。进入 21 世纪以来，税费环境化、税费生态化、税费绿色化俨然已成为世界潮流，并且呈现税制全面绿化的面貌。立足于我国，经济激励型政策工具愈来愈受到政府垂青，随着深化财税体制改革的逐步推进，也促发了税制绿化的全面兴盛而起。我国现行税收体系中的大部分税种都或多或少

---

① 梁本凡:《绿色税费与中国》，中国财政经济出版社 2002 年版，第 1 页。

地牵涉到环境保护，主要的有消费税、资源税、车船税，另外其他的税种也零星地与环境保护衔接呼应，例如具体到增值税领域，在抵扣制度改进上，2008年12月中旬，财政部和国家税务总局联合下发《关于全国实施增值税转型改革若干问题的通知》，明确指出纳税人允许抵扣固定资产进项税额，从而为企业转型升级提供了制度福利；在税收优惠扩大上，环保企业在税收方面享有着包括投资抵免、加速折旧、税项扣除、减免企业所得税和营业税等众多优惠；在具体措施上，再生水和污水处理劳务免征增值税，此外，对纳税人销售自产的利用太阳能生产的电力产品，实行增值税即征即退50%的政策等。甚至在看似与环境保护毫无关联的领域，也有贯彻绿化原则，一如在船舶吨税方面，对不同吨位的船舶加以不同税率；二如个人所得税中，国家税务总局曾专门针对第五届中华宝钢环境奖和中华宝钢环境优秀奖奖金发出免征个人所得税的通知文件，这有助于激发科研人员对于环境保护的研究兴趣。从各个税种的税制绿化程度来看，消费税、资源税和车船税无疑是与解决大气污染问题关系更为密切的税种类型，但目前这三种税收依然在税制绿化方面存在着诸多问题。

首先，税收法定缺失不足，导致税收的政策之治明显跃居于法律之治之上。目前，我国之针对这三种税中的车船税制定了相应法律，其余二者均是以国务院出台暂行条例的方式进行规范，这种低位阶立法使得税制极其容易受到政策摆动，既无法维持税法的确定性，使纳税人可以预期到应当承担的税收成本，也将造成税收激励市场保护环境的目标扭曲和效果变异。2014年11月28日、12月12日和2015年1月12日，财政部、国家税务总局在两个月内先后三次上调燃油方面的消费税，其不仅违反了《消费税暂行条例》中规定的程序法则——"消费税税目、税率的调整，由国务院决定"，更违背了税收法定主义的实质要义。财税部门的三次提税行为既违法（违反《消费税暂行条例》）、也不合理（燃油税影响比个税大，但征税比个税要随意），同时他们声称的征税缘由也是无法成立的。三次提税的通知，都明确调整燃油消费税的原因是"为促进环境治理和节能减排"，但基于税收的无偿性，这种明确表态新增税收用于治理环境污染、解决京津冀雾霾，根本是一个不可实现、不可监督的承诺，也无法量化多征的税到底用在什么地方。[1] 近年来，除了燃油消费税方面税率经常性调整以外，这种情况在证券交易印花税方面也较为常见，有学者统计自 1990 年证券交易印花税诞生起至 2008 年的短暂期间内，就共进行过 11 次税率调整，特别出名的是 2007 年的"5·30"事件，被形象地称为证券交易印花税史上的"半夜鸡叫"。导致税率随意变动乱象的一个主要原因就是税收法定原则在我国未能确立，原有的《立法法》第 8 条规定只能制定法律的第 8 项，只是抽象列出税收等基本制度，并未明晰哪些属于税收基本制度的范畴。为此，2015 年修订通过的新《立法法》在第 8 条中增加第 6 项内容，用以指明税收基本制度包含税种的设立、税率的确定和税收征收管理等，其中税率法定更是在立法过程中一波三折，最终实现了惊心动魄的逆转。[2]

其次，税制设计的存在技术性瑕疵，容易发生经济激励的精度失准和功能偏移。在消费税方面，为减少机动车污染排放，对成品油和小汽车予以征收消费税，从而引导居民绿色消费，但消费税起初设置的目标为抑制奢侈消费，对于小汽车课以消费税就陷入了这二重目标的纠结当中，使得小汽车消费税的定位难以清晰，并且针对小汽车还存在车船税，不免有重复征税之嫌。另外，具有同车船税计征方法同样的问题，那就是以排气量作为与环保相关的计税依据，与汽车工业的技术发展相偏离。再者，机动车空气污染的产生主要还是在于燃油的使用，发达国家侧重从汽车的使用阶段征收燃油税。我国于 2009 年年初进行了燃油税改革，其实质有二：一是通过将养路费转嫁到油价上，体现了"多用多缴，用少缴"的公平原则；二是通过提高成品油单位消费税额来减少汽车使用量促进节能减排。[3] 在资源税方面，1993 年我国在制定《资源税暂行条例》时一律采取从量计征，但这种从量计征模式对销售价格的变动缺乏直接影响，削弱了资源税对资源利用效

---

① 聂日明：《燃油税调整需遵循税收法定》，《金融时报》，中文网，http://www.ftchinese.com/story/001060207?full=y.

② 冯禹丁：《立法法"税收法定"修订逆转背后》，《法治与社会》2015 年第 5 期。

③ 肖俊极、孙洁：《消费税和燃油税的有效性比较分析》，《经济学（季刊）》2012 年第 4 期。

率的影响，割裂了价格与税收之间的联系，无法通过价格体现资源自身的价值高低，有悖于资源稀缺性的基本原则。[1]为消除现有从量计征的种种弊端，我国逐步将原油、天然气、煤炭、稀土、钨、钼等资源纳入从价计征范畴，2011 年对资源税暂行条例修改时，第 4 条明确规定"资源税的应纳税额，按照从价定率或者从量定额的办法"，2016 年财政部、国家税务总局发布《关于全面推进资源税改革的通知》，其中的一个重要内容就是实施矿产资源税从价计征改革，对《资源税税目税率幅度表》列举的 21 种资源品目和未列举名称的其他金属矿实行从价计征，未列举名称的其他非金属矿产品，按照从价计征为主、从量计征为辅的原则，由省级人民政府确定计征方式。在车船税方面，同样在计税依据选择上具有争议，我国现有的《车船税法》依照乘用车的发动机汽缸容量（排气量）大小计税，简单地将排气量与油耗量相等同，实际上能耗不仅和排量有关，还与燃烧状况、所用燃料有关。乘用车的排量大小并不是判断环保与否的唯一标准，很多先进技术的应用，已经能够使大排量汽车降低有害物质排放量，而低档次的小排量汽车反而会增加有害物质的排放。[2]故而这种简单以排气量作为计税依据，既违背了车船税促进节能减排的改革初衷，更使其陷入了定性纷争，车船税究竟属于环境税，还是财产税，抑或兼而有之，难有定论。

（三）优惠奖补的制度性回馈

实现激励功能的手段多种多样，既存在针对行政官员的政治激励，也有面向一切主体的物质激励和精神激励等，其中以金钱回馈为主要的物质激励举措无疑占据着整个激励工具体系的主导地位。具体到大气环境治理和保护方面，这一类型的物质激励措施应用的极为广泛，主要表现在中央对地方以及政府对社会的物质激励上，并设立了与此关联的优惠奖补制度系统。一方面，中央政府为激励地方政府在大气环境治理工作上恪尽职守，往往会根据前一时期内地方环境治理的考核结果而分别施以奖优罚劣，如依照《大气

---

①　林伯强等:《资源税改革：以煤炭为例的资源经济学分析》,《中国社会科学》2012 年第 2 期。

②　刘霞:《车船税按排量计征争议犹存》,《第一财经日报》2011 年 2 月 28 日。

污染防治专项资金管理办法》的规定，对未完成目标的省份扣减资金，对完成大气治理任务出色的省份给予奖励；另一方面，为引导排污单位减少大气污染排放量，各级政府还会通过给予直接的税收优惠、政府奖励或财政补贴进行制度性回馈，这种优惠奖补的做法实际上是用公共财政弥补排污单位用于更换生产设备和研发环保技术的成本负担，以及排污单位因此遭受的生产经营损失。优惠奖补制度系统是税收优惠、政府奖励和财政补贴等多种制度的合成，要么其本质为一种"税式支出"，要么其主要的资金来源于公共财政收入，反映公共财政的另一种功能，即以金钱回馈的方式来间接承担社会治理的成本负担或权益损失。总的来看，优惠奖补的制度性回馈所产生的利益激励作用在中央鼓励地方和政府引导社会进行环保治理和保护的过程中被逐步认识并应用，值得肯定的是，优惠奖补制度在大气环境治理和保护中确实发挥着积极意义，但亦产生了不可忽视的财政资金违规使用等问题，如何在法律框架内有效规制优惠奖补制度已然成为确保公共财政资金合法使用的焦点。

首先，在税收优惠制度方面，一直以来，我国的税收优惠政策繁杂而法律严重不足，"政策之治"尤为明显①，特别是各级政府制定的各种类型税收优惠政策上寄着着不同的利益目标，中央政府及部门制定的税收优惠措施倾向于引导资源分配平衡、实现国家战略目标以及促进产业结构调整等，地方政府制定的税收优惠政策则更多为吸引投资和刺激经济发展，进而在地方政府间竞争上获得比较优势，更有利于地方行政官员的政治升迁。大气环境利益作为一种整体利益，理应由中央层面制定统一的税收优惠政策，但由于与大气环境相联系的事务千头万绪，甚为复杂，现实中许多直接或间接影响大气环境保护的税收优惠政策都被归入地方政府和部门的职责之中。尽管中央针对环境保护制定了覆盖全面的"绿色税收优惠"体系，但一些地方基于地域发展利益出台的产业优惠、投资优惠、消费优惠等政策完全背离了中央维护环境整体利益的最高目标。一些地方税收优惠的杂乱无章对中央利益和

---

① 熊伟：《法治视野下清理规范税收优惠政策研究》，《中国法学》2014 年第 6 期。

政策目标的反向消解使得中央不得不着手清理和规范地方的税收优惠政策，2014 年国务院出台《关于清理规范税收等优惠政策的通知》，要求违反国家法律法规的优惠政策一律停止执行，并发布文件予以废止，后由于过于"一刀切"，国务院又发布《关于税收等优惠政策相关事项的通知》，暂停和延缓了清理地方税收优惠政策工作，改以渐进式路径来重新规划这项任务。但理论界对于税收优惠的立法规范已达成了较为一致的意见，有学者甚至提出制定统一的《税收优惠法》[①]，也有学者在提出减税权概念的基础上，对包括税目、税率、税基以及税收优惠措施的调整进而实现结构性减税目标的政府减税权限制课题进行了有益探讨。[②] 总之，要使税收优惠制度发挥激励社会主体节能减排的效应，一方面使得政府的税收优惠政策导向环境保护，对于清洁能源、高新技术产业以及绿色消费行为要给予应有的税收优惠，另一方面也要逐步清理与中央环保政策相冲突的地方税收优惠政策，并规范地方税收优惠政策的制定权，逐步实现税收优惠的统一立法规范。

其次，在政府奖励制度和财政补贴制度方面，一方面，在政府奖励制度层面，要根据考核情况、排污减少量以及社会贡献等对地方政府、排污单位、环保公益组织以及环保科研专家给予物质奖励和精神奖励。在物质奖励上，《环境保护法》第 11 条规定"对保护和改善环境有显著成绩的单位和个人，由人民政府给予奖励"，为激励民众监督环境违法行为的积极性和主动性；2015 年环保部出台的《环境保护公众参与办法》，还专门设立了有奖举报制度，并鼓励县级以上环境保护主管部门推动有关部门设立环境保护有奖举报专项资金。在精神奖励方面，我国还设有中华环境奖、国家生态文明城市等荣誉称号。但我国针对环境保护的政府奖励机制仍存在许多不足，例如有奖举报制度未能与举报人隐私保护和人身保护切实捆绑，导致民众举报环境违法行为还存在很大的心理犹豫。另一方面，在财政补贴制度层面，依照财政补贴的分类，主要分为价格补贴、企业亏损补贴和其他补贴，与大气

---

① 叶金育：《税收优惠统一立法的证成与展开——以税收优惠生成模式为分析起点》，《江西财经大学学报》2016 年第 2 期。

② 张守文：《"结构性减税"中的减税权问题》，《中国法学》2013 年第 5 期。

环境保护相关的有燃煤发电机组脱硫、脱硝、除尘和达到超低限值排放的上网电价补贴，购买秸秆粉碎机器补贴、秸秆养畜示范补贴、秸秆燃料化利用技术补贴、新能源汽车补贴等，通过财政补贴可以降低某一类型的商品价格进而引导资源流向环保型产业领域，或者填补企业组织的相关经济损失，最终达到环保激励的作用。但同时也要注意到，财政补贴通常以项目管理的方式，各类财政补贴数量极其可观，且财政补贴的发放也难以受到严格的程序约束，很容易产生个人与地方官员合谋获取财政补贴的违法问题。因此，有必要对于发放财政补贴设置严格的实体要求和程序规则，同时，补贴发放并不是终点，还要对具体单位和个人使用财政补贴的效益进行追踪评价，一旦出现行为人捏造事实骗取财政补贴或将补贴资金用于非法定用途，还应追究有关单位和个人的相关责任。

三、地方财政与自主型大气环境治理

面对我国日益突出的大气污染问题，结合我国特有的国情，较为合理的改革进路就是在强化中央权威监管的前提下努力培育地方治理大气环境的自主性，而实现这一目标除了政治上的激励机制转变，法治上的府际权责配置以外，更为重要的就是从财税角度力图形成自主型地方财政格局。在单一制国家结构组成形式下，地方政府难以获得政治上的自治地位，但勿论国家体制如何不同，大气环境保护、社会福利增加和公共秩序安全等人类共同的治理问题已然促使不同形态的国家达成共识，即只有采用一切可以发动地方政府积极主动地治理本辖区内的公共事务，才有可能达成国家善政治理的整体汇集。这其中，赋予地方政府以财政自主权，"让地方政府辖区内的居民借助权力机关、行政机关等机构，依法自主决定财政预算、财政收入、财政支出和财政管理等公共事务，不受任何个人和团体的非法干预"[1]，无疑是提升地方公共治理积极性和主动性的行动前提。

---

[1]　徐阳光:《地方财政自主的法治保障》，《法学家》2009 年第 2 期。

（一）地方财政自主的权力赋予

实现地方财政自主的基本策略离不开对地方财税权力的法律赋予，授权给地方政府以充分自主的财权应当在法治路径下进行，而不能延续过去政治上的权力下放模式，通过立法规范政府间财政权责的方式来实现对地方财权的法定授予。地方财政自主权牵涉面广，主要涉及地方财政的预算自主、收支自主和监督自主，从预算安排到收支过程再到最后的财政监督环节都应体现充分的自主性，以此保障地方在进行公共事务治理时能够按照本地民众的意志和地方官员的才识智慧自主展开行动，不必因上级和中央政府的非法干预而陷入行政僵局，特别是由于地方财权有限、财力困顿，导致地方在提供本地区公共产品和服务时受制于"财政供血"不足和不畅，甚至出现上级和中央政府为强制地方按照其政策要求，利用财政政策来迫使和诱导地方遵从，这断然湮没了地方自主治理公共事务的种种优势，如信息获取、及时反应、灵活处置以及大胆创新等。基于此，为激发和创造地方自主治理大气污染的信心和能力，有必要在坚持法治分权的路径下赋予地方政府以财政自主权，尽量减少上级和中央政府对地方自主治理大气环境过程的非法干预和不合理干预，保障地方政府充分的财政自主权，进而实现地方自主处理本地大气环境管理事务的决定权、执行权和监管权。

然而，我们也要注意到在当下以经济建设为中心的转型发展时期，地方政府对于环境保护重要性的认知度仍然有待提升，各地区之间也有所差别，因此不能将大气环境治理的希望完全寄托在地方政府层面，中央政府一方面要强化对地方政府自主治理大气环境的过程和结果的监督力度，配合政治层面的考核压力、政绩激励以及责任追究等有效控制地方的环境治理行为；另一方面也要在地方分权方面坚持适度原则，不能将关乎公民权益受损和中央调控能力的权力过度划分给地方，反映在地方财权划分上，意味着应当坚持适度倾向中央的财权集中思路，从而保持中央调控地方能力不至减弱，同时，财权适度集中于中央也能够较好地维护国民个人财产权不受非法侵犯，从而维护广大纳税人的合法权益，保障公民基本的生存发展权。财权集中于中央的一个主要争议焦点就是税权的纵向配置问题，在我国由于地方政府与当地民众的治理联系远不及其与上级和中央政府的政治联系，且公众缺乏对地方政府有效的民主监督机制，加之地方政府处于竞争氛围之中有追逐公利和私利的强烈意愿，因而在赋予地方以征税权、收费权、举债权等财政收入权力时，应当谨慎行之，若非得授予地方以相关财权，也要同时授予上级和中央以有效的监管权和调整权，避免地方财政自主权过大损害到国家的大统一格局。

（二）地方财力保障的制度改进

在财政收入权的央地配置问题仍是一道难解之谜的情况下，如何通过财政制度来为实现地方财政自主状态注入所需财力，已然成为亟待解决的现实问题，这也是大气污染治理过程中最为关键的部分。从供给地方财力的制度类型来看，主要有财政转移支付、地方举借债务、公私资本合作等方面，以下将从这三项制度拓展开，审视我国在防治大气污染过程中地方财力保障的制度建设问题。

首先，在财政转移支付制度上，亟须解决的是一直以来的财政转移支付的不规范问题，"跑部钱进"的现象普遍盛行，地方政府和环保部门为争取更多的转移支付资金，要与上级和中央政府部门的官员搞好关系，不仅浪费了地方及时应对大气污染的现实机遇，而且增加了不必要的行政工作成本，更为中央环保主管部门的官员提供了潜在谋利的经济诱因，容易衍生政治腐败问题。因此，有必要建立起法治规范的财政转移支付制度，对于财政转移支付资金的申请、拨付以及使用都要有严格的实体规定和详细的程序规定，并积极推进财政转移支付的公开化，给予地方政府和社会民众以了解和监督的权利。

其次，在地方举借债务制度上，在预算法修订之前，我国在法律法规上并未承认地方政府有举债权，然而由于分税制改革遗留下来的问题，在地方财政日渐出现危机的现实背景下，地方政府通过地方融资平台这一灰色地带举债债务悄然流行开来。然而，随着地方债务规模日渐攀升，中央又无法快速推进财政权责划分的矛盾局面下，只能在预算法修订中立法授予地方政府以有限举债权，这一有限性体现在举债主体、举债规模、举债程序方面的限制性，同时要求建立地方政府债务风险评估和预警机制、应急处置机制、责任追究制度以及财政监督机制。

最后，在公私资本合作制度（即 PPP 模式）上，政府与社会要想在大气环境保护领域展开良性且可持续的合作关系，就不能停留于资本合作层面，将 PPP 视作地方政府的财政融资渠道，而应将其定位为政府与社会共同治理公共事务的合作机制，这就要求无论是政府还是社会主体，都应当在此过程中平等互信、协商沟通、互利互益，只有将主题回归到"合作"而非"资本"二字上，才能让地方政府和社会主体将更多的公共财政和社会资本共同投入到大气污染治理领域，最终达到有效治理空气污染的公共目标。

四、财政监督与监管型大气环境治理

法治财政的实现要经过三个层面，从最初的财政职权依法确定，到第二层面的政府依法理财、明确财政违法责任，最终实现一切财政行为接受立法、司法和执法部门的监督。不难理解，法治财政下的一切行为都是"有法可依、有法必依"的，财政监督也不能例外。只有以立法形式确定的监督执法行为，才是顺从人民共同意志的。另外，接受监督本就是法治财政建设的一个必要组成层面。法治财政理念下的财政监督是涵盖一切经济行为的"大监管"，是形成法治财政的基础，是确保前两个层面内容实现的重要途径，是现代财政制度长效运行的重要机制。一切财政行为都严格接受监督，遵循"执法必严、违法必究"原则，不得肆意扩大或者缩小监督范围。在"大监管"的理论语境下，如何通过对财政收支全过程的有效监督进而形成"监管型"环境治理模式尤其必要。当然，财政监督只是环境监管多种手段之一，规范和控制住了政府的财权，就堵住了政府官员权力滥用的口子，这是因为财政诱惑已然成为激励政府官员偏离政策法律的诱因，并且政府主导大气环境治理的过程实际上就是公共财政发挥作用的过程，各级政府在大气污染治理方面的权责纠葛很大程度上也是归结于彼此间利益纠纷，特别是经济方面。

　　针对于此，构建监管型环境治理必然首先从财政监督上下功夫，通过对政府财政收支过程的全方位监督，以期规范政府防治大气污染过程中的权力行使，防范可能发生的违法使用财政资金、环保资金挪作他用、侵吞私占公共资金、违法征收环境税费等行为。实现这一过程主要从征管监督、预算监督和审计监督三方面进行，主要涉及环境税费征收过程即收入面的监督、环境财政资金使用过程即支出面的监督以及环境财政支出效果即绩效面的监督，囊括了从财政收入到支出再到绩效评价的全过程监督。

　　（1）征管监督。环境税费征收和管理的过程实际上就是行政执法的过程，加上环境税费综合了税费的财政收入本质和环境保护的规制激励功能，这就要求环境税费的征管过程必须严格恪守行政法治原则，防范因公权力滥用对个体权利造成越界不当侵犯。实现对大气污染防治过程中环境税费的征管监督，就必须通过以下途径进行保障。首先，确立依法行政的理念。法治行政是行政执法应当坚守的首要原则，它要求政府部门和其工作人员在行政执法的过程中严格依照行政法律法规的规定，严格限制行政部门的自由裁量权力，绝不允许任何超越现有法律法规规定的权力行为。因此，环境保护部门和财税机关在现行的排污费和即将生效的环境保护税征收过程中，要严格依照 2003 年施行的《排污费征收使用管理条例》和 2018 年起即将实施的《中华人民共和国环境保护税法》的规定，确保环境税费的足额确定征缴和规范管理。其次，建立行政违法的责任机制。对于违法违规征收和管理环境税费的单位和个人，应当在法律法规中建立行政部门和相关责任人员的责任追究机制，主要途径有法律追责、行政问责和党政责任等，具体的责任形式包括警告、通报批评、降级、撤职、开除、刑事责任、党纪处分等。最后，赋予征管对象以权利救济途径。环境税费的征缴属于具体行政行为，环境税费的管理属于抽象行政行为。前者基于公民个人权利受到侵害自应有救济权利，主要通过行政复议或行政诉讼等方式依法救济。而后者一般由于管理活动的利益对象即公众涵盖广泛，缺乏类似纳税人团体诉讼这类救济机制，并且现有确立的环保公益诉讼机制也只是针对环境民事侵权案件，并不涉足财政公共管理违法行为，因而建立以捍卫纳税人集体权利为目标的纳税人公益诉讼机制十分必要。

（2）预算监督。2015年1月1日起实施的新《预算法》首次将预算监督纳入监督工作范围，真正以立法形式推进财政监督改革。在现代财政制度框架下，财政监督工作有了更高、更明确的要求，除继续推进监督法治化建设外，强化财政监督责任，提升"预算民主下的财政透明度"是亟待解决的。以财政民主为基础，参与人更多的是以一种协作的方式，有意识或无意识地去重新评价和修正行动及行动规则，最终在实践中通过无数次的试错过程而逐渐产生一个新的均衡——新制度安排。因此，与监督有关的制度创新和机制完善，具有更长久和更大范围的影响作用。当前，社会对提升财政透明度的要求，就是对完善新型财政监督的实施环境的诉求，即要在财政民主的视野下进行财政监督，提升财政监督的效力，政府应建立公开透明的财政信息披露制度，把政府监督和社会监督有效结合起来，从而提高财政监督的力度，完善财政资金使用效率。政府应向公众提供全面的政府财政信息，从根本上讲，只有公开、透明、知情才能监督。财政透明度的提高，有利于提高公众的知情权和对政府的监督，进而促使政府更好地履行对公众的受托责任。根据透明度的一些要求，政府提供的财政信息至少应包括预算信息、资产和负债信息以及各级政府的财务状况等。财政透明度的提高有助于外部监督力量（公众和立法机构等）有效地监督和评价政府，减少腐败行为。现实中的不少问题都是预算不透明的表现：如财政转移支付，专项转移支付资金的不透明所导致的"权力寻租""跑部钱进"等问题的出现。所以，财政透明是参与权与监督权行使的重要制度安排。财政透明度要求以财务数据的形式反映政府的理财情况和受托责任的履行情况（结果和质量）。财务报告是政府财政信息的主要载体，以满足使用者需求为目标，政府财务报告的潜在使用者包括政府活动所涉及的所有利益相关者，既包括收支政策执行者，也包括外部监督者。我国目前实行的是预算会计，政府财政报告无力承担财政透明度所赋予的重任，其根本原因之一就是预算报告目标与财政透明度精神之间的明显差距。此外，财政监督者主要包括：立法机构、审计机关、纳税人、债权人以及一些非政府组织等。从价值取向看，我国目前的政府财务报告目标在很大程度上忽视了监督者，特别是社会公众对政府财务信息的需求。而且目前我国的预算权不是统一的，而是分散的，财政公共投资计划，这些资金的调配权并不仅仅在财政，而是被其他职能部门所分割。这些显然不适应民主文化下财政监督所倡导的公众价值取向。

（3）审计监督。依据审计对象的不同，环保审计监督大致可分为资源审计、资金审计、专项审计和绩效审计等监督类型。在资源审计方面，资源环境审计在生态文明建设中具有重要作用，它能够揭示相关风险，保障生态安全，促使人们正确处理人类活动、资源、环境和生态系统之间的关系。[1]《审计署 2008—2012 年审计工作发展规划》明确将资源环境审计作为六大重要审计类型之一予以强化。2009 年我国审计署发布的《关于加强资源环境审计工作的意见》指出："逐步将审计范围从土地资源和水环境审计扩展到海洋资源、森林资源、矿产资源、大气污染防治、生态环境建设、土壤污染防治、固体废物和生物多样性等领域。"在资金审计和专项审计方面，为促进雾霾防治资金的有效使用，审计署于 2014 年将雾霾治理审计作为一项专项审计纳入各级审计机关的审计范围。对大气污染治理资金审计的法律依据主要体现在 2015 年 8 月发布了《大气污染防治法》规定县级以上人民政府环境保护主管部门对大气污染防治实施统一监督管理，其他有关部门在各自职责范围内对大气污染防治实施监督管理。县级以上人民政府其他有关部门中的审计机关负有监督大气污染防治资金合法合规性的职责。但目前我国的大气污染治理审计监督仍存在环保专项建设项目未实施，存在滞留资金现象；挪用专项资金，存在弄虚作假、浮夸滥报等现象；重复申报环保项目和会计核算不规范等问题。[2] 在绩效审计方面，2014 年环境保护部与全国 31 个省（区、市）签订了目标责任书，细化分解梳理了近期需要完成的 22 项政策措施，包括 6 项能源结构调整政策，涉及气代煤和洁净煤的扩大使用等；10 项环境经济政策，涉及价格政策、税收政策、投资政策等；6 个方面的管理政策，

---

① 邢祥娟、陈希晖：《资源环境审计在生态文明建设中发挥作用的机理和路径》，《生态经济》2014 年第 9 期。

② 董丽英、马欢腾：《雾霾治理资金监管机制浅探》，《财会通讯》2016 年第 25 期。

主要是考核办法、节能环保标准等。[①] 而考核地方环境保护目标是否实现的一条基本路径就是发挥审计作用，以促进政策作用有效发挥为目标，加大对大气污染防治各项政策措施执行情况的跟踪审计力度，促进政令畅通，密切关注财政、能源、产业、价格、投资、税收、信贷、金融等大气污染防治政策措施的执行情况，及时揭示和反映问题，并提出有效解决方案。总之，从环境审计的制度优化而言，应从风险导向的资源审计模式、环境履责审计和大气污染型企业环境绩效审计构建进行突破。

（1）风险导向的资源审计模式。大气污染治理审计主要包括大气污染防治审计和大气环境审计，前者主要是看治理资金投入后，是否建设大气污染治理设施，设施是否正常运转，排放能否达标，其审计目标是促进大气排放达标；后者主要是审查污染防治资金的投入是否使影响区域的大气环境得到改善，其目标是促进大气环境质量好转。气候变化应对审计包括气候变化减缓审计和气候变化适应审计。气候变化减缓审计主要是指对温室气体减排目标的完成情况的审计；气候变化减缓审计主要针对为减少气候变化造成的灾害损失而制定的政策的执行情况的审计。资源环境审计的实质不是对资源环境本身进行审计，而是对政府的环境风险管理进行审计。因此，在识别和评估风险的基础上，审计人员要了解政府缓解、预防和控制上述风险的机理，以帮助审计人员识别、选择审计评价标准，初步确定相关审计范围。

（2）构建环境履责审计机制。政府在大气污染治理当中承担着主导责任，这意味着环境审计是以围绕政府履责而展开的，因此有必要建立和完善环境履责审计。2015 年 3 月 6 日，中国环境保护部下发的《关于开展政府环境审计试点工作的通知》，就首次明确提出政府环境履责审计的概念。3 月 27 日，《中国会计报》在《政府环境审计亟需建立标准体系》中提出"我国政府履责审计体系尚在探索之中，呼吁建立其标准体系"。自 20 世纪 80 年代起，我国各级政府审计机关开始对环境项目资金进行审计。但到目前为止，我国环境审计理论研究与实务操作尚未形成统一体系，阻碍了政府环境

---

① 林忠华:《对做好大气污染防治审计工作的一点思考》,《中国审计报》2014 年 6 月 18 日。

审计的全面实行。① 因此，建立科学严谨和具有可操作性的审计方法体系并确定政府环境履责审计的作用机制与实施路径具有十分重要的意义。

（3）确立大气污染型企业环境绩效审计。大气污染型企业环境绩效审计的目的在于审计机构对被审计单位或项目在环境保护方面的财政、财务收支或经营管理活动的经济性、效率性和效果性的审查。② 在进行大气污染型企业环境绩效审计的过程中，一定要明确审计主体是以国家审计机关为主，同时在未来的不断发展中逐步加入企业内部审计和社会审计作为补充。将环境绩效审计运用到大气污染领域，通过环境绩效审计如实反映环境现状，审查企业在进行环境规划当中是否达标，并且发现企业在污染物处理方面的不足，最终反映出国家和企业内部环境保护制度的不完善之处，以及在生产经营过程中未能有效落实相关条例的环节。在此基础上提出建议，引起相关部门的重视，促使国家立法机关不断完善相关法律。

① 周一虹、周畅：《政府环境履责审计作用机制与实施路径探索》，《会计之友》2015 年第 14 期。
② 吴安平、晁莉：《大气污染型企业环境绩效审计的探讨》，《长春大学学报》2016 年第 9 期。

第八章　生态治理能力现代化研究

——从雾霾治理切入

近年来，雾霾问题引起了整个社会的广泛关注。从北京到各大城市，一年之中，至少几十天是严重雾霾天。雾霾是中国现代化过程中，高能耗高污染的粗放式经营发展的产物。解决雾霾的过程，并不仅仅是一个雾霾原因调查然后关闭工厂这么简单的事情，其实质是一个生态治理能力现代化的过程。生态治理困境的背后，实质是中国国家治理能力的不足。以雾霾治理问题来看，至少涉及多个政制问题，比如地方政府之间的关系问题，中央政府与地方政府的关系问题，就业问题和环境治理问题、中产阶级与工人农民的利益冲突等。所以，通过行政的方式（朝令夕改的政策）无法解决雾霾问题，必须通过立法（广义的立法，包括法律法规，高层级的行政规范性文件），统筹考虑各个地区、各个阶层的利益，才能找到各方满意，并共同遵循的解决办法。

一、生态治理之困境——从雾霾治理切入

根据中国社科院和气象局联合发布的《气候变化绿皮书》可知，我国60%的雾霾来源于燃煤和燃油。钢铁、汽车和石化产业是我国城市化的支柱产业，在城市化过程中……生活质量，也促使环境治理成本不断攀升。[①]按照普通人的想法，雾霾带来的环境问题已经威胁到普通人的基本生存环

---

① 李永亮：《"新常态"视阈下府际协同治理雾霾的困境与出路》，《中国行政管理》2015 年第 9 期。

境，中央高度重视，一旦下定决心，应该是三下五除二的事情。但事实并非如此。由国务院〔2013〕37号《大气污染防治行动计划》具体目标为：到2017年，全国地级及以上城市可吸入颗粒物浓度比2012年下降10%以上，优良天数逐年提高；京津冀、长三角、珠三角等区域细颗粒物浓度分别下降25%、20%、15%左右，其中北京市细颗粒物年均浓度控制在60微克/立方米左右。[①]2013年，时任北京市委书记郭金龙强调，实现我市清洁空气行动计划，意味着我们要用4年左右时间走完发达国家几十年的历程，我们必须全面贯彻中央部署要求，努力在尽可能短的时间内，使首都空气质量取得明显改善。[②]雾霾治理不是短期内能解决的问题，要彻底解决雾霾问题，必须弄清楚这场生态治理攻坚战中，困境究竟在哪里？

（一）地方政府区际协同问题

很多学者已经注意到北京的雾霾治理问题并非北京一个城市所能解决。如果用更大的视野来看，几个大的城市群都面临类似的问题。京津冀、长三角、珠三角都是同样的情况，只不过京津冀地区地位更加显赫，更容易引人注意罢了。主要又表现为几个方面。

首先，地方政府之间缺乏信任关系。从协同治理的主体上看，良好的信任关系是实现府际合作的基础。然而当前府际合作的信任关系缺失促使地方政府自利性膨胀，"公地悲剧"时常发生。[③]基于多种原因，不同地方政府追求的目标不同，而且基于历史的原因，地方政府之间的协同往往很难展开。

其次，地方政府之间协同缺乏法律依据。中国的《宪法》和《地方政府组织法》都只规定了地方政府的职能，而对于跨政府的公共职能没有明确的规定。这使得地方政府区际协同治理缺乏法律上的依据。此外，我国地方政府的运行机制是垂直进行的，长期以来的行政规则和习惯使得政府官员对于同级政府之间的协调只是限于应付。

最后，最大的问题在于地方政府经济社会发展水平的差异大致各个政府

---

① 国发〔2013〕37号《大气污染防治行动计划》。
② 吴婷婷：《郭金龙：尽快改善北京空气质量》，《北京晨报》2013年9月18日。
③ 李永亮：《"新常态"视阈下府际协同治理雾霾的困境与出路》，《中国行政管理》2015年第9期。

的关注度完全不同，导致区际协调治理困难。以京津冀为例，北京从人口、财富、产业结构等方面都已经向世界级大都市迈进，天津则是二线城市中的龙头、工业发达的区域中心城市，但是河北则大部分地区处于刚温饱状态，大量贫困县和人口还在等待中央政府来扶贫。三者在经济社会人口发展水平上的巨大差异，使得各个政府的关注点完全不同。北京市的第三产业比重已经占到一半以上，市民更加关注生活质量，所以对于生态环境治理非常敏感，而就在咫尺之遥的河北，整个社会氛围还是更重视经济发展，认为环境生态治理是经济发展到一定程度的事情，如果让他们关闭工厂，对于经济增长就可能产生大的负面影响。

（二）中央与地方的关系博弈

生态治理问题陷入困境的第二个原因，就是中央与地方的博弈。以雾霾问题为例，中央政府和地方政府的利益追求是不一致的。中央政府考虑是整个国家的生态环境问题，而地方政府（集中体现为政府官员）更多考虑的是地方经济发展和个人升迁。由于中央政府与地方政府之间的信息不对称，那么地方政府在执行中央政府的政策时，会选择对自己有利的政策去执行。实际上由于生态治理问题是一个事关全国的问题，在这个问题上只有中央政府才可能加以协调解决，所以中央政府在生态治理问题的解决上，也是不断在试图提升中央政府的权力的。在一个中央政府之下，各个地方政府则会追求自己的利益最大化。"在生态治理中，拥有相对独立利益结构的地方政府与中央政府之间呈现出深刻的利益冲突。……地方政府官员个人晋升微观政治利益和体制内软约束有关，还与地方政府行为短期化与届别机会主义倾向的经济行为有关。"①

（三）就业问题和生态治理之间的矛盾

中国是一个政治经济发展不平衡的大国②。东中西部地区的经济社会发展水平差异极大，即便是一个省内各个地市县之间的差异也很大。尤其是当多数省份都还存在大量的市县停留在温饱层面，此时生态治理和就业问题之间

---

① 余敏江：《论生态治理中的中央与地方政府间利益协调》，《社会科学》2011 年第 9 期。

② 《毛泽东选集》第 1 卷，人民出版社 1991 年版。

就存在一定的冲突。比较典型的案例还是京津冀的雾霾问题。公众通常认为河北的钢铁产业是造成城市雾霾的重要原因。尤其是首钢搬到曹妃甸之后，河北的钢铁产业在全国都成了首屈一指的产业。所以曹妃甸对于河北地区的GDP（包括就业）就尤其重要。钢铁工业解决了很多工人的就业问题。就整个中国而言，文化程度较低的农民工人仍然是就业市场中最庞大的队伍。尤其是处于京津冀地区的河北省，人才都吸收到京津地区了，剩下的都是文化程度较低的农民工人，他们的就业问题往往依靠的是那些高能耗的传统产业。因为低能耗的高新技术产业需要的是高技术人才，不太需要大量的初级劳动力，也无法解决现阶段大量农民工人（尤其是 40—50 岁）的就业问题。大量的产业工人如果下岗，就会产生巨大的社会问题。同样的问题在珠三角地区也存在。传统行业对于劳动力文化程度要求不高，虽然对生态环境有一定的影响，但可以解决大量就业问题。所以，中国的产业转型升级之难的一个重要原因就是现阶段的劳动力结构中大量的较低素质的农民工群体。不解决其就业问题则会产生社会稳定问题，解决的话，往往依赖一些传统高污染行业。这也是为什么网约车新规会导致公众舆论如此之大的反应的原因。①

（四）社会阶层之间的矛盾

改革开放以来，我们已经远离了"阶级斗争为纲"的时代，但是不可否认，随着经济社会的发展，社会还是分层了。而且这些年，这种分层呈现出愈演愈烈的趋势。如郝景芳把北京分成三个空间②，每个空间的人拥有不同的时间。本来大家都是平行线，互不干扰。但是当出现了雾霾这种需要三个空间共同面对的问题时，就会产生冲突。极少数人（上层空间）他们在房子和

---

① 因为目前很多因为产业转型升级或者企业破产导致失业的工人，都转向了滴滴司机或者快递行业。根据笔者调研发现，在北京开滴滴快车的司机（尤其是晚上）大都是来自河北、东北的外地人。外地人为主体的网约车司法对于大城市的监管也会产生不少问题，所以这次几大城市网约车新规实际上也是多种矛盾的表现。对于本地人来说，确实有加强网约车监管之必要，因为安全保障等因素。但对于整个社会而言，只有大城市才需要这么多的网约车司机，才能创造这么多的就业岗位。

② 《北京折叠》是科幻作家郝景芳创作的中短篇小说。该小说创造了一个更极端的类似情景，书里的北京不知年月，大概在 22 世纪，空间分为三层，不同的人占据了不同的空间，也按照不同的比例，分配着每个 48 小时周期。2016 年 8 月 21 日，《北京折叠》获得第 74 届雨果奖最佳中短篇小说奖。

车里都装上最先进的空气净化器，甚至在雾霾时离开雾霾的城市。处于社会中产阶级的干部和工人（工薪阶层）是对雾霾最敏感的人群。他们已经摆脱了温饱的阶段，接近追求小康的阶段，他们追求生活的品质，从事体面的职业，希望在优美的环境中工作。但当城市出现雾霾时，作为工薪阶层他们又无法向少数人那样摆脱这个城市，所以他们急切希望改变这个环境。当雾霾的真实原因一直没有一个权威机构给予一个令所有人信服的时候，中层阶级往往把矛头指向围绕在北京周边的钢铁等传统行业所进行的污染物排放。而对于与自身利益紧密相关的机动车污染排放则视而不见，反而对北京市等大城市实施限购进行强烈批判。一些专家也发表观点认为限购是侵犯了公民的财产权和平等权。[1] 但反过来说，拥有机动车的人对空气排放污染物是否也侵犯了其他没车的人的环境权和平等权呢？

以上，仅仅是笔者对于以雾霾为代表的环境问题进行生态治理所面临的制度困境的一种展开，真实的问题并不局限于这四个维度。但即便这四个维度也足以表达生态治理的复杂性。而要解决环境问题的生态治理的过程，实际上也就是一个生态治理能力现代化的过程。

二、生态治理现代化之逻辑证成

四个维度的生态治理问题，实际上从某种意义上印证了雾霾问题为代表的生态治理的复杂性。雾霾问题的难以治理也暴露了中国国家治理能力的前现代问题。这实质上是一个宪法问题，即政府与政府之间的关系、政府与公民的关系、公民与公民的关系问题。所以，生态治理的现代化实质上是要求整个政制的现代化。稍微放大一下视角，伦敦雾霾的解决也是伴随着国家的现代化和法治的基本完成而解决的。[2] 从伦敦雾霾的解决就可以发现现代化的过程也就是一个大规模立法和法治的过程。

---

① 所以，权利的背后实际上是利益问题。中产阶级认为限购侵犯了自己的财产权，但对于机动车排污导致空气质量降低环境破坏是否侵犯其他人的环境权却视而不见。

② 英国伦敦雾霾的完全解决是 20 世纪 70 年代，参见左长安、邢丛丛、董睿、康翠霞：《伦敦雾霾控制历程中的城市规划与环境立法》，《国外规范研究》2014 年第 9 期。

生态文明制度建设十二题

（一）政府内部的现代化与法治

中国对于政府之间的关系缺乏法律规则。具体来说，又表现为纵向和横向两个方面。纵向的政府之间的关系就是中央与地方的关系。横向政府的关系则是各个同级政府（比如省级政府、市级政府）的关系。由于中国是一个政治、经济发展不平衡的大国，所以多级政府是一个必然的问题，这也使得中央在对央地关系的法治化上非常慎重。

另外一个问题就是横向政府的关系问题。过去几十年学术界过度关注立法权、行政区和司法权之间的关系，而对横向政府的关系问题关注十分不够。而横向的政府关系在生态治理问题中就表现得非常突出了。横向的政府关系，不仅包括同级的省级政府之间关系，同级的市级政府之间关系，同级的县级政府之间关系，还包括普通省级政府与直辖市政府的关系。因为中国的政府横向关系的背后还存在一个行政层级关系。

（二）政府与公民之间的关系

政府与公民之间利益的平衡事件上是一个国家政制中最核心的问题之一。虽然我国宪法被称为公民权利最全面的文本之一，但我国政府与公民之间利益平衡的关系没有一种进入到一种法律规则之内。也就是说公民维护自身权利的主要途径主要不是通过法律规则。近年来，因为环境生态问题产生的群体性事件，基本上不是通过法律来解决。公民主要通过群体性事件或者网络舆论来表达，而政府则以各种行政手段或宣传手段来解决。典型案例就是厦门 PX 事件。市民采取散步的群体性事件来表达自己的意见，最终政府因为民众反对而将该项目移到漳州。① 之后又相继爆发了宁波 PX 事件，茂名 PX 事件。不断爆发的生态群体性事件暴露出政府与公众在表达自己意愿和处理两者之间关系时仍然缺乏理性和规则意识，仍然没有找到一条现代化的道路来处理公共事件。

---

① 百度百科："厦门 PX 项目事件"，最后登录于 2016 年 10 月 26 日，http://baike.baidu.com/
link?url=a3xzHrkAehz_ycT1WnzH1ALEGj35hRM09iefVW3RvFDy6P_iR_PZyeLPtMg9gXtQN_4x1YX
MjilhH4qAqpxr_Syfd9XZ_D4ADcwz6wk0db3Q2FZZxRUo4gB4Rgek9r9ruVHfe7v0jSqqg7YsFSXs_7B5
WMIU5m-wxYY7UXlCeRK.

（三）公民之间的关系危机

第三个问题就是公民之间的冲突。前文已经分析，随着市场经济的发展，蛋糕越来越大，但社会利益却高度分层了。也就是各个社会阶层在面临社会问题时利益已经高度不一致了。雾霾问题也是如此。大城市的中产阶级多数是支持关闭高能耗企业，但对于河北地区的产业工人来说，首先需要解决的就是生存问题。转基因问题也是如此。专业人士与非专业人士之间的分歧十分巨大。但是似乎谁也无法说服谁。到目前为止，面对公民之间重大社会问题（包括生态问题）的分歧时，还没有一条有效途径来获得有效共识。

三、中国生态治理现代化之现实路径

从京津冀雾霾问题入手，我们管中窥豹，可以得出一个结论：中国的生态治理问题从表面上看是经济社会发展所引发的人与自然之间的冲突，但实质上还是生态治理失范的结果，其根源是一系列内在的宪制问题①，具体又包括政府内部关系问题、政府与公民利益平衡机制、公民之间利益冲突纠纷解决问题三个大的方面。如果要真正取得长久之治，那么要从这些问题入手，才可能较好解决诸如雾霾、工业污染、水污染、打车难等看似不大却牵一发而动全身的生态治理问题。

（一）政府关系的现代化与法治化

目前，政府关系的现代化集中体现为要走向法治化，也就是要科学立法和依法行政。随着现代科技的发展，行政权力的扩展成为不可阻挡的趋势。而一切有权力的人都可能滥用权力，直到其遇到制约为止。② 当面临类似雾霾这样全球性的生态治理问题时，政府之间的协调不可避免。而对于中国而言，内部地方政府的关系急需宪法性法律来规范。现行《中华人民共和国地方各级人民代表大会和地方政府组织法》第55条规定："地方各级人民政府

---

① 这里的宪制问题并非是指宪法文本问题，而是中国现代化过程中整个国家所面临的重大问题如何解决的问题。比如最近社会普遍关注的个人所得税法修改问题，就是涉及国家公民之间利益分配的重大问题。

② 〔法〕孟德斯鸠：《论法的精神》（上册），张雁深译，商务印书馆1982年版。

对本级人民代表大会和上一级国家行政机关负责并报告工作。县级以上的地方各级人民政府在本级人民代表大会闭会期间,对本级人民代表大会常务委员会负责并报告工作。"也就是说现行地方政府组织法只规定了一般情形下地方政府与上级政府之间的关系,而对于同级政府之间的关系如何处理则无相关规定。这样造成的结果是,两个同级地方政府如果要协调应对一个问题,则需要更高级的共同上级政府来协调。唯一的例外是《中华人民共和国突发事件应对法》第 7 条对突发事件的政府关系进行了规定:"县级人民政府对本行政区域内突发事件的应对工作负责;涉及两个以上行政区域的,由有关行政区域共同的上一级人民政府负责,或者由各有关行政区域的上一级人民政府共同负责。"如此,如果是突发性生态事件,则可以此两部法律为依据协调。但是突发事件处理时的政府关系协调是否可以移植到类似生态治理等常态治理政府行为中来,则需要相关法律予以明确。政府关系的现代化,除了纵向政府关系和横向政府关系的规范外,还要有一部《行政程序法》对于行政行为的程序性一般规则进行规定。

(二)政府与公民利益平衡机制

现行机制下,政府与公民利益的平衡是以一种非常态的博弈的方式在进行。比如厦门、宁波、茂名等地爆发的 PX 项目事件,就是典型的案例。公民动辄以围攻政府的方式表达自己的意愿。信访成为极具中国特色的公民表达自己意志的渠道。信访工作是党和政府密切联系群众、了解社情民意的重要渠道,人民群众通过信访渠道反映问题、提出意见,也寄托着对党和政府的信任和期望。① 但是,老百姓普遍采取信访方式而非法律渠道解决自身利益问题,也使得法律被空转。长时间下去,政府与老百姓之间的利益机制始终处于博弈之中。典型的如拆迁问题、生态补偿问题等等,老百姓发现钉子户总是最大的获利者之后,很多人就会群起仿效,对于自身利益有无穷期待,使得问题越来越大。只有通过比较刚性的法律规则对于政府与公民之间

---

① 中共中央办公厅、国务院办公厅近日印发的《信访工作责任制实施办法》,首次对信访工作各责任主体的责任内容进行了明确规定,厘清了许多实践中理解不一、难以界定或把握不准的问题。参见张璁:《在信访之初就把责任压实》,《人民日报》2016 年 10 月 27 日。

的利益平衡问题进行一个相对稳定的规制，并且严格遵守法律规则来一碗水端平，才能使得政府在应对生态治理问题时，能够高效、长久。

（三）企业、公民之间的关系平衡问题

最后一个问题就是公民之间的关系问题。随着经济社会的快速发展，社会分层问题成为一个非常现实的问题。整个社会分为了很多阶层，典型的如干部、专业技术人员、企业主、农民、自由职业群体等。而在每个大类里面，又可以具体分类很多小层。比如干部又可以分为高级干部、中级干部、普通干部，企业主可以分为大企业主、中级企业主和小企业主。依据农户与土地的关系，可以将农村作如下阶层划分：脱离土地的农民阶层、半工半农阶层、在乡兼业农民阶层、普通农业经营者阶层、农村贫弱阶层。不同阶层的农民对土地收入依赖程度、对土地流转的态度、对待乡村秩序的态度也不尽相同。[1]对于发展经济和环保问题，不同社会阶层的人的态度就会完全不同。因为一旦为了环保把工厂拆了，它很难转移到其他地方。如果发展新的产业，很可能不会再雇用企业原来的工人，这也是一个很大的问题，甚至有可能变成一个相当尖锐的问题。[2]这就是使得问题变得非常复杂。首先，中产阶级会坚定的支持环境保护，加强环保执法力度，开征环境税，并且提供环境税率，关闭高能耗的产业。相反，在企业打工的农民阶层则会首先考虑自己的生计问题，支持能够解决自己就业问题的企业，比如河北的钢铁企业。即使在农民内部，各个阶层的利益和态度也不完全一致。那些掌握熟练技术的工人或者容易迅速转行的农民则对企业关闭持中立或支持态度，但是那些只能出卖自己体力的农民则会强烈反对唯一可能给自己提供就业机会的高能耗企业。此时，作为执政的党和政府就须有一套成熟机制应对，能够较好地平衡各个社会阶层的利益。那么最后的方式就是立法。[3]通过一套有效机制或规程来解决全社会遇到的生态治理问题，就是法治，就是生态治理能力的现代化。

---

① 贺雪峰：《取消农业税后农村的阶层及其分析》，《社会科学》2011 年第 3 期。

② 苏力：《社会转型与中国法治》，《经济导刊》2015 年第 5 期。

③ 这里的立法是广义的立法，不仅局限于法律法规，也包括确立规程和规矩。比如，兰州大气污染的治理过程中，大量的工作规程，也可以被视为广义的立法。

第九章　大气污染治理的"兰州经验"

——国家环境治理的理论考察与实效分析

大气污染是由于人民的生产活动和其他活动，向环境排入有毒、有害物质和能量，使其物理、化学、生物或者放射性等特性改变，导致环境质量下降，进而危害人体健康、生命安全或者财产损害的现象。[①] 兰州地处高原盆地，大气污染曾是久治不愈的顽疾。自 2011 年底以来，在甘肃省委、省政府的领导下，兰州市委、市政府立足于"老工业基地、老大难问题、老观念束缚"等现实背景，突出问题导向，将大气污染治理作为最大的民生工程和政治工程，运用法律、科学、经济、行政等综合手段实施污染治理。经过近年来的探索和努力，兰州市成为全国环境空气质量改善最快的城市。截至 2015 年 12 月 16 日，兰州市空气质量新标达标的总天数达到 250 天，月度和年度排名退出全国十大重污染城市行列的目标任务。兰州治污的经验，既是政府环境管理的经验，也是国家治理体系和治理能力现代化的经验。从某种意义上，"兰州经验"还是地方环境法治的一种尝试。目前，"兰州经验"正在不断完善，有望从个性化、地方化的经验上升为常态化、法治化的制度和运行机制。

一、"兰州经验"为生态文明建设提供了经验和借鉴

党的十八届三中全会强调要把生态文明建设放在突出地位，融入经济建设、政治建设、文化建设、社会建设各方面和全过程。生态文明建设重要地

---

① 蔡守秋:《环境法案例教程》，复旦大学出版社 2009 年版，第 106 页。

位在我国的确立，是由我国社会发展所处的历史阶段特点、经济发展与资源环境关系的现状、全社会对"天、地、人"和谐关系重要性认识的深化、执政党对中国未来发展的战略选择与定位决定的。①

（一）当前阻碍生态文明建设的难题

自党的十八大将生态文明建设列为"五位一体"建设的重要内容后，党中央和国务院出台了一系列的重大决策，对生态文明建设的目标、路径进行了规划和部署，体现出我们对人与自然关系的认识达到了一个崭新的高度，生态文明建设正在向纵深发展。但是，在我们建设生态文明过程中，也存在着很多阻碍生态文明建设的难题。

笔者认为，当前阻碍生态文明建设的难题主要有：第一，最大的压力是发展。作为最大的发展中国家，中国急需发展，而发展就意味着更多的资源耗费和更多的污染排放，如何协调好环境保护和经济发展的关系，是生态文明建设中的重要内容。第二，最大的阻力是利益。包括来自于企业追逐利益最大化的阻力以及地方政府为追求 GDP 和财政收入最大化而带来的阻力，这些阻力导致环境法上的义务和责任难以得到落实，阻碍了生态文明建设的进一步发展。第三，最大的困难是能源结构和产业结构。当前，我国的能源结构仍然以煤为主，产业结构还比较偏重，这就大大增加了生态文明建设的难度。

（二）"兰州经验"为我国生态文明建设提供的经验

笔者认为，"兰州经验"之所以能成为一种经验，在于其比较有效地克服了这些难题，在大气污染治理领域取得了显著效果，为我国生态文明建设提供了很好的经验借鉴，主要体现在以下三个方面。

第一，较好地平衡了经济发展与环境保护的关系。兰州市坚定地抛开"治理污染影响经济发展"的顾虑，树立了既要金山银山，更要绿水青山的理念，克服了"发展账"与"环保账"之间的矛盾。经过四年来的扎实工作，按照《环境空气质量标准》（GB3095-2012）评价，兰州市 2013 年达标

---

① 王灿发：《论生态文明建设法律保障体系的构建》，《中国法学》2014 年第 3 期。

天数 193 天、2014 年达标天数 247 天（以上为环保部审核后数据），2015 年达标天数 252 天，同比增加 5 天，比 2013 年增加 59 天；重度以上污染天气逐年递减。[①] 与此同时，经初步核算，2015 年，兰州市实现地区生产总值 2095.99 亿元，按可比价格计算，比上年增长 9.1%，绝对量占全省比重达 30.86%，比上年提高 1.59 个百分点。[②] 兰州市出现了经济总量持续增加，污染物排放持续下降的良性循环，达到了环境治理与经济发展双赢的效果。

第二，勇于打破来自利益的阻力。在大气污染治理的过程中，政府所采取的一些刚性举措必然触动一些单位和群体的利益，兰州市积极能动地发挥属地化管理的职责，把治理的重点聚焦到高污染企业上和排放强度较大的电力企业上，并通过信息公开、驻厂监督、24 小时巡查、环保司法等手段，极大地打破了企业追求经济利益最大化的阻力，较好地落实了环境保护的义务和责任。同时，针对污染治理可能对民生带来的影响，注重做好政策风险评估、舆论引导、财政补贴等工作，使大气污染治理既取得了实效，也充分保障了群众利益。

第三，抓住了能源结构和产业结构调整这一关键环节。中国的能源结构可以用"富煤、贫油、少气"来形容。化石能源消费占中国整体能源结构 86.2%，其中高排放、高污染的煤炭占了 58.5%，石油占 17.7%，天然气仅占 4.7%，而低污染的水电、核电、风电仅占 9.1%。[③] 随着能源需求量的日益增长，化石能源在很长一段时期内对中国的经济发展起到了支撑作用，但是也产生了严重的环境问题。虽然，煤炭在能源消耗中的比例不断下降，但在我国一次能源生产和消费中仍处于主导地位，燃煤所产生的烟尘和二氧化硫是主要的大气污染物。因此，要想从根本上改善大气环境，就必须优化能源结构使其更科学合理。

在产业结构方面，我国工业化进程导致的重工业占比过大，这是产生大

---

① 中国甘肃网，http://gansu.gscn.com.cn/system/2016/01/11/ 011233503.shtml.

② 中国兰州网，http://lz.lanzhou.cn/system/2016/ 01/30 / 011029250.shtml.

③ 王俊、陈柳钦：《我国能源消费结构转型与大气污染治理对策》，《经济研究参考》2014 年第 50 期。

量工业废气排放的另一个主要原因。虽然政府不断强调要调整经济结构，提高消费在 GDP 中的比重，但事实上投资占比仍然持续上升，高耗能、高污染的重工业占的比重呈上升趋势，单位工业产出的能耗和由此带来的空气污染是服务业的 4 倍，重工业的单位产出能耗和由此带来的空气污染是服务业的 9 倍。[①]

改革开放以来，中国经济的粗放型增长导致了资源的日益枯竭和生态环境恶化，现已到了不得不改变"以环境换增长"发展模式的关键时刻。产业结构调整是协调经济可持续发展和环境保护的关键路径。调整产业结构，不仅能够提高技术密集型、知识密集型产业的比重，促进技术进步，扶持新兴产业，也能够降低高污染、高能耗产业的比重，鼓励环境技术研发和清洁生产设备投资，从源头上控制污染的产生和排放。[②] 近年来，我国节能减排工作虽然取得了明显成效，但以"高投入，高耗能，高污染"为主的产业结构并未有实质性改变。面对日益严重的环境问题，产业结构调整成为促进经济发展方式转变的关键路径。

兰州市抓住了改善能源结构和产业结构调整这一关键环节，针对造成大气污染的产业和能源结构不尽合理、地理地貌特殊、生态环境脆弱、机动车快速增长四大成因，邀请全国知名专家开展污染成因及防治对策研究，对大气颗粒物来源进行解析、找准"病根"后，重点采取减排、压煤、除尘、控车、增容等综合措施，能源结构日趋合理，而产业结构也正在稳步优化。

二、"兰州经验"体现了国家治理现代化的核心价值理念

国家治理体系和治理能力现代化是党的十八届三中全会提出的新的重大命题，这一命题是我国在社会转型的时期进一步推动国家治理体系转型的战略决定，是改革我国治理方式和手段的重要途径。"兰州经验"体现了国家

---

① 魏巍贤、马喜立：《能源结构调整与雾霾治理的最优政策选择》，《中国人口资源与环境》2015 年第 7 期。

② 原毅军、谢荣辉：《环境规制的产业结构调整效应研究——基于中国省际面板数据的实证检验》，《中国工业经济》2014 年第 8 期。

治理现代化的公共性、共治性、有效性等核心价值观，初步显示出国家治理体系和治理能力现代化的强大力量。

（一）"兰州经验"体现了国家治理的公共性

权力的配置与运行是现代国家治理体系的基础和核心。在现代国家，公共权力的配置与运行，应当遵循公共性原则，促进公共福利的最大化。从一般意义上看，公共性的增长会带来国家治理能力的提升，同时，国家治理能力越高，越有助于公共性这一价值目标得到实现。① 政府因为实现其公共目标、维护其公共利益而建立，这也是政府公共性的起源，虽然不同时代、不同背景对政府公共性的外部特征有不同要求，但实现正义、提供公共物品却是所有政府公共性的公共内容。② 政府角色及其管理方式的现代转型，是现代化进程的重要组成部分，也是现代国家治理体系建构的核心问题。③

在兰州大气污染治理的过程中，市委、市政府秉承公共权力的公共性理念，以人民利益为本，通过制定地方环境立法体系、政策体系和规则体系，依托于高效的环境管理运行机制，在短时间内就实现了大气质量的根本改善，向民众提供了优良的环境质量这一最大的公共物品，实现、维护和增进了公共利益。

（二）"兰州经验"体现了国家治理的共治性

现代国家治理要求形成多元主体参与、多种手段协调作用的共治格局，而环境保护则更集中地体现了国家治理的共治性要求，环境保护的好与坏，更是国家治理是否实现了良好共治的集中反映。

关于主体的共治性。在国家治理体系中，不仅包括政府（尽管政府仍是主要的治理主体），而且也包括市场、社会组织、公民等，治理主体在治理体系中各司其职，各归其位，实现从单一主体的社会管理向多元主体共治的国家治理体系转变。④ 治理理论强调治理主体的多元性，即强调与国家的公

① 黄皖：《公共性与国家治理能力刍议》，《改革与开放》2015 年第 11 期。
② 高晓红：《政府伦理研究》，中国社会科学出版社 2008 年版，第 42 页。
③ 何显明：《政府转型与现代国家治理体系的建构》，《浙江社会科学》2013 年第 6 期。
④ 汤梅、卜凡：《论现代国家治理体系中的政府权力配置与运作》，《探索》2014 年第 1 期。

共事务相关活动的主体是多元的。体现在环境治理工作中，政府就应适当放权，使不同的治理主体都能平等地参与到国家社会事务中来，这样才能达到理想的治理效果。

关于方式的共治性。现代国家治理方式的选择不仅要考虑其有效性，而且要考虑其正当性和文明性。现代国家治理的基本手段是民主、法治、科学和文化。[①] 与以命令、控制为主的管理不同，治理方式上更注重协商与合作，如行政合同、行政指导等方式。手段的共治性更注重人性化的制度安排，强调社会、公民的主动参与。环境保护要求对山水林田湖等生命共同体进行一体保护，而每一位社会个体、每一家单位，作为污染的排放者，都要首先尽到对环境的义务和责任。这就决定了在环境保护中，以命令和服从为特点的单一的行政管制手段难以有效作用于环境治理的需要。

兰州市在大气污染治理的过程中，实施了有效的社会动员，通过命令强制、经济促导、道德劝诱等多元化的机制，促进社会各方的积极参与，实现了治理主体的多元性，治理手段科学性，营造了良好的治理环境。

（三）"兰州经验"体现了国家治理的有效性

国家治理现代化的一个重要衡量标准，就是国家治理的有效性，包括中央政府治理的有效性和地方政府治理的有效性两个层面。客观来讲，中国幅员辽阔，区域差异性较大，上下一般齐的统一治理往往难以符合不同地区的经济社会状况，因此，国情决定了地方政府在治理方面应该发挥更大的积极性。通过地方政府开展积极有为的地方治理，可以有效地解决经济社会发展当中的问题，最大限度调动当地的经济社会发展活力，为地方的可持续发展奠定基础。

地方政府的有效治理，就是支撑"兰州经验"的重要力量。从实际效果看，地方政府通过实施有效的环境治理，使得环境大幅改善，民众直接受益，民心得到凝聚，服务意识明显增强，发展明显提速，这就为如何实现有效的国家治理提供了一个可资研究的样本。

---

① 姜明安:《改革、法治与国家治理现代化》,《中共中央党校学报》2014 年第 8 期。

三、"兰州经验"中值得关注的若干核心要素

（一）在环境治理领域构建了有效的权力运行机制

在党委的领导下，政府、人大与其他部门之间分工协作，密切配合，形成合力，在环境治理领域构建了良好的权力运行机制，并对整体的权力运行产生了正面的影响和示范效果。

第一，党委的政治领导作用得到充分发挥。甘肃省、兰州市主要领导同志对大气污染治理高度重视，打消"污染难治甚至不可治""治理污染影响经济发展""大企业难管不好管""治污带来各种短期矛盾和压力"等多种顾虑，确定了全省 21 项重点工作，把兰州大气污染治理列入其中，专门成立了兰州市大气污染治理协调推进领导小组，转变观念，使大气污染治理成为"一把手工程"，有力地推动了大气污染治理工作。

第二，政府治理工作扎实有力。在省市两级党委、政府的领导下，兰州市制定了"1+5"的综合治理规划（"1"是一个总体实施意见，"5"是工业、燃煤、机动车尾气、二次扬尘和生态增容减污五个专项治理方案）。在"1+5"规划框架中，确定了环境立法、工业减排、燃煤减量、机动车尾气达标、扬尘管控、林业生态、清新空气和环境监管能力提升等八大治污工程，凝练实施了 916 个项目，并通过扎实细致的工作推动规划和各项决策实施。

第三，人大立法为环境治理提供了法治基础。"兰州经验"的一个鲜明特色，在于立法机关积极参与，通过省、市人大立法的方式，坚持问题导向，有针对性地制定了相关的地方环境立法，为兰州市的大气污染治理提供了充分的地方立法根据。

（二）努力将法治思维和法治方式贯穿于环境管理之中

当前，我国的环境法律体系虽然十分庞大，但环境立法仍然存在着规则过于原则和概括、操作性不强等问题，大气污染治理的法治基础仍然薄弱。

运用法治思维和法治方式治国理政，是国家治理现代化和环境治理的内

在必然要求。依法治国方略的实施必然要求各级领导干部树立法治思维，掌握法治方法，形成办事依法、遇事找法、解决问题用法、化解矛盾靠法的良好法治习惯。领导干部运用法治思维和法治方式的能力，直接决定着依法治国的进程，法治国家的建立，决定着我们党能否依法执政、政府能否依法行政、司法机关能否依法独立公正地行使职权。[①] 法治思维和法治方式，从思想和实践两个层面为治理活动指明了方向。

兰州市在大气污染治理的过程中，坚持用法治方式推进各项工作，逐步探索建立地方治理环境污染的法规和制度体系，通过依法治污，确保了政府工作的正当性、合法性，维护了社会公众的权利和利益。

法的生命在于运行，法的价值在其运行中得以体现和实现。法的制定即立法，是法运行的起点。[②] 为推动兰州市的大气污染治理工作，省人大常委会专门听取汇报并出台了《关于进一步加强兰州大气污染防治的决定》，既对兰州市的大气污染治理提出了要求，也为兰州市的大气污染治理提供了立法根据。兰州市先后制定了《兰州市实施大气污染防治法办法》等两部地方性法规以及四部政府规章，这些法规和规章，重在强化管控措施，解决突出问题。

此外，兰州市政府还制定了六部规范性文件，为大气污染防治工作提供了相应的制度基础。在综合防治方面，修订了《兰州市实施大气污染防治法办法》，制定了《兰州市大气污染防治示范区管理规定》；在燃煤污染治理方面，制定了《兰州市煤炭经营监督管理条例》，实行煤炭消费总量控制，规范煤炭市场，管控煤炭质量，设立"高污染燃料禁燃区"；在扬尘污染治理方面，制定了《兰州市扬尘污染防治管理办法》，规范管理施工、土壤、道路和堆场扬尘，特别是控制细颗粒物污染；在机动车尾气污染治理方面，修订了《兰州市机动车排气污染防治管理暂行办法》，实行低标号燃油退市，淘汰"黄标车"等老旧车辆政策，完善禁行、限行措施；在污染监督管理

---

① 张文显：《运用法治思维和法治方式治国理政》，《社会科学家》2014 年第 1 期。
② 张文显：《法理学》，高等教育出版社 2007 年版，第 223 页。

方面，制定了《兰州市环境保护监督管理责任暂行规定》，明确了政府及有关部门的监管责任，各企事业单位的主体责任，以及以属地管理为主、谁主管、谁负责的监管原则。

（三）以坚强的执行力确保工作实效

再激动人心的蓝图，再科学严谨的规划，如果不能扎实、坚定、彻底地去贯彻执行，也只能是柏拉图式的幻想，将成为海市蜃楼、空中楼阁。如果孤立地来看待兰州市大气污染治理所形成的各项制度设计和各项措施，并不足以为我们解开兰州大气污染治理之所以卓有成效的秘密。我们认为，唯有深入分析立法、制度、政策等显性因素背后的原因，才能更好地找到兰州大气污染治理的秘诀。笔者认为，兰州市污染治理成效显著的最为成功之处，在于其自始至终将打造坚强的执行力作为至关重要的因素，通过发挥人的积极性，提升隐形的软实力，踏踏实实地抓好每一项工作的执行，避免精心设计的立法、制度、政策名不副实甚至完全落空。可以说，强化执行力，以坚强的执行力确保工作实效，推动立法的实施，是"兰州经验"至关重要的保障。

在打造坚强的执行力和立法实施机制方面，"兰州经验"集中体现在三个方面：

第一，领导和组织体系权威高效。兰州市大气污染治理实行"领导小组＋指挥部＋专项工作组"的工作模式，成立以市委书记为组长的大气污染治理协调推进领导小组，以及由市政府主要领导担任总指挥的大气污染综合治理指挥部，指挥部下设五个专项治理工作组，相关职能部门全面参与其中，建立了"一周一调度、一周一考核、一周一通报"的工作制度，使大气污染治理成为全市工作的重中之重，政府的意图能够确保上下齐心，有效执行。

第二，环保监管确保落实。兰州市注重监管的协同和执法力量的整合来提高监管的有效性。例如：兰州市大气污染综合治理指挥部办公室下设在环保局，这就改变了全国绝大多数城市环保局居于弱势地位的尴尬局面，环保部门凭借其牵头人的地位，能够更好地协调工信、建设、执法、公安、环卫等多个部门，管理和执法效率都大大提高，立法的实施情况良好。同时，兰州市在环保监管方面进行了许多创新，加之广大环保人强烈的责任心和艰苦的付出，确保了监管严密，措施落实到位。兰州市开展的综合执法，采取了航拍取证、驻区包抓、驻厂执法、流动监测、视频监视等先进的监管措施，将各类污染物的排放强度降至最低。在调研中，兰州环保部门的驻厂监察给我们留下了深刻印象。兰州市对以 3 家大型热电厂为代表的用煤企业，由环保、工信、质监等部门 24 小时驻厂监察，实行限负荷、限煤量、限煤质、限排放、限总量的"五限"措施，这实际上抓住了"关键的少数"，确保这些企业的生产行为始终处于严格的监控之下，《环境保护法》所规定的企业环境保护的主体责任得以履行。

第三，督查和问责严厉。无论从理论还是实践看，不受法律控制和追究责任的政府责任很容易走向不负责任或滥用权力，没有政府问责制作后盾的政府环境责任体系很可能成为沙滩上的大厦。① 其中，官员问责制是建设责任政府的关键环节，推行问责制建设是责任政府的必然选择。兰州市在大气污染治理工作中，建立严格的干部问责制度，通过对违法企业曝光、从严监管、从严处罚，倒逼企业履行环保责任等机制，为大气污染治理提供了坚实的组织保障。兰州市探索出了一条"由纪委、组织部门牵头，人大、政协专门委员会、两办督查室、环保、效能等多部门参加"的联合督查模式，从过去的事后监督向全过程监督转变。督查部门联合采取明察暗访、跟踪督办等方式，对发现的问题第一时间督促整改，对工作不力的人和事进行效能问责。兰州还将大气污染治理作为检验工作作风的主战场，做到正激励和负激励相结合，形成治污的硬约束，市级财政每年预算 4000 万元用于奖励县区基层一线干部职工，并对工作不力的干部严肃问责，2015 年以来对 2 名县级干部及 68 名治污不力的干部进行了效能问责，倒逼和促进了干部作风的转变。② 严格的督查措施，对不作为、乱作为的行为起到了强大的威慑作用，

---

① 蔡守秋：《论政府环境责任的缺陷与健全》，《河北法学》2008 年第 3 期。

② 每日甘肃网，2016 年 6 月 11 日，http://gansu.gansudaily.com.cn/system/2016/ 01/11/ 015848111. shtml.

行政效能得到极大地提高。

（四）通过网格化管理实现广泛的社会参与

公众参与原则是环境法的基本原则之一。公众参与原则亦称依靠群众保护环境或者环境民主原则，是指环境保护和自然资源开发利用必须依靠社会公众的广泛参与，公众有权参与解决环境问题的决策过程，参与环境管理，并对环境管理部门以及单位、个人与环境有关的行为进行监督。[①] 贯彻公众参与原则有助于实现社会公众环境保护的知情权、参与权和监督权，有助于促进环境管理工作的民主化、科学化，有助于维护公众的环境权益。

兰州市的做法体现了公共参与原则，充分发挥群众的积极性和主动性，创造性地将治安管理中的网格化管理引入到污染防治过程之中，形成了特色鲜明的大气污染治理网格化管理机制。依靠网格化的管理机制，政府充分动员了社会力量，既弥补了行政监管力量不足的问题，也将排污行为全面纳入社会监督体系之中，延伸了监管力量，提高了监管的及时性和有效性，兰州市的网格化管理机制，按照街道（乡镇）、社区（村委会）和楼院（社组）三级监管网络的模式，城区划定49个一级网格、338个二级网格和1482个三级网格，每个网格由环保专干、楼院长、辖区单位协管人员和环保志愿者等大约6人组成大气污染防治监控小组，民警、环保、执法、乡镇街道各方力量协作，形成了大气污染治理的严密的网络。日常监管队伍对网格内的工业生产、施工工地、煤炭配送网点、餐饮单位、道路保洁、燃煤火炉、燃煤锅炉等地点的污染情况能够及时发现，及时处理，污染防控效果明显。网格内的监管队伍建立了24小时全天候的巡查制度，对污染源进行全天候、全方位、不间断巡查管控，对发现的问题按照日常、一般、较大、重大四类进行处置上报，可以现场查处的问题第一时间解决到位。

四、结语

总体来看，大气污染治理的"兰州经验"有着较多内涵丰富的创新之

---

① 韩德培、陈汉光：《环境保护法教程》，法律出版社2015年版，第69页。

举。然而，这不意味着兰州市在治污方面就是完美无缺的，"兰州经验"也还存在着一些需要继续改进和提升的问题。例如：在地方环境法治方面，兰州还需要进一步提升其法治水平。我们注意到，《立法法》修订实施后，兰州的地方立法并未及时跟进进行修改，在其相关部门规章甚至效力层级更低的规范性文件中还存在着减损公民财产权利的条款（如机动车限行未通过地方性法规予以规定）等与《立法法》相冲突的做法等。当然，兰州市的经验还在不断完善之中，我们更乐于以宽容的态度来看待其治污的各项创新，并期待着兰州的进步和变化。近期，兰州拟将其大气污染治理的各项经验上升为标准。在《兰州市大气污染防治标准化建设实施方案》中，兰州市提出将兰州治污举措上升为政府环境管理、地方环境法治、国家治理体系和治理能力现代化的典范。为此，我们相信，兰州治污将迈向一个新的更高的境界。

第十章　生态突发事件的应对处理

——从松花江水污染事件切入

万丈高楼平地起，事故一来返平地。数年甚至数十年苦心经营进行经济建设所得到的财富和发展，在生态突发事件面前弹指之间便灰飞烟灭。虽然生态突发事件无法杜绝，但事件发生后的合理应对可以在最大程度地减少损失。所谓吃一堑，长一智，通过对较为典型的生态突发事件——松花江水污染事件的基本情况的介绍和凸显问题的分析，并将其与近年在突发事件处理方面较为成功的案例进行比对，可以得出突发事件应对处理的措施建议。以期在总结经验教训的基础上，政府能针对未来可能发生的生态突发事件提前做好充分的应急预案，在实时的应对处理中建立联动组织体系，并强化对舆论信息的传导和引导。

一、松花江水污染事件的介绍及选择原因

（一）事情经过 [①]

2005 年 11 月 13 日，吉林石化公司双苯厂一车间发生爆炸。截至同年 11 月 14 日，共造成 5 人死亡、1 人失踪，近 70 人受伤。爆炸发生后，约 100 吨苯类物质流入松花江，造成了江水严重污染并产生了一条长达 80 公里的污染带。污染带进入黑龙江省，哈尔滨市首当其冲，同月 21 日，哈尔滨市政府宣布全市停水 4 天，但市政府不恰当的停水公告引起了市民的恐慌。

---

① 百度百科：《2005 年松花江水污染事件》，https://baike.baidu.com/item/2005 年松花江水污染事件 /18450217.

污染带随后继续向北移动，并流经俄罗斯东南部多座城市，沿岸城市也受到了影响。

（二）选择原因

之所以选择从松花江水污染事件切入，主要基于以下两个原因：一是该事件具有生态突发事件的特点，可以作为一个较为典型的案例。二是关于提高生态突发事件的应对能力，欲优化升级必先查漏补缺，而在查和补之前，首先得找到缺点和漏洞。在对松花江水污染事件的应对处理过程中，当地政府所暴露的许多不足，具有研究价值。

综观各个种类的生态突发事件，我们可以抽象出生态突发事件的几大特点。首先是突发性，即事件的发生难以预料，猝不及防。松花江水污染事件的直接起因就是石化公司的员工违法操作规则，虽然从公司平日的安全监管力度不够的角度来看事件的发生是必然的，但缜密的安排只能降低事故发生的概率而无法绝对避免失误的产生。其次是破坏性，即事件发生会带来严重的后果。松花江水污染事件导致的破坏性后果包括了人员伤亡、财产损失、精神创伤以及生态环境的破坏。最后是持续性，虽然事件的发生只是短短的几分钟甚至几秒钟，但其后续的影响是持续的。化工厂爆炸事件所形成的污染带影响了黑龙江省甚至是俄罗斯的部分地区，造成了跨区域的污染，从这个角度看，突发事件的后续影响比当时发生的破坏危害性更大。

然而，在松花江水污染事件中，不管是事件引起地吉林省或是污染影响地哈尔滨市，甚至是国家环保总局，在应急处理中暴露的缺陷颇多，没有能及时地控制污染的蔓延，导致无法及时止损，下文将对这些凸显的问题进行进一步的分析。

二、松花江水污染事件应对中凸显的问题

（一）应急预案粗糙

如前文所述，在松花江水污染事件中地方政府采取措施的依据是应急预案，但从事后对突发事件的应对处理及其效果来看，应急预案的规定是很粗

糙的。预案，顾名思义，即对未来可能发生的危急事件进行预先设想并进行相应预先安排和准备。预案中应该包含最基本的三个要素：人，即预案的执行者；财，即资金储备；物，即物质和技术储备。

首先，虽然黑龙江省的环境应急预案详细规定了指挥体系和力量配置，但由于此次污染带移动时间和流经区域的延长，所需技术设备和人员力量就大幅度提高，各类应急机构和人员只能处于超负荷运转状态。[1] 其次，在资金储备方面，则主要是依靠外援，如国家质检总局紧急调拨 3000 万元检验资金、国家发改委紧急安排应急供水投资 2000 万元、科技部紧急设立 3000 万元经费支持科学治理水污染等。[2] 最后，关于物质储备，能够除去苯类等有害物质的活性炭纤维毡等过滤器材不足[3]，导致没能及时遏制污染扩散，饮用水资源储备不足导致停水公告后的水价大涨。由此可见，这次生态突发事件所依据的应急预案比较粗糙，导致了在危机时刻没有有效发挥作为预案应有的尽可能地防灾止损的作用。

（二）组织间不协调

首先，地方政府下属的各个部门机构之间不协调。中国政府及其下属的各个行政机构职能各异，一个突发事件的发生会涉及数个部门的职责，由于职能各异，各个部门之间平日里很少会进行业务上的交流沟通和信息共享，虽然有地方政府作为统一的领导，也很难弥补实际操作中因缺乏磨合所带来的低效缺陷。这就好比平日里从未在一起打过篮球的球员突然被组成一支球队参加比赛，即使他们每个人的身体素质和篮球技术很好，即使有经验丰富的教练在一旁指点，但球员们还是会因为缺乏配合和默契导致失误频频，并很可能输掉比赛。但在面对生态突发事件时，低效所付出的代价是远比比分上的失意更加刻骨铭心的一个个鲜活生命的离去。

其次，地方政府之间的不协调。在本次突发事件中，吉林省委的有关部

---

① 戚建刚：《松花江水污染——事件凸显我国环境应急机制的六大弊端》，《法学》2006 年第 1 期。

② 魏志荣：《论公共危机预防机制建设——关于松花江"11·3"苯污染事件若干问题的思考》，《法制与经济》2006 年第 3 期。

③ 当污染带在 11 月 22 日到达哈尔滨市时，该市的环境保护部门制定了具体净化方案，共需要 1400 吨活性炭，可该市总共只有 700 吨活性炭，缺口 700 吨，而缺口在 25 日晚才填补上。

门并没有及时通知下游政府提早做好防污准备，而是令丰满水电站开闸加大放水量使污染团能够尽快离开吉林境内。[①] 这也反映了地方政府之间遇事互不信任，互相推诿缺乏沟通合作意识的严重错误思想。

最后，中央政府与地方政府之间不协调。相比黑龙江省政府，国家环保局作为中央领导机关收到污染消息的时间也是相差无几。2005 年 12 月 1 日，国家环保总局副局长王玉庆表示："11 月 14 日至 17 日，在松花江污染事故发生后的若干天里，国家环保总局没有接到吉林省环保部门任何关于这起重特大环境污染事故的信息。"[②]

面对同级，相互推诿，面对上级，隐瞒不报。自身的应急能力有限，又无法及时获得上级政府的协调和支持，水污染事件这才逐步走向不可收拾的局面。

（三）舆论引导无力

吉林省、吉林市等地方政府高层和国家安全生产管理总局、国家环保总局等高级职能部门在爆炸事件之后长达 10 余天的时间里，竟然都没有发布信息承认爆炸可能会造成水污染。[③] 这种集体陷入沉默的状态侵犯了公众的知情权，也给谣言、流言的滋生提供了空间。另外，哈尔滨市政府在一日之内前后发布停水两次通告，两次通告中的停水原因完全不同。第一次通告谎称供水管网维修，但依然引起了人们的猜疑并被误解为是"地震来临"的前兆，并使许多信以为真的百姓惊慌外逃。第二次的发布则称"预测近期有可能受到上游来水的污染，市区市政供水管网将临时停止供水"，随后又引来了哄抢矿泉水的混乱局面。[④] 在这次事件的舆论引导方面，政府几乎无所作为。不管是突发事件发生时各级政府的集体沉默，还是发布公告时候的前后

---

① 张晓伟、刘增、孙轲：《河流治理中地方政府间权责划分与合作的科斯定理诠释——松花江污染事件所引发的思考》，《科技经济市场》2006 年第 8 期。

② 杨磊：《环保总局突兀的人事变动局长解振华黯然去职》，《21 世纪经济报道》2005 年 11 月 25 日。

③ 左志富：《公共危机事件中政府的信息发布梯度——兼评 2005 年松花江水污染事件中政府的信息发布》，《中山大学研究生学刊》2006 年第 3 期。

④ 亓树新：《哈尔滨两份内容不一的停水公告出台内情》，《中国青年报》2005 年 11 月 24 日。

矛盾，都表现出了政府对公众知情权的漠视和对公众权利的不尊重。这不禁让人深思和怀疑，许多政府官员在突发事件发生时候真正关心的是这个事件会如何影响自己的政治生涯，而非要怎样尽可能地止损。对于这些政府官员而言，以松花江水污染事件为代表的一系列突发事件，更像是一场政治生涯的灾难而非一场生态灾难和城市危机。

三、生态突发事件的应对策略

（一）准备充分的应急预案

准备充分的应急预案，合理应对生态突发事件。在遇到紧急事件时，人的感性往往较理性占上风。无论多么睿智的人，大脑的第一反应几乎都是一片空白，由于时间紧迫，此时人们做出的决策更多依赖的是直觉和习惯性思维，这在生死关头决定命运的思维和直觉并非凭空产生，而是来自于平日的思考和练习，这就是消防演练、地震演练等一系列演练活动的意义所在。同理，政府要在应对处理生态突发事件时做到更加从容，则需要一个充分翔实且具有可操作性的应急预案。精准的算法和大量的数据可以让人工智能的机器运转的更加流畅，而一个合理的应急预案所需的两个最基本的要素则是详尽的文案准备和充分的物质储备。

首先，所谓有备无患，预案文案的设计应该做到力所能及的详尽，根据以往的经验将所有能想到的可能都列举进来，并进行有效的分类。如英国的肯特郡警察局的大铁皮柜子里，放着几百个像砖头大小的纸包。里面装着关于防止英法间海底隧道着火的预案，每一包都针对一种可能发生的情况。[①]其次，所谓巧妇难为无米之炊，除了事件处理路径本身的设计外，预案设计者更应重视文案的实际可操作性，即相应的人财物的充分安排和合理配备，避免预案变成华而无实的纸案。在人财物的安排上，要尽可能的充分，避免由于事件的持续时间加长影响面积加大而使应急机制处于超负荷状态。具体

---

① 陈思融、章贵桥:《从松花江污染事件看我国政府危机事中决策》,《当代经理人》2006 年第 3 期。

问题具体分析，人与财物的储备应该从两个角度展开。关于应急人员，应从动态出发。要在和平状态下单独组织和招募一批专门处理应对突发事件的工作人员是没有必要的，应急人员群体实际就是由医疗、消防、安全等部门工作人员，因此如何在最短时间内高效调动和配置人力是预案的关键。关于应急资金和应急物质，应从静态出发。要提前进行资金和物质的储备，并进行严格监管和定期检测，避免应急资金被违法挪用以及应急物质出现过期、污染、消耗等情况。

（二）建立联动的组织体系

建立联动的组织体系，高效应对生态突发事件。在应对突发事件时，政府是决策的发出者以及执行者，而突发事件往往会涉及多个部门主体，甚至是联系跨区域部门和政府之间的职能和利益，面对复杂多变的危机形势，政府也不能选择单打独斗，在效率就是生命的危机环境中，为了提高效率最大化止损，政府必须协同合作。另外，政府由于受到人员编制和物资储备的限制，难以覆盖到社会中的每个角落，为了做到主次分层，突破重点，把有限的人员和资源用在刀刃上，发挥最优效果，政府除了相互配合外，还需要动员社会其他组织和群众的力量，各自发挥所长，众志成城，共同应对。

1. 促进政府间协同合作

首先，应促进政府下属的不同部门之间协同合作。搭建信息交流平台，促进信息交流共享是合作的前提。不同部门掌握着各自领域内的相关信息，但信息的分散不利于人力物力的集中调配。如在松花江水污染事件的处理中，就包含了各种各样的信息：环保部门的检测结果，净化污染的物资的存储地点，运输物资到达污染现场的最佳路径，需要交通部门在哪些路段进行限行和疏通，距离现场最近的医院是否拥有充足的医疗设备和医护人员救治伤员，宣传部门如何在现场获取准确信息并将信息第一时间向社会公布……这些信息需要相互印证环环相扣，才能构成一个比较完备的信息链条，为应急和救援工作的决策和执行提供准确和全面的信息支撑。

其次，应促进地方政府之间的联合行动。在松花江水污染事件发生的10年后，一起同样由于企业生产事故造成的跨区域水污染事件发生在了甘陕川地区。2015 年 11 月 23 日，我国位于陇南市西和县的陇星锑尾矿库发生泄漏，造成跨甘肃、陕西、四川三省的突发环境事件，对沿线部分群众的生产生活用水造成了一定的影响，并直接威胁四川省广元市西湾水厂的供水安全。① 相较十年前吉林省政府和黑龙江省政府，这次跨省突发事件的处理采取了联动应对机制，三省根据自身所处地理位置进行各有侧重的分工，位于上游的甘肃省主要负责断源截污，处于中游的陕西省主要负责治理降污，坐落下游的四川省则主要负责饮水保障，最终使突发事件得到了有效的控制。②

最后，应促进中央政府与地方政府之间的协同合作。前文所述吉林省政府隐瞒险情而不报的情况应当责问，但继续向下分析，为何在封锁信息后吉林省无法凭一己之力在事故发生前期做好相应的应对工作？以及是否将险情通报上级就坐等指示万事大吉了呢？地方政府习惯于遇事向上级请示，等待上级批示，遵照上级指示的思维逻辑，这样会导致地方政府缺乏应对危机的自觉性思考和自主性决定，抢险救灾每快一秒或许就多了一份生的希望，迟缓的反应和举措无疑从反面上加剧了突发事件的破坏程度。要破解这一局限，明确划分中央与地方的事权十分必要。只有通过较为清晰的事权划分，各级政府才能在突发事件中迅速找到自己的定位并及时采取相应的措施。

2. 发挥社会组织的力量

对封闭的官僚体制，在决策时容易造成集体盲区；另外，当代政府是有限政府，有限的人力物力在较大的突发事件面前无法做到面面俱到，也容易进入超负荷运转的状态。基于以上两个原因，政府在应对突发事件时，一方面要尽力发挥自身的信息优势和主导地位优势；另一方面也要积极利用社会的力量，减轻自身压力，弥补自身不足。如，邀请专家共同参与应急布置方案的制定以及共同参加现场的救援指挥，调动当地群众和非政府组织进行非

---

① 国家行政学院应急管理案例研究中心主编：《应急管理典型案例研究报告（2017）》，社会科学文献出版社 2017 年版，第 146 页。

② 国家行政学院应急管理案例研究中心主编：《应急管理典型案例研究报告（2017）》，社会科学文献出版社 2017 年版，第 164—166 页。

专业性的应急工作。

（三）信息传导与舆论引导

加强信息传导与舆论引导，从容应对生态突发事件。首先，让我们回顾和设想一起生态突发事件爆发时候，信息是如何产生和传播的。第一个得到事件发生的主体是当事人，或者当时正好在场的目击者。当事人和目击者在目睹事故发生后，一般会采取两种方式向外传播消息，要么是向政府部门报警，这是官方途径；要么是向当地非官方媒体或在社交网络上爆料，这是社会途径。群众所受到的信息也是通过这两大途径，基于政府手上掌握更多社会资源和信息渠道，群众在信息可信度上会更倾向于前者。因此，政府是否能做好信息传导和舆论引导工作，关系到群众是否能够客观冷静应对突发事件，关系到是否会因为群众恐慌而导致二次突发事件，其作用丝毫不弱于处理现场污染，解决物质问题的作用。

关于舆论的把控和引导，2016年"12·20"特别重大滑坡事故中深圳市政府的做法值得学习和借鉴，深圳市政府和市委宣传部此次突发事件的舆论危机管理中主要由四大部分构成：①

第一，启动新闻应急指挥体系。指挥体系具体包括了联合工作的领导组，设有6个具体小组的新闻中心，负责接受采访和信息发布的新闻发布组，负责实时舆情监测的战时工作组，并建立了两个信息共享微信群（宣传工作微信群和境外媒体工作微信群）。

第二，进行信息发布。这次事故处理中的信息发布具有如下特点：发布次数多，频度高；发布层级高，可信度强；发布速度快，主动及时；发布联动性强，传播度高。

第三，开展舆论引导。首先，调控新闻报道的主基调，避免次生舆情风险；其次，主动设置议题，创新传播方式，除了传统的评论文章等，还推出了相关的H5系列动画纪实作品；再次，充分整合媒体资源，大量释放信息

---

① 国家行政学院应急管理案例研究中心主编：《应急管理典型案例研究报告（2017）》，社会科学文献出版社2017年版，第204—215页。

覆盖舆论场；最后，加强网络管理，突破网络评论一律唱赞歌的套路。

第四，服务并管理媒体采访。由于事故引起广泛关注，大量新闻媒体单位从四面八方涌入深圳，对这些突如其来的客人，如何做到不亦说乎？深圳市政府新闻办做到了以下三点：首先，做好后勤保障工作，妥当安排住宿用餐，登记管理，采访证制作发放，车辆调配，会务准备，通信设备等工作；其次，为了调和媒体采访和现场救援可能引发的冲突和矛盾，在现场设置了警戒线和媒体采访区，即满足采访报道的需求，又不干扰现场救援；最后，做好媒体服务工作，为媒体提供素材，创造充分的对话条件。强调对媒体的尊重和影响，而非应付甚至是漠视。

第十一章　我国排污权交易法律制度研究

一、引言

（一）研究背景和意义

"既要金山银山，又要绿水青山"，中国在发展中既要保持经济发展，更要环境改善，达到经济与环境的双赢。党的十八届三中全会通过的《中共中央关于全面深化改革若干重大问题的决定》提出要"发展环保市场，推行节能量、碳排放权、排污权、水权交易制度，建立吸引社会资本投入生态环境保护的市场化机制，推行环境污染第三方治理"。国家治理转型背景下的生态治理现代化，要求尽量减少运用行政手段，尽可能运用市场手段来解决资源环境问题。

随着经济社会的不断发展，我国的环境政策也不断变化演进，从只重视浓度控制转向浓度与总量控制相结合，从仅重视末端治理转向末端治理与全程控制相结合。更为重要的是，从以往主要依赖行政手段保护环境转向注重环境经济手段的运用，而排污权交易正是在环境政策不断发展的大背景下引入的，一种用市场"无形之手"来控制环境污染的环境经济手段。

2005 年 12 月，国务院颁布的《国务院关于落实科学发展观加强环境保护的决定》[①]提出运用市场机制推进污染治理，首次在官方正式文件中明确有条件的地区和单位可实行二氧化硫等排污权交易。此后，有关建立健全和发展排污权交易的一系列官方文件相继颁布，当下最具指导意义性质的文件是国务院办公厅于 2014 年 8 月 6 日颁布的《国务院办公厅关于进一步推进排

---

① 国务院：《国务院关于落实科学发展观加强环境保护的决定》，中央政府门户网站，2008 年 3 月 28 日，http:// www.gov.cn/zhengce/content/2008-03/28/content_5006.htm.

污权有偿使用和交易试点工作的指导意见》，从总体要求到具体排污权有偿使用制度的建立，再到强化试点组织领导和服务保障均作出了相对细致的规定，并提出到 2017 年，试点地区排污权有偿使用和交易制度基本建立，试点工作基本完成[①]。

有学者指出，排污权交易无疑向公众传递一个信息：即"有钱就是老大"，污染环境的权利是可以用钱买到的，有钱便可以为所欲为。事实上，排污权交易的相关制度设计恰恰是反对环境污染的权利的滥用，在合理总量控制的基础上规划环境容量资源的使用权，在全社会树立环境资源有价的理念。换言之，排污权交易制度设计从另一个角度向公众传达了环境资源是有价且珍贵的价值理念，在以往我国公众认为自然资源是取之不尽用之不竭，经济发展可以以牺牲环境为代价的认知背景下，对新时代公众环境保护意识的树立会有积极的影响。

学界对于排污权交易至今仍存在质疑的声音，认为排污权交易作为舶来品，在西方国家尚未产生重大积极影响，在我国的环境保护实践中更不会发挥太大的积极作用。排污权交易在法理上也缺乏相应的支持，将排污权融入既有的权利体系将会造成一系列混乱。而笔者认为，官方一直在积极推进排污权交易的试点工作，并在实践中取得了一定的成果。运用环境经济手段解决环境问题是世界环境政策发展的大趋势，在这种趋势下，探索建立适合我国的排污权交易制度，使其在我国环境保护事业中发挥积极作用，无疑是顺应时代发展潮流的。如何从理论到实践为排污权交易的发展与更好地发挥作用铺路，才是我们应该关注的重点问题。任何一项制度都不是万能的，与其过多地关注排污权交易的缺陷与不足，不如构想如何使其尽可能地在我国生态环境保护和治理工作中发挥更大的积极作用。

本章的目的就是在全面推进国家生态治理体系和治理能力现代化的大背景下，对我国排污权交易实践中所遇到的瓶颈，所陷入的一些困境进行一定

---

① 国务院办公厅：《国务院办公厅关于进一步推进排污权有偿使用和交易试点工作的指导意见》，中央政府门户网站，2014 年 8 月 25 日，http://www.gov.cn/zhengce/content/2014-08/25/content_9050.htm.

程度的探讨和尝试，以期对我国排污权交易的制度持续建设有所帮助，进而为构建现代化的生态环境治理体系贡献力量。

（二）文献综述

1. 国外研究

国外研究用市场手段解决环境问题的文献，最早是 Coase 的《社会成本问题》一文。Coase(1960)[①]认为，由于在现实世界中交易成本总是大于零，界定产权是消除负外部性现象，将外部性内部化的有效方法。Dales(1968)[②]首次提出以可交易的排污权证为载体来分配治理污染的负担，进行了排污权交易相关理论的分析设计。Montgomery（1972）[③]用数理经济学的方法，严格证明了基于市场机制分配污染源的减排成本，相较于政府直接参与污染源治理会更具有效率，排污权交易可以使总的协调成本最低。Tietenberg（1985）[④]认为政府管制的所采用的繁杂行政程序，增加了排污权交易的成本。Cole[⑤](2002)则分析了污染与财产权之间的关系，指出对于解决环境污染问题，没有最优的财产权体制，其看似没有提供对于环境问题的确切答案，却梳理了环境保护与财产权制度的关系，为环境领域的立法提供了探索思路。作者还在该书中阐明了排污权交易需要多方面的支持方能发挥其真正的作用，譬如政府需要在技术上能够实行点源精确监测。

2. 国内研究

国内对排污权交易理论与实践的研究起步较晚，对于排污权交易的研究大致可分为理论探讨、实践经验总结与制度设计两部分。

（1）对排污权交易的理论探讨。

吕忠梅（2000）[⑥]认为"排污权"不等同于"污染权"，其本质是环境容

---

① Ronald H. Coase, *The Problem of Social Cost*, Journal of Law and Economics, 3（1960）: 1-44.

② J. H. Dales, *Pollution, Property and Prices*（Toronto: University of Toronto Press, 1968）.

③ W. David Montgomery, *Markets in Licenses and Efficient Pollution Control Programs*, Journal of Economic Theory, 5（1972）: 395-418.

④ T. H. Tietenberg, *Emissions Trading: An Exercise in Reforming Pollution Policy*（Washington: Resources for the Future, 1985）.

⑤ Daniel H. Cole, *Pollution and Property: Comparing Ownership Institutions for Environmental Protection*（Cambridge: Cambridge University Press, 2002）.

⑥ 吕忠梅:《论环境使用权交易制度》,《政法论坛》2000 年第 4 期。

量使用权。邓海峰（2008）[1]从私法角度解读排污权，将排污权界定为一种准物权，并对排污权作为一种无形财产权如何在传统民法体系中得到规制提出了创造性的构想。李义松（2015）[2]认为排污权是一种新型的财产权，现代社会财产权应该是一个开放的体系，不应受制于传统公法、私法的二分限制。彭本利、李爱年（2017）[3]将排污权界定为一种特殊的用益物权，深入分析排污权交易法律关系，总结目前我国排污权试点工作的经验并提出相应的改善建议，对我国排污权交易法律制度进行了系统构建。

（2）对排污权交易的实践经验总结与制度设计。

杨展里（2001）[4]从环境、经济、社会、技术支持等各方面的条件进行初步分析后，认为在我国排污权交易是可推广且必要的。钱水苗（2005）[5]特别对排污权交易市场中政府的职能进行了梳理和准确定位，包括规划、服务、保护、驱动、监管五大方面。严刚、王金南（2011）[6]对排污权交易这种环境经济政策在我国的实践进行了细致的分析，总结历年实践的案例与经验，为未来的深化发展提供了重要的参考。王清军（2012）[7]特别关注了我国排污权交易制度建设中的制度断片现象，建议在排污权初始分配中推行多种分配方式并存的体系。常杪、陈青（2014）[8]利用参与"SO_2排污权交易评估"项目研究的机遇，对我国排污权交易试点的经验进行了系统的分析与总结，指出了我国排污权交易制度建设的各类要点。

综上所述，国外对于排污权交易的理论研究起源于经济学界的探索，该制度引入我国之后，国内学者从不同角度在排污权交易的理论与实践两大方面都作出了相应的研究成果。但总体而言，对于排污权交易法律制度的研究

---

① 邓海峰：《排污权：一种基于私法语境下的解读》，北京大学出版社2008年版。
② 李义松：《论排污权的定位及法律性质》，《东南大学学报（哲学社会科学版）》2015年第1期。
③ 彭本利、李爱年：《排污权交易法律制度理论与实践》，法律出版社2017年版，第22—24页。
④ 杨展里：《中国排污权交易的可行性研究》，《环境保护》2001年第4期。
⑤ 钱水苗：《论政府在排污权交易市场中的职能定位》，《中州学刊》2005年第3期。
⑥ 严刚、王金南：《中国的排污交易实践与案例》，中国环境科学出版社2011年版。
⑦ 王清军：《我国排污权初始分配的问题与对策》，《法学评论》2012年第1期。
⑧ 常杪、陈青：《中国排污权交易制度设计与实践》，中国环境出版社2014年版。

探讨仍是较少，且往往过多地关注排污权交易市场的设计，对于整体制度构建的关注度不足，更忽略了对我国已然与排污权交易并行实施的环境税的探讨。鉴于此，本章不局限于交易市场本身，更关注到总量控制和初始分配问题，从整体上对排污权交易法律制度进行研究，并特别梳理了排污权交易与环境税之间的关系。

（三）研究的内容

本章在研究排污权交易基本理论的基础上，结合我国排污权交易的试点实践状况，从总量控制、初始分配市场建设、排污权交易二级市场三方面切入，剖析我国的排污权交易法律制度建设现状。在此基础之上，借鉴美国排污权制度建设的有益经验，对我国未来的排污权交易法律制度建设提出了一些构想，以期对制度的建立和完善贡献些许有益的思路。

排污权交易制度涉及环境科学、法学、经济学、管理学等多个专业领域，本章主要从法学的角度研究排污权交易法律制度的设计与构建。受制于篇幅的限制，事无巨细地铺展开来非明智之举，比如排污权交易衍生市场中的每一个分支市场的法律规制都可以进一步研究。因此，本章有详有略，突出笔者认为的重点和创新点，对未来的排污权交易法律制度建设尽绵薄之力。

二、排污权交易的基本理论

（一）排污权交易的概念

1. 排污权

法律意义上的排污权，是一个狭义的概念，特指经环保部门许可，污染者以污染物排放控制标准为限向环境排放污染物的权利[①]。如何界定排污权的性质，学界存在不同的争论。部分学者认为排污权宜定性为用益物权或者准物权。认为排污权归于用益物权侧重强调权利的内容，而认为其应归属于准

[①] 汪劲:《环境法学》, 北京大学出版社 2014 年版, 第 173 页。

物权侧重强调排污权与传统物权的区别，两种观点并不相同，但都一致承认排污权的财产权属性和交换价值。也有学者认为排污权源于行政许可，必须依赖政府而产生，与所有权无直接关系[①]。

在剖析各方观点的基础上，有学者指出排污权是一类新型的财产权，具有双重属性。排污许可本质上是政府管制行为，经排污许可的排污权却是"事实上的财产权"，是行政许可部门授予私主体使用自然资源的法律利益[②]。

笔者认为，排污权虽需要经过行政机关的依法许可，属于法律上的特别利益，其本质却仍旧是一种财产权。在现有的物权理论下，无论从排污权的本质属性还是从立法上得到支持以推动排污权交易的实践来看，均宜将排污权界定为一种特殊的准物权。类似于土地资源的性质，排污权是对满足人类和其他生物正常使用以外的"富余的"环境容量资源的使用和收益权[③]。排污权的使用体现在生产者利用环境容量资源，利用自然环境的自净能力，受益指的是生产者因为持有排污权而更有效地利用环境容量资源开展生产经营，从而获得间接受益，而由于排污权本身是一种具有公法色彩"私权利"，其虽具有用益物权的性质，却仍旧适合将其界定为一种准物权。这种准物权以行政机关的特许为前提，并不以对自然资源占有和归属为目的，侧重对已确定归属的资源的开发和价值利用，且突破了传统物权法中的"一物一权原则"，相同种类的特许物权可以存在于同一自然资源上[④]。

此外，"排污权"是"排放污染物的权利"(Right of emission deposition)，但不等同于"污染权"(Pollution right)[⑤]。排污者在获得这种特殊的准物权之后，必须将环境容量资源作为一种可更新的资源妥善利用，超标的污染行为将受到相应的惩罚。

---

① 王清军：《排污权法律属性研究》，《武汉大学学报（哲学社会科学版）》2010 年第 5 期。
② 李义松：《论排污权的定位及法律性质》，《东南大学学报（哲学社会科学版）》2015 年第 1 期。
③ 杨展里：《中国排污权交易的可行性研究》，《环境保护》2001 年第 4 期。
④ 梅夏英：《特许物权的性质与立法模式的选择》，《人大法律评论》2001 年第 2 期。
⑤ 彭本利、李爱年：《排污权交易法律制度理论与实践》，法律出版社 2017 年版，第 96 页。

2. 排污权交易

排污权交易最早由加拿大多伦多大学教授约翰·戴尔斯于 1968 年在其著作《污染、财富和价格》[①] 一书中提出，其基本思想是通过建立排污权交易市场，使排放一定污染物的权利具有商品的性质，有效减少排污量的企业可将自身节余的排污权出售给有需求的企业以获利，从而激励企业更好地保护环境。

排污权交易的基本实践方式是：由行政主管部门评估出特定区域在满足环境要求下污染物的最大排放量，在总量控制的前提下，将排污权通过无偿分配、有偿出让、公开拍卖等方式，以排污许可证的形式确认并分配给排污者。在对排污权进行初始分配之后，建立排污权交易市场，使排污权得以合法地流通和买卖。通过污染物治理手段缩减了排放量的企业，可以将自身富余的排放量出让给污染治理成本太高或新建、扩建、改建等有排污指标需求的企业。企业之间各取所需，交换排污权的行为不影响污染物的排放总量，鼓励治理成本最小的企业来承担治理污染的责任，实现全社会治理污染总成本的最小化和环境容量资源的有效配置[②]。

排污交易中买卖的是节余排污指标，不完全等同于法律意义上的排污权，即尚未使用的节余排污指标，对应着尚未使用的环境容量资源，才是排污权交易中的对象。

排污权以排污许可证形式予以确认，2015 年新实施的《环境保护法》明确规定"国家依照法律规定实行排污许可管理制度"，因此排污权交易某种意义上是排污许可证的一种市场化实施机制。排污权交易以节余排污指标为标的，通过市场手段转让环境容量资源使用权。

（二）排污权交易的理论基础

1. 外部性理论

外部性（Externality）理论指在缺乏任何相关交易的情况下，一方所承

[①]　J. H. Dales, *Pollution, Property and Prices*（Toronto: University of Toronto Press, 1968）.

[②]　李爱年、詹芳：《排污权交易与环境税博弈下的抉择：以构建排污权交易制度为视角》，《时代法学》2012 年第 2 期。

受的、由另一方的行为所导致的后果①，最早由马歇尔提出，后由福利经济学家庇古丰富和发展。外部性又分为正外部性和负外部性。正外部性是指个体的生产或消费决策，作为经济活动的积极副作用未被反映在产品价格上，使其他人受益而本人无法取得支付；负外部性是指个体的生产或消费决策，作为经济活动的消极副作用未被作为成本计入产品价格，使其他人受损而该个体不能对受损方施以补偿。

排污权交易制度正是利用市场机制，将环境污染的外部不经济内化，由社会承担的污染成本内化为排污企业承担的成本。

2. "公地悲剧"理论

"公地悲剧"（Tragedy of the commons）理论由美国著名的生物学家哈丁教授提出。其经典解释模型是：在一个对所有牧民开放的草原上，每多养一牲畜的收益全部属于个人，而每多养一头牲畜造成的过度放牧的影响却由全体牧民承担，追求个人利益最大化驱使每个牧民在有限的公共草原上无限制地增加牲畜，最终公地自由带来整体的毁灭②。该理论的核心是：在产权不明的情况下，理性个人追求自身利益最大化将会导致公共资源被过度使用。环境资源作为一种具有公共性的有限资源，当每位排污者追求自身利益最大化时，定会产生环境公地悲剧，最终的污染损害由生活在该环境中的全体居民分担。排污权交易制度的设计，正可以清晰地界定排污权的产权属性，从而使环境容量资源的使用权不陷入"公地悲剧"的泥淖。

3. 产权理论

"外部性"理论提出后，如何将外部性内部化，诺贝尔经济学奖获得者科斯明确提出了界定产权的重要性。类似于"公地悲剧"理论，科斯理论也有被广泛引用的解释模型：农民种养的庄稼会受到旁边牧人畜养的牲畜的破坏，对于农民来说，他的庄稼是拿到市场上售卖获得收益还是被牲畜践踏后获得补偿，他只希望是其中获益多的一者，而对于牧人来说，防止牲畜

---

① 王俊豪：《管制经济学原理》，高等教育出版社 2007 年版，第 207 页。
② Garrett Hardin, *The Tragedy of the Commons, Science*, 162（1968）：1243—1248.

越界措施的付出与补偿农民损失的付出，二者之间也无本质区别，他所考虑的只是如何使成本最低。由于产权明确，他们最终可以通过协商来解决问题。相同的解释模型可以运用到排放废气的工厂与周围居民之间的矛盾解决。

在解释模型的基础之上，科斯贡献了著名的科斯定理："若交易成本为零，无论法律对权利如何界定，只要交易自由，通过协商交易的途径都能达到同样有效的资源配置。但在现实世界中，交易成本总是大于零，不同的法律界定会带来不同效率的资源配置。"[1] 排污权交易即是科斯定理在污染治理领域的典型应用，将环境容量使用权界定为排污权，通过市场机制实现环境容量资源的优化配置。

4. 环境权理论

环境权是人类普遍享有并赖以生存的基础，是一种普遍性的权利。从环境权产生的社会历史过程来看，其最初形态是停留在睡眠状态的道德权利，在各国环境危机日益严重并威胁人类生存和发展的背景下，对环境享有人权的呼声一时涌现，对污染环境行为的反抗促使环境权在许多国家从应有人权转化为法定权利[2]。

环境权理论是排污权交易的法学理论基础。吕忠梅将环境权定义为："公民享有的在不被破坏和污染的环境中生存及利用环境资源的权利。"[3] 通过排污权交易实现环境资源的优化配置，可以更好地保障公众的环境权。

（三）排污权交易的模式

排污权交易的实施与发展在西方国家中以美国为典型代表，因此下文以美国排污权交易发展的政策演进过程来总结排污权交易的典型模式。

在美国，排污权交易的第一个发展阶段从 20 世纪 70 年代中期至 20 世纪 90 年代初期。初期发展阶段的排污权政策主要包括补偿政策、气泡政策、容量结余政策和银行政策，这一阶段主要是排污权交易各类政策的形

---

① Ronald H. Coase, *The Problem of Social Cost*, Journal of Law and Economics, 3（1960）: 1—44.

② 侯怀霞:《论人权法上的环境权》,《苏州大学学报（哲学社会科学版）》2009 年第 3 期。

③ 吕忠梅:《论公民环境权》,《法学研究》1995 年第 6 期。

成。排污权交易的第二发展阶段，以 1990 年美国国会通过的《清洁空气法》修正案并实施"酸雨计划"为标志，可称为排污权交易法律制度的形成阶段①。

美国的排污权交易模式可大致分为两类：排污信用交易和总量控制交易。此外，还有一种介于上述两者之间，应用较少的非连续排污削减交易。

1. 排污信用交易

排污信用交易（Credit Trading），排污者在一定期限内自愿削减污染物的排放量，经环保局认可后可以产生排放削减信用（Emission Reduction Credits，ERCs），可以用于交易或储备，即"政府分配—企业削减（永久稳定削减）—政府审核—企业交易"②。排污信用交易体系没有总量上限，也被称为"开放市场体系"（Open Market System），其特点是基于现有的管理体系来确定产生信用的标准，补偿政策和泡泡政策等即属于此类模式。

补偿（Offsets）——是美国实行最早的有关环境产权及其交易的政策，于 1977 年引入。新扩建的排污者从现有的排污权人处购买其设计排污量的 120%，便可在未达标地区投入生产运营③。这一政策恰好可以解决未达标地区如何在履行环保义务的同时继续实现经济增长的问题，敦促新排污者在投入生产之时，对其环境污染行为提供充足的治理资金。

泡泡（Bubbles）——是自 1979 年以来在美国清洁空气法中实行的一项排污抵消政策。最初只是用于作为整体的工厂排污控制，允许一个工厂的各个排污口之间进行调剂，作为整体的工厂就是"大泡泡"，而各个排污口就是"小泡泡"，排污量不能超过"大泡泡"所代表的排污总量，每个"小泡泡"的具体排污量可以由排污单位灵活安排。后来泡泡政策的适用范围被扩展至同一家公司的不同工厂，再扩大到同一个地区，各个企业之间便有了排污权交易的需求。

存储（Banking）——该政策也出台于 1979 年，企业可以把排污削减信

---

① 彭本利、李爱年：《排污权交易法律制度理论与实践》，法律出版社 2017 年版，第 29 页。
② 常纱、陈青：《中国排污权交易制度设计与实践》，中国环境出版社 2014 年版，第 36 页。
③ 戴星翼：《走向绿色的发展》，复旦大学出版社 1998 年版，第 99 页。

用储存起来，选择在未来使用或者出售排污额度，因为企业在有富余排污指标时，不一定同时存在合适的买方。自 1979 年起，美国环保局允许各地办"未用的排污权"银行，促进排污权的交易[①]。这项政策无疑将金融衍生工具引入了生态环境治理领域，更大程度地激发排污者的减排积极性。

容量结余（Netting）——这项政策于 1980 年开始推行，允许改建或扩建的企业，在厂区排污净增量没有显著增加的前提下，用其内部产生的减排信用抵消排污增量，从而免于承担更严格的污染治理责任。该政策与泡泡政策和补偿政策具有相似之处，但其更注重减少行政审批程序的干预，提高行政效率[②]。

2. 总量控制交易

总量控制交易（Cap and Trade），预先在特定区域设定年度排放上限（Cap），又被称为"封闭市场体系"（Closed Market System），以年度总量上限为标准将排污指标分配给排污者，在核算期结束时，排污者必须有足量的配额确保其在指定期限内的实际排污量合法，即"政府分配—企业交易—企业生产/治理（永久或临时削减）—政府审核"[③]。酸雨计划中的二氧化硫许可交易就是典型的总量控制交易。

在 1990 年《清洁空气法》修正案出台之前，排污权交易制度主要是由美国政府主导，政策推进，受法律的约束较少，我国目前政策推广排污权交易试点类似于此，是一种缺乏法律依据的状况。1990 年出台的修正案规定了排污权交易的总量控制模式，在二氧化硫排放方面实施了排污权交易。

3. 非连续排污削减交易

非连续排污削减（Discrete Emission Reduction）是介于排污信用交易和总量控制交易之间的一种交易模式，实质上是排污信用交易的灵活运用，排污信用交易中的排污削减是永久性的，而非连续性排污削减是临时性的，允许企业适用暂时的减排策略。

---

① 汪劲、田秦等：《绿色正义环境的法律保护》，广州出版社 2000 年版，第 147 页。
② 邓海峰：《排污权：一种基于私法语境下的解读》，北京大学出版社 2008 年版，第 192 页。
③ 常杪、陈青：《中国排污权交易制度设计与实践》，中国环境出版社 2014 年版，第 36 页。

三、排污权交易法律关系

（一）排污权交易法律关系的含义

排污权交易法律关系，是指在排污权交易活动过程中，交易主体与有关交易参与人根据有关排污权交易法律规范所形成的，以排污权利和义务为内容的社会关系[①]。

我国在目前实践中所形成的排污权交易法律关系主要的依据分为三个层面：第一层面包括地方性法规、规章，如《上海市环境保护条例》[②]《成都市排污权交易管理规定》[③]；第二层面包括环境保护相关的法律、行政法规，如《大气污染防治法》《水污染防治法》等；第三层面包括诸民商事法律，如《合同法》《物权法》对排污权交易的一般规制。

实践中，大部分地区的排污权交易试点没有明确的法律依据，是依靠地方规范性文件来试行和运作的，如《杭州市主要污染物排放权交易管理办法》（杭政办〔2006〕34号）[④]、《湖南省主要污染物排污权有偿使用和交易管理办法》（湘政发〔2014〕4号）[⑤]、《湖北省主要污染物排污权有偿使用和交易办法》（鄂政办发〔2016〕96号）[⑥]等。一般来讲法律规范是法律关系产生的前提，目前的排污权交易在部分地区虽然没有正式的法律具体规制，却事实上得到国家权力的确认和保护，其法律关系依旧是合法有效的。

（二）排污权交易法律关系的特征

排污权交易法律关系既包括横向平等的法律关系，也包含纵向隶属的法

[①] 彭本利、李爱年：《排污权交易法律制度理论与实践》，法律出版社 2017 年版，第 130 页。

[②] 上海市人大常委会：《上海市环境保护条例》，《上海环境》2018 年 1 月 4 日，http://www.sepb.gov.cn/fa/cms/ shhj/shhj2013/shhj2019/2018/01/97882.htm.

[③] 成都市人民政府：《成都市排污权交易管理规定》，成都环保网，2012 年 7 月 27 日，http://www.cdepb. gov.cn/cdepbws/Web/Template/GovDefaultInfo.aspx?aid=18943&cid=263.

[④] 杭州市人民政府：《杭州市主要污染物排放权交易管理办法》，杭州政府门户网站，2006 年 10 月 25 日，http://www.hangzhou.gov.cn/art/2006/10/25/art_808667_2834.html.

[⑤] 湖南省人民政府：《湖南省主要污染物排污权有偿使用和交易管理办法》，湖南省人民政府网，2014 年 2 月 8 日，http://hnhbt.hunan.gov.cn/ztzl/pwqjy/zcwj/201402/t20140208_4634500.html.

[⑥] 湖北省人民政府：《湖北省主要污染物排污权有偿使用和交易办法》，湖北省政府门户网站，2017 年 5 月 26 日，http://hbt.hubei.gov.cn/xxgk/xxgkml/zcwj_1/szfwj/201705/t20170526_104890.shtml.

律关系，其本身兼具私法与公法双重属性。

1. 私法属性

排污权交易的实践需要排污权交易合同的订立和履行。根据我国《合同法》第二条的规定，合同是平等主体的自然人、法人、其他组织之间订立的设立、变更、终止民事权利义务关系的协议。排污权交易合同属于民事合同，接受《合同法》的调整，具有私法属性。

从合同主体来看，排污权交易双方的法律地位平等，即便是政府作为交易主体进入排污权交易市场时，也与交易主体的地位平等，符合《合同法》中平等主体的要求。在合同的订立过程中，交易双方遵循自愿有偿的原则，就交易事项进行平等地协商，平等地享受权利和承担义务。订立排污权交易合同的目的也和其他民事合同一样，通过在法律规定的范围内合作实现双方共赢[①]。

2. 公法属性

第一，排污权交易的凭证是排污许可证，排污权以排污许可证的方式确认。根据我国《环境保护法》第44条的规定，我国实行重点污染物排放总量控制制度[②]，因此目前的排污许可分为两类，一类是有总量控制重点污染物的排放许可，一类是无总量控制非重点污染物的排放许可。排污权的取得源于排污许可法律关系，是行政相对人经环保部门许可获得的权利，属于行政受益权的范畴，具有公法属性。

第二，排污权交易并不是普通的民事法律行为，其交易结果不仅涉及交易双方，也关系着环境利益和社会整体利益。因此，即便是由私法调整的排污权交易合同，当事人意思自治和合同相对性原则也会受到一定的限制。由于排污权作为合同标的特殊性，当事人意志会受到国家意志和社会公共利益

---

① 史玉成、王卿：《民法视野下排污权交易合同法律关系探析》，《法学杂志》2012年第10期。

② 我国《环境保护法》第44条的规定："国家实行重点污染物排放总量控制制度。重点污染物排放总量控制指标由国务院下达，省、自治区、直辖市人民政府分解落实。企业事业单位在执行国家和地方污染物排放标准的同时，应当遵守分解落实到本单位的重点污染物排放总量控制指标。对超过国家重点污染物排放总量控制指标或者未完成国家确定的环境质量目标的地区，省级以上人民政府环境保护主管部门应当暂停审批其新增重点污染物排放总量的建设项目环境影响评价文件。"

的限制，同时在合同相对性上，排污权交易合同的生效需要得到环保部门的审核批准，合同的履行也不得损害第三人的环境利益[1]。

（三）排污权交易法律关系的主体

在排污权交易法律关系中享有一定权利和承担一定义务的即是排污权交易法律关系的主体。

完整意义上的排污权交易行为包括三部分：交易主体之间的买卖行为，交易中介机构为双方提供的中介行为以及行政主管部门的指导、监管、监测行为。与此相对应，排污权交易法律关系中主要有三类主体，即交易主体、交易中介机构和环境保护行政主管部门。

排污权的交易主体必须是具有相应权利能力和行为能力的适格主体。对于卖方而言，通常是停止或减少排污后，有富余排污指标可供交易的市场主体。对于买方而言，通常是因实施新建、改建、扩建项目，需要获取新增排污指标的排污单位或者需通过购买排污指标完成主要污染物减排任务的排污单位。

排污权交易中介机构是为排污权交易双方提供信息，辅助交易的组织，其为交易双方提供提供的信息资源可以节约交易成本，在排污权交易法律关系中是具有重要作用的主体[2]。

环境保护行政主管部门在排污权交易法律关系中是具有多重属性的主体。作为区域环境容量资源所有者的代理人，环保部门将环境容量资源通过核发排污许可证的方式分配给排污者，是交易主体进行排污权交易的前提。作为指导监督者，环保部门在排污权交易过程中则负责对买卖双方的排污权交易行为进行规范，同时对双方的排污行为进行持续的检测和监控。

（四）排污权交易法律关系的客体

排污权交易法律关系的客体是可供交易的富余环境容量资源。将环境容量资源作为排污权交易法律关系的客体，是对传统法律关系客体范围的

---

[1]　史玉成、王卿：《民法视野下排污权交易合同法律关系探析》，《法学杂志》2012年第10期。

[2]　张军献：《黄河流域水功能区监督管理理论研究与实践》，黄河水利出版社2014年版，第311页。

发展。环境容量是大气、水、土壤等环境单元所能承纳的污染物质的最大数量，历史上环境容量资源曾很丰富，形成了"公共物品"①。而今其具有使用的价值和稀缺性，并可利用科技手段加以控制，受到了法律的调整和保护，因而能够成为法律关系的客体。法律意义上的排污权即指富余环境容量资源的使用权，排污权交易的凭证是排污许可证，也是环境容量资源使用权的权利证书。

（五）排污权交易法律关系的主要内容

排污权交易包括两个位阶，划分为一级市场和二级市场②。完整的排污权交易法律关系的内容，包括两级市场的权利义务关系，而不仅仅指狭义上排污权二级市场的交易活动。

1. 排污权初始分配一级市场

一级市场即排污权初始分配市场，是行政主管机关对已获得不完全排污权的各主体予以权利承认，对无排污权的申请人依申请授予排污权的环节，其并非真正的权利交易市场，而是权利确认和授予的初始分配市场③。

环境资源引入市场机制的最大障碍是环境公共物品的难以分割性，而对其进行产权分割后，便可以进行市场交易。正如环境容量资源属于国家所有，但可以向私人出让这种环境容量资源的使用权④。在排污权初始分配中，环境容量资源产权属于国家，对其进行产权分割后，出让的使用权国家应该获得相应的权益金，而企业获得这种使用权应该交纳环境容量资源使用金。为鼓励试点地区推行排污权交易，我国在初始分配中实际采取了无偿和有偿两种分配方式，本质上都是一种产权分割和环境容量资源使用权的出让。

2. 排污权交易二级市场

二级市场是真正意义上的权利交易市场，市场各主体的目的在于出售或购买排污权。在排污权交易二级市场的法律关系中，卖方买方各自享有一定

---

① 张象枢：《环境经济学》，中国环境科学出版社 2001 年版，第 69—70 页。
② 吕忠梅：《论环境使用权交易制度》，《政法论坛》2000 年第 4 期。
③ 邓海峰：《排污权：一种基于私法语境下的解读》，北京大学出版社 2008 年版，第 187 页。
④ 郝俊英、黄桐城：《环境资源产权理论综述》，《经济问题》2004 年第 6 期。

的权利并履行相应的义务，是一种平等主体之间的平权法律关系。

卖方享有的主要权利包括：按照自身的需求和意志出售合法持有的排污权；出售节余排污指标后要求买方给予一定数额的经济补偿；协商确定转让节余排污指标的期限。卖方需承担的主要义务包括：通过合法手段节省排污指标以用于转让；确保没有向其他排污者转让同一节余排污指标并在转让期间自身不对其加以使用；及时办理变更登记以保障转让权利的行使不受影响等[①]。

买方享有的主要权利包括：按照自身的需求和意志选择购买排污权的种类和使用期限；协商确定转让金额、付款方式、付款期限、交付期限的权利；请求卖方转移无权利瑕疵的排污指标，并在之后对该指标享有排他性使用权；排放相应种类的污染物。买方需承担的主要义务包括：按照排污交易合同确定的价格支付价款；将购买的排污指标用于指定类污染物的排放；及时办理变更登记和备案手续；其他依法缴纳环境税等相关税费的义务[②]。

四、我国排污权交易法律制度的发展状况

（一）我国排污权交易的实践

排污权交易作为一种外来引进的经济手段，在我国的逐步建立与推广遵循了试点先行以推动全国范围内新制度建立的传统路径。1987 年，上海市首先试点排污权交易，随后历经了 30 多年的发展历程，从无到有，由浅至深地加速发展。

我国的排污权交易实践的发展大致可以分为以下三个阶段[③]。

1. 起步尝试阶段（1988—2000 年）

1988 年 3 月 20 日，国家环保局颁布《水污染物排放许可证管理暂行办

---

① 胡春冬：《排污权交易的基本理论问题研究》，湖南师范大学硕士学位论文，2004 年。

② 张军献：《黄河流域水功能区监督管理理论研究与实践》，黄河水利出版社 2014 年版，第 312 页。

③ 严刚、王金南：《中国的排污交易实践与案例》，中国环境科学出版社 2011 年版，第 10—21 页。

法》①，其中第21条规定"水污染排放总量控制指标，可以在本地区的排污单位间互相调剂"，该项规定可被视为我国排污权交易的政策起点。

1988年，国家环保局在上海等18个城市试行水污染排放许可证，继而于1991年在太原等16个城市试行大气污染物排放许可证，并于1994年在柳州等6个城市试点大气污染物排污权交易。

2000年修订的《大气污染防治法》②第15条规定：在空气质量未达标的区域和国务院批准划定的酸雨、二氧化硫污染控制区，实行主要大气污染物排放总量控制和排放许可证制度。首次在法律的层面确认大气污染领域的总量控制和排污许可证制度重要性。

该阶段总体而言是排污权交易在我国的起步尝试，从无到有的过程。

2. 试点探索阶段（2001—2006年）

2001年至2002年，中美环境合作项目、亚洲开发银行"SO_2排污交易机制"太原市项目等排污交易的试点工作逐步推行。2002年3月，国家环保总局下发了《关于开展"推动中国二氧化硫排放总量控制及排污交易政策实施的研究项目"示范工作的通知》③，开展二氧化硫的排放总量控制和排污权交易试点工作，试点地设在山东、山西等七省市。2005年12月，《国务院关于落实科学发展观加强环境保护的决定》（国发〔2005〕39号）正式提出"有条件的地区和单位可实行二氧化硫等排污权交易。"④

在水污染领域，浙江省嘉兴市秀洲区于2001年也对水污染排污权初始分配的有偿使用进行了探索，江苏省于2004年就省内水污染物的排放权交易出台了官方文件。但从总体看来，水污染领域的排污权交易探索试点力度

---

① 国家环保总局：《水污染物排放许可证管理暂行办法》，北大法宝，1988年3月22日，http://www. pkulaw.cn/fulltext_form.aspx?Db=chl&Gid=7882e8bfd1f6fd54bdfb.

② 全国人大常委会：《中华人民共和国大气污染防治法》，北大法宝，2000年4月29日，http://pkulaw. cn/fulltext_form.aspx?Db=chl&Gid=27171.

③ 林红等主编，中国二氧化硫排放总量控制及排放权交易政策实施示范项目组编著：《中国酸雨控制战略：二氧化硫排放总量控制及排放权交易政策实施示范》，中国环境科学出版社2004年版，第22—23页。

④ 国务院：《国务院关于落实科学发展观加强环境保护的决定》，中央政府门户网站，2008年3月28日，http:// www. gov.cn/zhengce/content/2008-03/28/content_5006.htm.

明显弱于二氧化硫排放权交易的试点工作。

在这一阶段的发展过程中，形成了几笔具有较大影响的排污权交易案例，如南通市首例二氧化硫排污权交易[①]、太仓环保发电公司和南京下关电厂的异地二氧化硫排污权交易[②]、三门峡市义马煤气公司与中原黄金冶炼厂的二氧化硫排污指标交易[③] 等。但上述案例多是政府行政力量的介入，真正意义上的排污权有偿取得和二级交易市场并未形成。

3. 试点深化阶段（2007 年至今）

从 2007 年起，财政部、环境保护部和国家发展改革委批复江苏、天津等 11 个省市开展排污权有偿使用和交易试点工作，部分省市自行开展了排污权交易试点，目前已在全国二十几个省市全面展开。交易制度体系不断完善，各大产权交易所相继成立，交易规模和交易额逐渐增加[④]。

2014 年 8 月 6 日，国务院办公厅颁布的《国务院办公厅关于进一步推进排污权有偿使用和交易试点工作的指导意见》（以下简称《指导意见》）[⑤]，更加确认建立排污权有偿使用和交易制度是重要的机制创新和制度改革，要继续加强试点工作，为全面推行排污权有偿使用和交易制度奠定基础。

经过多年的实践，我国排污权交易的试点工作积累了丰富的实践经验，部分省市已经入试点的"深水区"。然而相关的法律制度建设尚不完善，真正成熟的排污权交易市场机制建设依旧任重而道远。

（二）典型试点省市案例分析

1. 上海市排污权交易初期试点

上海市是我国实行排污权交易法律制度的先驱，其于 1987 年颁布的

---

① 谢伟：《环境资源法实验案例教程》，中国政法大学出版社 2015 年版，第 42—44 页。

② 刘建辉：《排污指标买卖：中国环境治理的革命性实验》，《经济》2004 年第 9 期。

③ 林红等主编，中国二氧化硫排放总量控制及排放权交易政策实施示范项目组编著：《中国酸雨控制战略：二氧化硫排放总量控制及排放权交易政策实施示范》，中国环境科学出版社 2004 年版，第 333 页。

④ 周树勋：《排污权核定及案例》，浙江人民出版社 2014 年版，第 28 页。

⑤ 国务院办公厅：《国务院办公厅关于进一步推进排污权有偿使用和交易试点工作的指导意见》，中央政府门户网站，2014 年 8 月 25 日，http://www.gov.cn/zhengce/content/2014-08/25/content_9050.htm.

《上海市黄浦江上游水源保护条例实施细则》①（以下简称《实施细则》）第12条规定："污染物排放总量指标可以在地区内综合平衡，可以在企业之间有条件地调剂余缺，互相转让；但必须经环境保护部门同意。"

（1）中国排污权交易第一例。

1987年，上海第十钢铁厂新建酸洗车间，投产后每天需排放10吨工业废水，而该厂没有废水排放指标。上海县环保局首开先河，参照刚施行的《实施细则》，允许上海县塘湾工业公司将其所属电镀厂的搪锡车间关闭，空出日10吨的废水排放指标，参照车间的年利润4万元，以每年4万元经济补偿金的价格将空出的废水排放指标转让给钢铁厂。在上海县环保局的见证批准下，钢铁厂与塘湾工业公司签署了相关协议书，成为中国排污权交易第一例。钢铁厂在投产后运营效益良好，曾跃居上海市500强企业之一。在总量控制的前提下，排污权交易合理解决了新建项目因无排污指标而无法投产的难题②。

（2）黄浦江上游污染源治理。

上海中药制药三厂曾是黄浦江上游的污染大户，每年超标排放废水的超标费排污费、受到环保部门的处罚以及对农作物的损害赔偿合计40多万元。1990年该厂在废水治理设施上投入了306万元之后，污染物排放量大量削减，产生的富余排污指标被用于交易，而排污交易的收入又可以用于支付每年新的环保投资费用，企业治理污染的经济负担得以良性补偿③。

2. 南通市排污权交易试点探索

（1）南通市首例二氧化硫排污权交易④。

江苏省南通市天生港发电有限公司多年保持"一流火电企业"的荣誉，该企业通过烟气脱硫等技术改造，每年节余了数百吨的排污指标。南通醋酸纤维有限公司是一家年产值数十亿元的化工企业，在扩大生产规模的过程中

---

① 上海市人民政府：《上海市黄浦江上游水源保护条例实施细则》，北大法宝，1987年8月29日，http://www.pkulaw.cn/fulltext_form.aspx?Db=lar&EncodingName&Gid=16778401.
② 严刚、王金南：《中国的排污交易：实践与案例》，中国环境科学出版社2011年版，第34页。
③ 严刚、王金南：《中国的排污交易：实践与案例》，中国环境科学出版社2011年版，第36页。
④ 谢伟：《环境资源法实验案例教程》，中国政法大学出版社2015年版，第42—44页。

面临排污指标匮乏的困境。经各方的积极配合，2001 年，天电公司将 1800 吨的二氧化硫排放权，以每吨 250 元的价格转让给了南通醋酸纤维有限公司，交易期限为 6 年，成为我国首例成功的二氧化硫排污权交易。

受让方南通醋酸纤维有限公司在随后投资的 21.58 亿元的扩建工程中，采用了国内最为先进的技术与装备减少污染排放。而在其自身减少污染排放之后，日本王子制纸株式会社向南通市投资 139 亿元的项目在采取脱硫措施后仍面临排污指标不足的状况，原受让方南通醋酸纤维有限公司便将其富余的 1200 吨排放指标以新的市场价 1000 元每吨转让给了该企业，为期 3 年。在排污总量控制的前提下，通过排污权交易对环境容量资源进行充分有效的配置。

（2）我国首例水污染物排放权交易[①]。

南通市泰尔特染整公司在建成日处理污水量达 3000 吨的污水处理设备后，空余出大量化学需氧量（COD）排放指标。与此同时，如皋亚点毛巾厂在扩大生产的过程中受制于排污指标的缺乏，难以推进既有的生产计划。

经南通市环保局的牵线搭桥与论证审核，确认由泰尔特公司以 1000 元每吨的价格将 COD 的余量排污指标转让给亚点毛巾厂，为期 3 年。排污权交易合同明确规定，亚点毛巾厂在行使其所购买的排污权时不得超过排放总量，且需满足地区水环境质量的要求。交易一年之后，双方均在满足环境保护要求的前提下，实现了各自的生产经营需求，为我国首例水污染物排放权交易。

3. 浙江省排污权交易试点深化

（1）排污权抵押贷款。

2007 年 11 月，嘉兴市试行排污权交易制度，在实施过程中，购买排污权造成了许多企业的资金紧张。如嘉兴春晓食品公司在进行一项目规划时，由于当时嘉兴市尚未推出排污权交易制度，在初始的资金计划中便没有购买

---

① 黄德春、华坚、周燕萍：《长三角跨界水污染治理机制研究》，南京大学出版社 2010 年版，第 77—78 页。

排污权所需的资金。排污权交易制度推行后，短时间内筹集资金面临相当大的困难，因此该公司初期只向嘉兴市排污权储备交易中心交纳了交易款 40 万元。为更好地推广排污权交易制度，2008 年 9 月，嘉兴市环保部门联手嘉兴市商业银行推出污染物排放权证发放及抵押授信制度，企业可以用排污权证作抵押向商业银行进行贷款。这对于资金紧张的企业无疑是雪中送炭，嘉兴春晓食品有限公司便以其持有的排污权为抵押，凭借"排污权证"[①]从银行获得了 120 万元的抵押贷款[②]。

（2）排污权集中竞价交易[③]。

2012 年 6 月 29 日，浙江省举办了第一次排污权指标市场竞价，共 7 家企业参与了此次排污权集中电子竞价交易，共计出让二氧化硫指标 235 吨。申购企业在符合环保、环评审批资格的基础之上，还要求必须具备有可行方案的新建项目。在激烈的电子竞价之后，共 6 家企业以 259.52 万元竞得了上述政府储备的排污权指标。竞价企业负责人表示，未来的竞价过程中可以依照清洁环保和高污染耗能来区分企业的类型，分类竞价以促成更加公平的竞价局面[④]。

有学者对我国排污权交易进行实证分析后得出结论：排污权交易制度是未来中国解决环境污染问题的有效手段，但受制于排污权交易市场建设，交易试点地区无论在短期和长期都难以实现释放环境和经济双红利，创造节能减排和经济增长双赢的局面[⑤]。排污权交易制度目前只能在一定程度上缓解环境权配置低效的局面，要使其发挥应有的作用，仍需大力加强制度建设和推进创新手段的运用，加强环境规制。

---

① "排污权证"就像房产证一样，是排污权使用人的合法凭证。企业在环保部门办理排污权证抵押登记，并与市商业银行签订《授信意向书》后，就可将排污权证以抵押授信的担保方式向商业银行申请贷款。参见浙江省人民政府：《嘉兴试水排污权抵押贷款》，浙江省人民政府网，2008 年 10 月 8 日，http://www.zj.gov.cn/ art/2008/10/8/art_1015_34213.html.

② 严刚、王金南：《中国的排污交易实践与案例》，中国环境科学出版社 2011 年版，第 253—254 页。

③ 刘晓红、隗斌贤：《环境资源交易理论与实践研究——以浙江为例》，中国科学技术出版社 2015 年版，第 261 页。

④ 周颖、赵晓：《浙江电子竞价排污权》，《中国环境报》2012 年 7 月 9 日。

⑤ 涂正革、谌仁俊：《排污权交易机制在中国能否实现波特效应？》，《经济研究》2015 年第 7 期。

（三）我国排污权交易法律制度的内涵

完整意义上的排污权交易法律制度包括排污总量确定、排污权初始分配及排污权交易三个方面。

1. 排污总量确定

排污总量是排污权交易的上限，通过总量控制可以明确环境容量资源的稀缺性，使其成为具有价值的经济物品。在总量控制的前提下明确分配企业可以使用的环境容量资源额度，是实行排污权交易的前提，也是克服单纯依靠市场机制配置排污权的缺陷的必要手段。实际确定某一区域的环境容量是一项艰巨的工作，需要累积数年的环境质量追踪检测数据，强大的技术支持和雄厚的资金作后盾。

在排污总量控制方面，不得不关注可交易排污权与减排任务的脱钩问题。减排任务是新增削减量，为了达到真正的排污总量控制目标，减排任务应该完全退出市场流通环节[1]。在试点各地区中，部分省市在其官方指导文件中明确规定了可交易排污权与减排任务之间的关系，即"在完成减排任务的前提下"，超额的减排量才可用于进行排污权交易。但仍有省市并未对此问题进行规定，这样极可能将达标必需的新增削减量再次投放市场，这与排污权交易制度的总量控制是背道而驰的。

早期试点工作多注重排污权交易的探索是恰当的，而在试点工作已经逐步进入成熟阶段之时，却不能回避总量控制的目标，因为这是排污权初始分配和排污权交易的前提，必须使排放总量目标具有法律约束力。

2. 排污权初始分配

排污权的初始分配是一种存量配置，构成排污权交易的一级市场，排污权交易则是一种增量配置，构成排污权交易的二级市场。初始分配规则可以分为无偿分配和有偿分配两种方式。无偿分配是由环境主管部门按照相应的标准无偿将初始排污权分配给企业。由于企业不用付出成本，因而在早期试点工作进行的时候，是建立排污权交易市场常用的方法。有偿分配则是指采

---

[1]　常杪、陈青：《中国排污权交易制度设计与实践》，中国环境出版社 2014 年版，第 42 页。

取定价出售、公开拍卖等方式将初始排污权分配给企业。二者之间的关系与各自在排污权交易市场中的定位见图1。

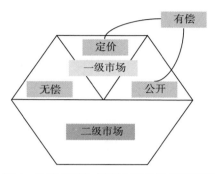

图 1　有偿分配与无偿分配的关系示意图

资料来源：常杪、陈青：《中国排污权交易制度设计与实践》，中国环境出版社2014年版，第32页。

下文选取湖北省、重庆市、浙江省嘉兴市、辽宁省沈阳市等地的初始分配规则进行分析。湖北省、重庆市和浙江省嘉兴市在排污权交易制度试点的过程中，其用于指导排污权交易实践的地方规范性文件均有过更新。

首先是湖北省，湖北省以 2008 年 10 月 27 日为界限区分新旧排污主体，在此日期前已经建成和取得环评批复文件的项目，采取无偿分配的方式，而之后新增的排污项目必须通过有偿的方式取得污染物排放指标，2012 年 8 月 21 日新颁布的官方指导文件将污染物在化学需氧量和二氧化硫的基础上扩展了氨氮和氮氧化物。需注意的是，此时湖北省虽规定排污权的初始取得存在无偿分配的方式，却对无偿取得的排污权作出了转让限制[①]。湖北省最新的指导文件则统一规定排污权以有偿取得为原则，根据不同的时间点区分为定额出让和公开市场出让两种方式[②]。

重庆市在 2010 年推行排污权交易试点工作时，选择性忽略了排污权交易的初始分配问题，2014 年新的指导文件则确立了初始分配有偿原则，未通

[①] 《湖北省主要污染物排污权交易办法》第 10 条，湖北省政府门户网站，2012 年 8 月 30 日，http://hbt.hubei.gov.cn/xxgk/xxgkml/zcwj_1/szfwj/201208/t20120830_55368.shtml。

[②] 《湖北省主要污染物排污权有偿使用和交易办法》第 16 条，湖北省政府门户网站，2017 年 5 月 26 日，http://hbt.hubei.gov.cn/xxgk/xxgkml/zcwj_1/szfwj/201705/t20170526_104890.shtml。

过有偿方式取得的排污权无法进入交易市场转让。现有排污单位以排污权交易基准价格购买，新建排污单位的排污权及现有排污单位的新增排污权以竞价的方式获取。

浙江省嘉兴市最初的指导文件间接提及初始分配有无偿和有偿两种方式，但对具体哪些市场主体适用有偿分配，哪些企业适用无偿分配并未指明。其后期推行的初始分配规则更像是一种混合规则，排污主体需购买排污权指标，排污权有偿使用的有效期限分为 5 年或 20 年，不同期限对应着不同的价格，为鼓励企业申购初始排污权，越早购买并付清有偿使用费的，享受的优惠力度越大，其中最高折扣可达 40%。在嘉兴市最新的排污权交易指导文件中，规定排污单位现有项目应通过有偿使用，以政府基准价取得排污权，新（扩、改）建项目则通过排污权交易取得排污权，由市场进行调节，并且将排污权指标有偿使用期限限定为不超过 5 年。

辽宁省沈阳市于 2017 年以政府规章的形式对排污权交易进行指导，由于有了早期试点省市的经验，沈阳市的规定直接对初始分配问题给予了重视。规定现有排污单位初始排污权以缴纳排污权使用费方式取得，试点初期暂缓征收排污权使用费，并对自愿交纳排污权使用费的单位给予征收优惠。新建、改建、扩建项目新增排污权则通过排污权交易方式有偿取得。

对几个省市初始分配规则的梳理之后，可以看出几大特点：第一，排污权交易的初始分配并没有在试点初期得以重视。以重庆市为例，其最初的官方指导文件中对排污权交易的初始分配并未提及，而在试点推行四年后，新颁布的指导文件对有偿取得这一点进行了反复的强调和细化规定。第二，新旧有别，新旧排污主体采取不同的分配方式，有的新旧主体直接分为有偿取得和无偿取得，而在同样有偿取得的情况下，对于新旧主体仍旧有不同的对待。第三，分配规则的不断变动。例如，浙江省嘉兴市在最初推行排污权交易制度时，鼓励企业申购排污权指标并给予优惠，因此当时许多企业选择购买了 20 年有限期的排污权，而今排污权的使用期限又更改为 5 年内，已经购买排污权的企业需要适应新的政策，对已有的排污权指标作出相应调整。第四，在环境资源有价的理念支持下，排污权初始分配有偿已占据主导地位，无偿分配的排污权存在转让限制，需向财政部门交纳出让金。

国务院的《指导意见》规定实行排污权有偿取得：对现有排污单位逐步实行排污权有偿取得，而新建、改建、扩建项目的新增排污权，原则上要求以有偿方式取得，具体方式采取定额出让和公开拍卖两种方式。

3. 排污权交易

狭义上的排污权交易，即指排污权交易二级市场。由于排污信用交易模式更接近传统的管制方式，我国试点地区多是按照排污信用交易模式来设计和构建排污权交易市场的，虽有部分地区提及"配额"，但实质上仍是排污信用交易模式。我国的排污权交易以总量控制为前提，却不等同于排污权交易典型模式中的"总量控制交易"，某种意义上可以称为"总量控制下的排污信用交易"[1]。部分地区也吸收了非连续排污削减的精髓，开展了排污权租赁市场的建设。

（1）二级市场的排污权交易主体。

理论上讲，排污权交易法律制度规定的交易主体应当包括四类主体：排污者、环保组织、投资者和政府。在我国目前排污权交易市场机制还不够完善的初始阶段，宜规定购买者以合法的排污者为主，避免排污权投机市场的发展使整个制度构建偏离初衷。

排污者是最主要的排污权交易主体。排污者是环境容量的真实使用者，通过先进的污染控制技术取得富余排污权的卖方，新建排污者和原先的排污者为扩大生产经营而需要更多环境容量资源使用权的买方，彼此之间的相互交易是排污权交易制度设计的出发点。在排污者取得排污许可证，建立了合格的污染物排放监测系统且不处于环境违法处罚期间，便可以在排污权二级市场对其在一级市场取得的排污权进行自由交易。

在民政部门登记的正规环保组织，出于保护环境的公益目的，参与二级市场的排污权交易，可以发挥重要的作用。

投资者也可以作为主体参加排污权交易。个人在排污权交易市场上向排

---

[1]　顾缤琪：《我国排污权交易制度的设计与实践——以嘉兴市排污权交易二级市场的构建为例》，复旦大学硕士学位论文，2014年。

污者购买排污权，促进污染物排放量的减少，与排污权交易制度设计的初衷相符合，但在实践中，这种购买极易催生排污权交易的投机市场。在我国排污权交易制度建设的初始阶段，务必对此类交易主体作出一定的限制。环保领域的交易也是商业交易，但相比于一般的市场交易，从根本上带有特殊的社会公共利益属性，因而需要特别规制。

政府作为交易主体参与排污权交易，主要是出于宏观调控的目的。需注意的是，代表政府参与排污权交易的机构，需独立于环境主管部门之外，要严格区分交易主体和管理主体[1]。在其进入交易市场扮演交易者的角色时，是与其他主体一样的平等民事主体，遵循自愿有偿的原则，排污权交易不受收任何特权和非经济力量的干预。在正常市场秩序出现混乱的情况下，政府可以采取类似于中央银行公开市场业务的手段，在污染过重时购买排污权，总量过低时卖出排污权等办法调控市场价格，对环境保护中出现的问题作出及时的反映，灵活地实现宏观调控[2]。

在二级市场的交易主体方面，我国的排污权交易在目前的实践中出现了对排污权需求方的不合理限制，能够购买到排污权指标的企业有时被限制在"新改扩"建项目的范围内。比如在嘉兴市，根据最新的《嘉兴市排污权有偿使用和交易办法》[3]第19条的规定，排污权需求方不仅包括新建、扩建、改建项目，还包括必需购买排污权指标才能完成减排任务的企业，而实际上企业却必须满足"新改建"项目才能购买到指标。有研究者对海宁市某国控重点污染源企业的环保专工就此问题进行过咨询：由于企业所拥有的排污权以环评数据为基础，批准企业购买排污权指标以填补配额缺口，则证明企业的环评数据小于实际排放量，这无疑反映出环评工作存在问题[4]。

---

[1]　高聪:《我国排污权交易法律制度研究》，山西财经大学硕士学位论文，2015年。

[2]　钱水苗:《论政府在排污权交易市场中的职能定位》，《中州学刊》2005年第3期。

[3]　《嘉兴市人民政府办公室关于印发〈嘉兴市深化环境资源要素市场化配置改革的若干意见〉等四个文件的通知》，嘉兴市环境保护局官网，2014年12月22日，http://www.jepb.gov.cn/News/263/8f233a477 df1289f674f91f59e71feb895ffdb11.html.

[4]　顾缪琪:《我国排污权交易制度的设计与实践——以嘉兴市排污权交易二级市场的构建为例》，复旦大学硕士学位论文，2014年。

（2）二级市场的排污权交易客体。

在我国既有的排污权交易试点中，排污权交易的主要对象包括大气排污权交易中的二氧化硫（SO_2）和氮氧化物（NOx）、水资源排污权交易中的化学需氧量（COD）和氨氮（NH_3-N）。

在排污权交易制度设计中，不可忽视减排费用与出售价格之间的关系，即只有在出售价格高于减排费用，治理成本低于交易价格的情况下，企业才会有减排的积极性。

（3）排污权交易的方式。

交易主体就排污权转让达成的排污权交易民事合同，是实现排污权交易的主要方式。排污权交易合同与其他民事合同一样，受我国合同法的规制，遵循合同订立自由、当事人地位平等、公平确定权利义务和诚实信用行使权利、履行义务的原则。由于排污权交易本身具有公法属性，因此区别于普通的民事合同，排污权交易合同应是要式合同和附条件的合同，其交易的双方的权利义务往往伴有管理机关为实施管理而附加的条件[1]。

排污权交易需要向交易机构交纳手续费，如《湖北省物价局关于排污权交易手续服务费收费标准及有关问题的复函》（鄂价环资规〔2013〕115 号）规定按成交金额数划分收取手续费的比例[2]。

4. 收回与回购制度

为防止环境容量资源的浪费，增加市场的有效供给，我国各试点地区大都规定了收回与回购制度，即包括无偿收回与有偿回购两种方式。

无偿收回的情形主要包括：

（1）破产、关停、被依法取缔的排污单位，其无偿取得的初始排污权指标由有关部门无偿收回。如《浙江省排污权有偿使用和交易试点工作暂行办

---

[1]　吕忠梅：《论环境使用权交易制度》，《政法论坛》2000 年第 4 期。

[2]　"一、排污权交易手续费属服务性收费。排污权交易手续服务费收费标准根据单笔交易金额按分段递减累计的方法计征。交易成交金额 300 万元及以下按 3%、300 万元至 600 万元（含 600 万元，下同）按 2%、600 万元至 1000 万元按 1.5%、1000 万元以上按 1%收取。单笔交易手续服务费不足 1000 元的按 1000 元收取。二、交易手续服务费由交易双方各承担 50%。"参见湖北省物价局：《湖北省物价局关于排污权交易手续服务费收费标准及有关问题的复函》，湖北省物价局官网，2013年 8 月 18 日，http://www.hbpic.gov.cn/jgggfw/jggl/nyjt/hbjf/201506/t20150618_11463.html。

法》^①第 14 条的规定。

（2）排污单位迁出行政辖区，且未经有偿方式获得的排污权指标的。如《沈阳市排污权有偿使用和交易管理办法》^②第 16 条的规定。

（3）弄虚作假，骗取排污权指标的。如《成都市排污权交易管理规定》^③第 12 条的规定。

有偿回购的情形主要包括：

（1）排污单位破产、关停或迁出行政区域，且有偿取得排污权的，由地区环保部门进行回购。如《陕西省主要污染物排污权有偿使用和交易管理办法（试行）》^④第 25 条的规定，其中第 27 条还规定此种情形按基准价的 95% 确定排污权的回购价格。

（2）排污单位购买排污指标后两年内未开工建设的，排污权交易管理机构有权按不高于其购买价收回排污指标^⑤。

（3）排污单位因自身原因造成排污权指标连续两年闲置或者连续两年使用排污权指标不足 80% 的，由市储备管理中心按照其购买当年的排污权指标出让价格的政府指导价强制回购^⑥。

值得一提的是，沈阳市针对排污权初始取得方式是否为有偿取得分别规定了不同的回购收回情形，规定清晰，更为合理科学。如同样是排污单位限产、转产、关闭或者调整产业结构、改进生产工艺、实施深度治理，在其经有偿方式获得的"富余排污权"指标的情况下，政府可以进行回购，而在其未经有偿方式获得的"富余排污权"指标的情况下，政府则有权收回。

---

① 浙江省人民政府：《浙江省排污权有偿使用和交易试点工作暂行办法》，浙江省人民政府网，2010 年 10 月 9 日，http://www.zj.gov.cn/art/2013/1/4/art_13012_68609.html.

② 沈阳市人民政府：《沈阳市排污权有偿使用和交易管理办法》，沈阳政府网，2017 年 9 月 15 日，http://www.shenyang.gov.cn/zwgk/system/2017/09/28/010194257.shtml.

③ 成都市人民政府：《成都市排污权交易管理规定》，成都环保网，2012 年 7 月 27 日，http://www.cdepb. gov.cn/cdepbws/Web/Template/GovDefaultInfo.aspx?aid=18943&cid=263.

④ 陕西省人民政府：《陕西省主要污染物排污权有偿使用和交易管理办法（试行）》，陕西省人民政府门户网站，2016 年 6 月 30 日，http://www.shaanxi.gov.cn/gk/zfwj/51118.htm.

⑤ 《省环保厅省财政厅省物价局关于印发江苏省太湖流域主要水污染物排污权交易管理暂行办法的通知》第 22 条，《江苏省人民政府公报》2010 年第 21 期。

⑥ 《成都市排污权交易管理规定》第 11 条。

在过去以行政手段为主解决环境问题的时期，减排是企业应尽的义务，排污单位的减排指标应当收归国有，完全谈不上收益。而目前的收回和回购制度不仅可以减少环境容量资源的浪费，某种意义上也是对排污单位实施治理活动的肯定，让排污单位可以获得减排收益，以激励其更积极地参与减排工作。

综上，排污权的总量控制是排污权交易制度设计的前提，在此前提之下进行公平合理的初始分配，方能为最终排污权交易实现环境容量资源的合理配置创造条件。随着我国排污权交易实践的不断深入推进，不能再对制度断片问题视而不见，否则将难以突破无法实现制度整体联动的困境。

五、我国排污权交易法律制度存在的问题

（一）排污权交易法律体系不完善

1. 排污权交易立法缺失

20 世纪 80 年代起，我国制定的部分法律法规包含地方性法规，都涉及排污权交易制度[①]。但目前为止，除《大气污染防治法》对排污权交易有所提及外，没有任何一部国家层面的法律对排污权和排污权交易的有关概念作出明确界定。

1985 年上海市颁布的《上海市黄浦江上游水源保护条例》[②]及 1987 年颁布的《实施细则》[③]确立企业可经环保部门同意，于排放总量指标内进行指标的相互调剂转让。1988 年国家环保局颁布《水污染物排放许可证管理暂行办法》[④]规定水污染物的排放指标可以相互调剂。1998 年，太原市出台了我国

---

① 左正强：《环境资源产权制度理论及其应用研究》，西南交通大学出版社 2014 年版，第 109—112 页。

② 上海市人大常委会：《上海市黄浦江上游水源保护条例》，北大法宝，1985 年 4 月 19 日，http://www. pkulaw.cn/fulltext_form.aspx?Db=lar&Gid=16778228.

③ 上海市人民政府：《上海市黄浦江上游水源保护条例实施细则》，北大法宝，1987 年 8 月 29 日，http://www. pkulaw.cn/fulltext_form.aspx?Db=lar&EncodingName&Gid=16778401.

④ 国家环保总局：《水污染物排放许可证管理暂行办法》，北大法宝，1988 年 3 月 22 日，http://www. pkulaw.cn/fulltext_form.aspx?Db=chl&Gid=7882e8bfd1f6fd54bdfb.

第一部对排污交易内容进行具体规定的地方性法规——《太原市大气污染物排放总量控制管理办法》①。

2000年修订的《大气污染防治法》②和2008年修订的《水污染防治法》③分别确立了主要大气污染物和水污染物的总量控制和排放许可证制度。2015年最新修订的《大气污染防治法》和2017年最新修订的《水污染防治法》,对总量控制模式、排污许可证均作出了一定的规定,其中最新修订的《大气污染防治法》将总量控制的范围从原来的"两控区"扩展至全国,并提出国家逐步推行重点大气污染物排污权交易,在法律上第一次为排污权交易正名,但是对于排污权本身依旧没有系统性的规定。

2. 排污权交易立法效力低

我国各试点城市多在地方的污染防治条例或环境保护条例中提及要推广和建设排污权交易制度,却少有省市用地方性法规对排污权交易进行系统的规定。

由地方政府规章对排污权交易进行具体调整的试点省市也屈指可数,如成都市和沈阳市,大多数试点省市是依靠地方规范性文件对排污权交易进行规制的,规范层级很低且效力有限。

目前除《大气污染防治法》提及过排污权交易外,全国性的法律并没有对排污权加以明确的规定,已经实际存在的排污权交易事实上缺乏法律依据。根据我国《行政许可法》的规定,依法取得的行政许可,除法律、法规规定依照法定条件和程序可以转让的外,不得转让。排污许可证作为排污权交易的凭证,如果受制于《行政许可法》不能转让的规定,排污权交易将无从谈起。

令人欣慰的是,2018年1月10日环境保护部新颁布并实施的《排污许

---

① 太原市人大常委会:《太原市大气污染物排放总量控制管理办法》,北大法宝,1998年9月29日,http://pkulaw. cn/fulltext_form.aspx?Db=lar&EncodingName=gb2312&Gid=16803824.

② 全国人民代表大会常务委员会:《中华人民共和国大气污染防治法》,北大法宝,2000年4月29日,http://pkulaw. cn/fulltext_form.aspx?Db=chl&Gid=27171.

③ 全国人民代表大会常务委员会:《中华人民共和国水污染防治法》,北大法宝,2008年2月28日,http://pkulaw. cn/fulltext_form.aspx?Db=chl&EncodingName=gb2312&Gid=102402.

可管理办法（试行）》第 14 条规定：环境许可证副本中需要载明"环境影响评价审批意见、依法分解落实到本单位的重点污染物排放总量控制指标、排污权有偿使用和交易记录等"。[①] 由此可以看出，随着排污权交易在新形势下往深度和广度发展，有关部门也在积极探索如何解决排污权交易凭证的合法转让问题，现阶段的转让虽然某种意义上仍旧是"非法的"，但实际上排污权有偿使用已经得到了肯定，并且与排污许可证联系起来。随着排污权交易的持续发展，一定会在立法层面为其疏通道路。

（二）排污总量控制困难

总量控制是排污权交易的前提和归宿。受制于我国现有的技术条件，总量控制事实上是一项艰巨的工作。

总量控制目标的确定，需要数年环境质量追踪检测数据的积累，先进的技术支持与充足的资金投入。即便有了合理规划的总量控制目标，部分地方政府仍是出于当地经济发展利益的考虑，对企业暗中增加排污量的行为予以默许，无视排污权交易的根本前提[②]。缺乏严格的总量控制，排污权便不是一种必须通过合法渠道才能获得的稀缺资源，整个排污权交易制度面临被架空的风险。

（三）排污权初始分配不公

排污权交易一级市场公平合理的分配对于排污权整体制度的建设至关重要。目前我国对于排污权的初始分配，原则上推行有偿分配的方式，实践中仍存在有偿与无偿分配"双轨并存"的情况。关键在于何种情况下采取有偿分配，何种情况下采取无偿分配，部分试点地区的指导文件并未释明，在分配过程中极易产生不公平的现象，降低企业有偿获取排污权的积极性。

（四）排污权交易二级市场不活跃

在部分地区，排污权交易的指标多是取缔关闭污染企业取得的污染物削

---

① 2018 年 1 月 10 日新实施的《排污许可管理办法（试行）》第 14 条规定："以下登记事项由排污单位申报，并在排污许可证副本中记录：（一）主要生产设施、主要产品及产能、主要原辅材料等；（二）生产排污环节、污染防治设施等；（三）环境影响评价审批意见、依法分解落实到本单位的重点污染物排放总量控制指标、排污权有偿使用和交易记录等。"

② 龚高健：《经济社会热点问题追踪与观察》，厦门大学出版社 2015 年版，第 263 页。

减量，而很少是由企业通过技术改造、污染治理腾出的节余排污指标。天津排放权交易所在 2008 年成立后的 5 年之内只有一笔交易[①]，截至 2015 年底，北京、上海两地甚至在环境交易平台成立后没有排污权交易[②]。由于二级市场的不活跃，排污权有偿使用和交易对于企业的减排积极性并无太大作用，某种意义上单纯地增加了企业的生产经营成本。

二级市场不活跃的原因主要包括以下几点：

1. 排污权交易过度依赖行政扶持

我国排污权案例就目前来看，行政色彩干预过浓，与真正意义上的排污权交易相差甚远，无法形成健全的自由市场，某种程度上更像是把市场机制"嫁接"到政府命令管制的手段上。

如江苏省重点宣传的两个排污权异地交易的案例，江苏省太仓市的太仓港环保发电有限公司与南京下关电厂的二氧化硫排污权交易，继该交易之后，国电常州发电有限公司与镇江谏壁发电厂也进行了二氧化硫排放权交易。江苏省内的几例异地排污权交易都是在江苏省环保厅的努力下促成的，此类交易更像是"拉郎配"和"树典型"[③]。

已经发生的排污权交易，企业对排污权并不享有完全的支配权，没有真正形成自由竞价的局面，对环境容量资源的配置自然不能达到应有的优化效果。排污权交易最大的优势之一便在于其作为环境经济手段的激励作用，即污染排放情况符合标准，排污单位依然可以通过减少排污取得更多的空余指标进行交易，在经济利益的驱动下对减少排污产生更大的动力。如果不摆脱传统行政命令模式的影响，不能形成真正意义上自由有序的交易市场，现有的排污交易将会持续处于困境之中。同时，以政代企的行为，容易诱发权力寻租的现象，非法获取排污权将导致"总量控制"目标难以真正实现。

2. 排污权交易市场供给不足

首先，随着环境问题的日益加剧，对环境污染的控制势必会愈发严格，

---

① 夏秀渊：《对排污权交易在我国生态环境保护中的冷思考》，《生态经济》2015 年第 7 期。

② 李国、郑荣俊：《排污权交易"试水"近十年叫好不叫座》，《工人日报》2016 年 6 月 15 日。

③ 刘建辉：《排污指标买卖：中国环境治理的革命性实验》，《经济》2004 年第 9 期。

排污总量控制的削减将致使排污指标在未来具有可预期的增值空间，有结余指标的企业因而"惜售"排污权，而老企业则因改造困难无法节余出排放指标，整个排污权交易市场便出现供给不足的现象。

其次，在普通的商品交易市场，卖方的主要目的是通过商品交换以获取利润，卖方购买商品的主要目的既包括取得商品的使用价值，也包括转售商品以获利。而排污权交易市场则与之不同，买卖双方的主要目的多不是为了谋利，而是为了取得排污权本身以供自用。因此，在排污权交易市场，卖方并没有迫切进行排污权交易的利益驱动，容易形成"薄市场"①，交易数量的不足将导致交易市场价格失衡，从而发生市场失灵的现象②。

最后，在市场供给不足的情况下，持有较多污染指标的企业越有可能保留其指标，提升其自身的垄断地位，限制行业竞争，极不利于排污权交易制度的发展。

3. 排污权交易相关税费负担过重

环境税、排污权有偿使用费、出让金、交易税、交易手续费等各类费用加重了排污主体的负担，更加降低了企业的积极性，排污权交易二级市场的冷清状态难以改善。

（五）排污权交易的监管处罚机制不健全

只有在完善的监管体系之上配以有效的惩罚措施，方能有效保障排污权交易市场的运转。目前对于企业进行的排污权交易，缺乏后期监管机制，而对于超总量的排污与非法转让排污权的行为也缺乏相应明确的处罚措施。

企业对于新政策的服从取决于服从需要的经济成本和不服从被检测出来的概率与会受到相应处罚之积。在企业希望最小化自己的成本时，对于罚款的期望值（上述之积）会影响企业对于政策的服从③。如对于排污总量控制制度，如果企业购买排污权所需要的经济成本远高于企业的违法成本，该制度

---

① "薄市场"的一般定义：一个买家和卖家数量少的市场。由于很少交易发生在薄市场，价格往往更加波动，资产流动性较差，投标数量低的问题也通常会导致两个报价之间的差距较大。也被称为"狭窄的市场"。

② 胡明：《基于制度创新的排污权交易环境治理政策工具分析》，《商业时代》2011 年第 19 期。

③ 严刚、王金南：《中国的排污交易实践与案例》，中国环境科学出版社 2011 年版，第 154 页。

终将被突破，乃至形同虚设。没有合理有效的总量控制，排污权交易也将无从谈起。此时合理的问责机制是排污权交易的有力保障，为避免出现执法成本高而违法成本低的现象，可以考虑采取低监管频率与高处罚力度相结合的方式，促使企业对于新制度选择服从。

六、我国排污权交易法律制度的建设构想

（一）完善法律规范体系

1. 构建排污权交易的法律基础

民法在本质上是一个开放的权利体系，新的权利是其生生不息的源泉，是其具有永久生命力的支撑[①]。排污权作为环境容量资源使用权，其"产权"属性必须合法而明晰，2015 年新修订的《大气污染防治法》第一次在法律层面为排污权交易正名，但是对于排污权本身的性质却没有丝毫的规定，其作为一种新的权利，排污权始终处于"非法"状态，极不利于排污权交易实践的发展。在目前阶段对排污权交易进行统一协调立法，时机尚不成熟，却可以由全国人大常委会对排污权进行相关的立法解释，通过既有法律对排污权的性质予以界定。

排污权属于一种准物权，准物权通常包括矿业权、水权、渔业权和狩猎权等[②]。排污权是一种派生于环境容量资源所有权的他物权，其以对环境容量资源的使用收益为内容因此具有用益物权的性质，而其具有的公法属性使其不能被纳入传统的物权体系，应当更准确地将其界定为一种可转让的准物权[③]。

由于排污权属于一种准物权，具有双重属性，因此作为排污权载体的排污许可证也具有双重属性。一方面，排污许可证是国家行政机关核发的公权力凭证，一般情况下不得转让；另一方面，排污许可证是具有私权属性的排

---

① 吕忠梅：《"绿色"民法典的制定——21 世纪环境资源法展望》，《郑州大学学报（哲学社会科学版）》2002 年第 2 期。

② 崔建远：《准物权研究》，法律出版社 2003 年版，第 20 页。

③ 邓海峰：《排污权一种基于私法语境下的解读》，北京大学出版社 2008 年版，第 232 页。

污权的载体，排污权具有可转让性，排污许可证也因此具有可合法转让的性质[1]。这某种意义上可以为排污权交易缺少上位法的依据，而现行《行政许可法》规定行政许可原则上不得转让的情况下，对排污权交易的实践中转让排污许可的合法性作出解释。

在研读 1990 年美国的《清洁空气法》修正案时，笔者发现有条款明确提到排污许可额度不构成财产权。这是否构成了对排污权的否定，即排污权根本不是一项权利？我国在引入此项制度时本身就是一种误读？实际上，"许可（Allowance）"不构成"财产权（Property）"，在不区分公、私法的美国，以及特定的条文中，主要想表达的是排污许可不被私人完全享有，私人对排污许可没有所有权，但这并不排斥这种排污许可具有财产权的性质。美国法已经赋予排放减少信用以金融衍生工具的地位，这侧面证明了排污权具有财产权的属性[2]。因此，有学者根据美国法律条文对排污权的定义，认为所谓的"排污权"在美国根本不存在，笔者认为是某种错误的理解。事实上排污权交易制度已经为美国带来了巨大的经济效益和社会效益，我们更应该研究如何创造性地使该制度更好地发挥其应有的作用。

排污权在性质上属于一种财产权，对于此类无形财产权的规制，有学者曾指出可以在传统物权、债权二分的权利体系之上引入财产权的概念作为母权。在财产权之下，物权法、债权法依旧调整特定的物权债权关系，而其他无形财产权则可以由具体的法律分别予以调整，构成结构开放的财产权立法体系[3]。

排污权交易的实质是将环境资源公共财产权私有化，政府通过市场的力量降低治理生态环境的目标所需的成本[4]。从法律移植的角度，将英美法系的美国所产生的排污权交易制度引入我国，本身就是一种巨大的考验。大陆法系国家存在公法与私法之分，排污权被认定为公领域的权利时，排污权交易

---

① 邓海峰：《排污权：一种基于私法语境下的解读》，北京大学出版社 2008 年版，第 233 页。

② 马新彦：《美国财产法与判例研究》，法律出版社 2001 年版，第 1 页。

③ 马俊驹、梅夏英：《无形财产的理论和立法问题》，《中国法学》2001 年第 2 期。

④ 〔美〕丹尼尔·H. 科尔著：《污染与财产权：环境保护的所有权制度比较研究》，严厚福、王社坤译，北京大学出版社 2009 年版，第 49 页。

的相关立法将受到巨大的限制，而将排污权全然纳入私法领域又不能准确解释其公法属性。如何调和移植过程中的矛盾和冲突，为排污权交易提供与之相容的"本土资源"，需要理论上的持续探索与创新。

2. 提高地方立法的效力

从我国现实的立法成本角度考量，排污权交易制度在试点过程中遇到的各类问题尚需总结和反思，排污权交易如何在我国特殊的国情下发挥其应有的作用尚需在实践中继续探索，目前阶段制定全国性的排污权交易法律法规不太现实。由于排污权交易涉及环境科学、法学、经济学多个专业领域，构建对其进行调整的法律制度必须稳步推进而不可能一蹴而就。地方层面的立法先行以推动日后国家层面排污权交易法律制度的立法，从地方性法规到全国通行的行政法规，再到法律层面的制定，或许是一条更为实际的道路，如2017 年新修订的《上海市环境保护条例》[①] 便直接将排污权交易写入了地方性法规之中[②]。需注意的是，在环境保护条例中提及排污权交易与专门制定规范排污权交易的地方性法规不可同日而语，目前待提升的是对排污权交易进行系统规范的文件之法律效力。

2015 年新修正的《立法法》已规定设区的市人大及其常委可以就环境保护事项制定地方性法规，有关排污权交易全国性法律的制定虽尚需时日，却可以将目前大部分试点地区的地方规范性文件结合实践中的问题加以修订，提升其效力至地方性法规层面，为排污权交易提供明确的法律依据以推动实践的进一步深化发展。

3. 扩大交易范围

排污权交易目前的发展趋势呈现多样化的特点，交易对象的性质从"污染物"拓展至"非污染物"，交易行为从"排污"权交易拓展至"排放"权

---

① 上海市人大常委会：《上海市环境保护条例》，《上海环境》2018 年 1 月 4 日，http://www.sepb.gov.cn/fa/cms/ shhj/shhj2013/shhj2019/2018/01/97882.htm.

② 2017 年新修订的《上海市环境保护条例》第 28 条第 2 款规定："新建、改建、扩建排放重点污染物的建设项目，排污单位应当在环境影响评价阶段向市或者区环保部门申请或者通过排污权交易，取得重点污染物排放总量指标。"

交易①。碳排放交易的正式产生和发展虽与排污权交易不同，但其思路却源于二氧化硫排污权交易。目前我国碳排放交易也在各地区开展试点工作，在两者的理论基础和制度机理相同的情况下，虽然具体的试点工作不尽相同，但在真正走向国家层面立法的时候，从节约立法成本的角度，完全可以将二者进行统一规制，立法的名称可以从排污权交易拓展为排放权交易。

（二）合理控制总量

总量控制包括国家控制和地区控制的总量目标。排污权交易的前提是总量控制合理，实践中如果总量控制被随意放宽，排污权交易将会异化成"花钱买污染权"，无法达到对环境资源进行合理配置从而有效治理环境污染的目标。

对排放的污染物进行总量控制，需要建立在单个污染源的排污标准监测到位的基础上，有效真实的数据才能协助环保部门科学而准确地计算出特定地区可允许的污染物的最大排放量。正如美国学者丹尼尔·H.科尔在其著作中所指出的一样：如果政府无法在技术上进行点源监测，排污权交易根本无法实施②。

技术水平的提升不是法律能解决的问题，但在构建成熟完备的排污权交易法律制度时，不能忽视合理的总量控制这一排污权交易制度顺利推进的根本前提，必须使排放总量目标具有法律约束力。

（三）构建排污权交易一级市场法律制度

在初始分配权行使的过程中，如果没有必要的监督和社会评估制度，地方或部门一定会在排污权交易试点的规范性法律文件中"塞进"地方和部门的私有利益，使其沦为"利益分肥"的工具③。

无偿分配的"免费蛋糕"容易诱发排污企业的投机行为、寻租行为以及政府的腐败行为。但是对于排污权交易一级市场全盘提倡有偿分配并不符合

---

① 彭本利、李爱年：《排污权交易法律制度理论与实践》，法律出版社 2017 年版，第 47 页。

② 〔美〕丹尼尔·H.科尔著：《污染与财产权：环境保护的所有权制度比较研究》，严厚福、王社坤译，北京大学出版社 2009 年版，第 78 页。

③ 王清军：《我国排污权初始分配的问题与对策》，《法学评论》2012 年第 1 期。

当前我国的国情。具体在未来法律制度的构建中，可以考虑根据排污单位的性质对取得排污权的初始分配方式加以区分。如果排污单位属于营利性的单位，根据污染者付费的原则，应当采用有偿分配的方式；如果排污单位属于公共服务机构，宜采用无偿分配的方式，但须对分配的数额加以严格限制。与此同时，主管部门还需预留部分排污权的额度，为经济发展和意外情况预留一定的排污权指标[①]。

对于分配指标的有效时限，考虑到与五年国民经济计划的政策衔接，可以采纳五年期和一年期相结合的方式。

（四）构建排污权交易二级市场法律制度

1. 对交易主体的限制与保护

前文在对我国的排污权交易法律制度建设进行系统分析时，已提及在我国目前排污权交易市场机制还不够完善的初始阶段，交易主体宜规定购买者以合法的排污者为主，避免排污权投机市场的发展使整个制度构建偏离初衷。同时，需要对我国目前在实践过程中对排污权交易需求方的不合理限制加以解除，用有效的法律制度保障交易主体参与排污权交易的合法权益。

2. 政府对二级市场的合理扶持

（1）厘清政府权力与市场的边界。

排污权交易绝不是为了交易而"交易"，政府不能一味"拉郎配"，应该让市场"自由恋爱"。在排污权交易市场中，须厘清政府权力与市场的边界，让市场在环境容量资源的配置中发挥作用，否则排污权交易这一环境经济手段相较于传统行政管制手段的优势将无法发挥。

（2）合理发挥监管作用。

去掉干预过浓的行政色彩，并不意味着倡导政府监管作用的缺位。"一旦监管不严，排污单位就会轻易地'搭便车'，产生只有卖方没有买方的困窘局面"[②]。环境经济手段的运用可以有助于解决环境问题，但是自由的市场

[①] 高聪：《我国排污权交易法律制度研究》，山西财经大学硕士学位论文，2015年。

[②] 纪建文：《从排污收费到排污权交易与碳排放权交易：一种财产权视角的观察》，《清华法学》2012年第5期。

本身是不能完全解决环境问题的，需要配以恰到好处的监管力量。如《太原市大气污染物排放总量控制管理办法》①第 22 条规定：转让受让双方签订有偿转让排放量指标的合同，需经当地环境行政主管部门确认方可生效②，充分体现了政府部门的监管作用。

（3）建设交易激励机制。

针对排污权交易二级市场不活跃的现状，政府应当建设相关的交易激励机制。对切实削减排污量的单位，从税收、资金等方面予以鼓励与扶持；对出售排污指标的单位在未来需要增加排污指标时给予优先、优惠的政策；对于早期出售排污权的收益进行税收减免，而超过一定储存期限的排污权交易则不予税收优惠；交易不活跃时，为鼓励企业积极治理污染，政府应购买富余的排污指标③。政府还应该建立健全回购收回制度，确保排污指标的储存量，保证排污权交易市场供给充分，同时需将企业委托第三方治理取得的减排量计入其排污权账户，对企业的治污行为予以积极的肯定和鼓励。

3. 对交易平台进行合理定位

我国的交易平台和排污权储备中心存在职能区分不明的问题。交易平台是市场主体而不是排污权的交易主体，其职能是为排污权交易提供基础服务和中介服务，属于民事法人实体而不具有行政性。排污权储备中心则属于监管机构，由环保部门授权组建，其代表政府参与排污权交易时属于交易主体，而行使监督管理的职责时属于监管主体④。当然，我们也需要注意排污权储备中心目前既是交易者又是管理者的角色定位需要予以改变。

（五）构建排污权交易法律责任制度

排污权交易法律责任是排污权交易法律关系主体违反法律义务而承担的否定性法律后果。构建完整的排污权交易法律制度，与之匹配的法律责任必

---

① 太原市人大常委：《太原市大气污染物排放总量控制管理办法》，北大法宝，1998 年 9 月 29 日，http://pkulaw.cn /fulltext_form.aspx?Db=lar&EncodingName=gb2312&Gid=16803824.

② 1998 年 9 月 29 日实施的《太原市大气污染物排放总量控制管理办法》第 22 条规定："转让和受让允许排放量指标的排污单位，双方必须签订书面合同，经环境保护专项评估，并报当地环境保护行政主管部门确认，换发新的排污许可证，方可生效。"

③ 贺永顺：《关于排污权交易的若干探讨》，《上海环境科学》1999 年第 7 期。

④ 彭本利：《我国排污权交易地方立法之实证分析及其完善》，《法学评论》2013 年第 1 期。

不可少，唯有如此才能促使义务主体履行义务，保证权利主体受到侵害时可以寻求合法的救济途径。

1. 民事责任

在排污权交易主体通过缔结排污权交易合同形成的法律关系中，一般配以缔约过失和违约责任，出现缔约过失和违约情形时，以合同中的约定与法律的规定为准，追究合同过错当事人的责任，保障受损害方的合法权益。

排污权交易主体在造成财产、人身、环境损害时，应当依据法律规定承担侵权责任。我国的侵权责任归则原则包括过错责任原则、无过错原则及过错推定原则。对于环境污染侵害，根据我国《侵权责任法》和《环境保护法》的规定，适用的是严格责任，即无过错责任原则，只要排污行为损害了当事人的合法权益且不存在违法阻却事由，即具有违法性。排污权交易是通过引入市场机制实现对环境的保护，在排污权交易法律责任制度的设计中是否遵循环境污染侵害的无过错责任原则值得考量，有学者曾提出排污权交易制度的法律责任归则原则宜适用过错责任推定原则，利于调动排污者进行交易的积极性并兼顾对损害方的利益保护[①]。笔者认为，排污权交易法律责任制度虽然要保护排污权人的合法权益，但是其最终目的仍旧在于保护环境，因此在环境污染损害领域的严格责任原则不能被突破。

2. 行政责任

排污权交易行政责任主要发生在排污权交易监管机构和作为受监管方的排污者和中介组织之间，排污权交易行政责任的承担主体包括行政主体和行政相对人。首先，作为受监管的排污者在初始分配时骗取排污权、在二级市场交易时不遵循相关交易规定的行为将会视程度不同受到不同的行政处罚，处罚形式包括警告、罚款、责令整改、责令停产、吊销许可证等。其次，排污交易中介组织违反管理规定，也会受到监管机构警告、罚款、吊销资质证书等行政处罚。最后，环境主管部门作为监管方，其工作人员违法行使职权，给排污交易主体造成了损害，应当受到相应的行政处分并承担行政赔偿责任[②]。

---

① 沈满洪:《排污权监管机制研究》，中国环境出版社 2014 年版，第 227 页。
② 沈满洪:《排污权监管机制研究》，中国环境出版社 2014 年版，第 228 页。

3. 刑事责任

追究环境刑事责任是对环境违法行为最严厉的制裁，也是排污权交易法律责任中不可缺少的内容。根据罪刑法定原则，凡是在排污权交易活动中，相关主体的行为触犯了刑法的规定，都应该严格依照我国刑法的规定承担刑事责任。

（六）建设排污监测制度

排污权交易法律制度相较于传统的法律制度，需要各方面的支撑，尤其是环境科学技术的支撑。排污权交易必须以准确计算排放量作为制度推行实施的基础条件，排放量核定的准确性关乎的是资金流动和资源配置的准确性[1]，不能准确计量的排放量将从根本上影响排污权交易法律制度建设，使相关的政策法规被架空，如同虚设。在这方面，部分省市已开始推行合理的监测手段，浙江省和山西省的在线监控参照"电卡"原理，推出了"总量卡"的概念，利用 IC 卡对排污企业实行刷卡式总量控制管理[2]。

在建设排污监测制度的问题上，还可以考虑引入第三方监管，运用社会资本的力量更有效地推进我国排污权交易的制度建设。

（七）理顺排污权交易与环境税的关系

根据《指导意见》第 5 条的规定，有偿取得排污权的单位，不免除其依法缴纳排污费等相关税费的义务。自我国的《环境保护税法》于 2018 年 1 月 1 日施行之日起，原先的排污费被环境保护税所取代。

排污费和如今取而代之的环境税，相较于排污权交易，其最大的特点是政府起主导作用。环境税改善了以往排污费收费标准不统一，行政机关易滥用自由裁量权的缺陷，具有税收强制性、无偿性、固定性的特征，体现了国家的强制力。而在排污权交易中，政府在初始分配中起主导作用，在排污权交易市场形成后，政府则主要扮演监督管理的角色，排污权交易成为企业自主的市场行为。

期望到达预期的污染防治水平，而污染治理成本无法准确测定时，选择

---

① 严刚、王金南：《中国的排污交易实践与案例》，中国环境科学出版社 2011 年版，第 9 页。

② 常杪、陈青：《中国排污权交易制度设计与实践》，中国环境出版社 2014 年版，第 24 页。

排污权交易优于环境税；能事先预测污染的环境成本，而无法确定污染治理水平能达到何种程度时，则优先考虑环境税[①]。

环境税与排污权交易制度相比，可能会将税负转嫁到消费者身上，环境污染减排的目标却不能真正实现。排污权交易制度从理论上讲或许优于环境税，但在我国目前排污权交易市场建设尚不成熟的情况下，各有各的固有缺陷，探索两者的综合实施也许更符合我国的国情。

排污费与排污权初始分配的有偿取得是否为重复收费的问题，而今变成排污权的有偿取得与环境税是否为重复收费。如上文所述，笔者赞同目前阶段两者的综合实施，两者的性质并不相同，不属于重复收费。排污权有偿取得是排污者进行排污权交易前，为获得排污权而交纳的费用，反映的是占用环境资源的价值，即"谁占有，谁付费"的原则，征收环节在前端。环境保护税是对排污行为实际征收的费用，要求排污者对排放污染造成的环境损失进行补偿，即"环境补偿"的原则，征收环节在后端[②]。

不仅如此，根据 2018 年新实施的《环境保护税法》第 13 条的规定，纳税人排放应税大气污染物或者水污染物的浓度值低于国家或地方规定的排放标准的，可以按不同的程度梯度减征环境保护税，最高可减征 50%。排污权交易制度鼓励排污者通过提升企业的污染治理水平，节余富余的排污权以供出让，在总量控制的前提下实现环境资源的有效配置，环境税则鼓励排污者提高污染治理水平，从浓度控制角度对减排企业予以税收优惠的鼓励，激发企业的减排积极性。排污权交易和环境税两者体现不同的原则，具有不同的性质，分别位于征收环节的前后两端，体现了浓度控制与总量控制的结合。真正实现减排的企业能在两种制度下都得到相应的优惠和收益，而暂时无法实现减排任务的企业也能通过付费交税的方式对生态环境进行补偿。

综上所述，排污权有偿使用费与环境税并不是重复收费，两者根据我国现有的相关法律规定并不存在冲突。两者同步施行将迫使排污企业采取先进

---

① 陈亮、赵春、黄盟：《综合运用环境税与污染权交易解决环境外部性问题》，《合作经济与科技》2008 年第 17 期。

② 环保部：《排污权有偿使用费和排污费不矛盾，不存在重复征收》，中国新闻网，2014 年 9 月 4 日，http:// finance.chinanews.com/ny/2014/09-04/6562578.shtml.

的治污手段减少排污，促进产业结构的优化调整。探索两者的综合实施对我国的生态环境治理工作大有裨益。

（八）建设排污权交易衍生市场

随着排污权交易试点工作的不断推行，其逐渐从实体化的环境容量资源使用权拓展至金融衍生品领域。现今我国的排污权交易主体制度尚处于多重困境之中，其建设尚需很长时间的实践和探索，但这并不影响在构建整体制度时，对排污权交易的衍生市场予以应有的重视。

1. 排污权存储制度

排污权存储制度是指排污企业可以将当年节余的排污权存储起来以供日后使用。存储制度既可以鼓励企业减少排污量，也可以避免企业在排污权过期之前对配额进行突击使用。在对存储制度的设计上，为了防止企业在后期加重特定时间段的排污量，可以参照美国的做法，对排污权设置负值的存储利率，使企业存储的排污权一方面可以增加灵活性，另一方面由于随着时间的延长，存储的排污权会逐渐减值至零，不至于出现过于严重的"热点"问题[1]。

2. 排污权租赁制度

排污权租赁制度有利于解决企业短期排污指标的需求，尤其是季节性生产规模缩小的企业之间。如夏秋季的火电厂往往会出现 SO_2 和 NO_x 的排放指标的节余，此时处于生产旺季的水泥和钢铁等建材行业便可以与之进行排污权的短期使用交易，灵活应用排污权交易制度[2]。

目前我国部分省市对排污权租赁制度作出了系列规定，如根据《福建省排污权租赁管理办法（试行）》（闽环发〔2015〕4 号）[3] 第 7 条，排污权的租赁期限一律为一年，承租方在其初始排污权有效期内，只能承租一次，且承租的排污权不得转租、托管。

---

[1]　常杪、陈青:《中国排污权交易制度设计与实践》，中国环境出版社 2014 年版，第 66 页。

[2]　胡春冬:《排污权交易的基本理论问题研究》，湖南师范大学硕士学位论文，2004 年。

[3]　福建省环境保护厅、海峡股权交易中心:《福建省排污权租赁管理办法（试行）》，福建省环境保护厅官网，2015 年 6 月 5 日，http://www.fjepb.gov.cn/zwgk/zfxxgkzl/zfxxgkml/mlflfg/201506/t20150608_163764.htm。

3. 排污权抵押制度

排污权抵押权是在从国家所有的环境容量资源所有权中分离出来的排污权上所设定的权利，属于一种权利抵押权①。

我国部分试点省市已开始推行排污权抵押制度，如前述嘉兴市的排污权抵押贷款案例。兰州市也对排污权抵押贷款作出了试行的规定，《兰州市排污权抵押贷款管理办法（试行）》（兰政办发〔2016〕101号）②第9条特别规定了排污权抵押贷款额度原则上不得超过抵押排污权评估价值的80%，由企业和银行在具有法定资质的第三方资产评估机构自行选择进行排污权价值评估。再比如广东省环交所与兴业银行广州分行签署战略合作协议，安排100亿元信贷额度，专项用于环交所平台上各企业排污权质押融资业务③。

尽管我国《担保法》和《物权法》都未明确将排污权列为可抵押的财产，在试点省市浙江省的某一判例中，法院仍旧依据《中华人民共和国大气污染防治法》《指导意见》以及《浙江省排污权有偿使用和交易试点工作暂行办法》（浙政办发〔2010〕132号）④等文件，论证排污权交易和排污权的合法性，最终认定被告嘉兴福臻纸业有限公司有偿取得的化学需氧量和二氧化硫的排污权属于法律、行政法规规定的其他财产权利，以该项权利进行抵押担保，符合国家有关排污权抵押贷款的试点政策，当属合法有效。准予原告对被告提供抵押的排污权采取拍卖、变卖等方式依法变价，并对所得款项优先受偿⑤。由此可见，排污权抵押贷款制度，事实上已经在我国的经济生活中开始发挥重要作用。

尽管如此，由于"排污权"尚未成为实体法上的权利，排污权抵押登记制度因此也存在巨大的缺陷，对于排污权抵押登记采取登记要件主义还是登记形式主义也没有明确的规定。挂牌交易的排污权在二级市场难以迅速变

---

① 邓海峰：《排污权抵押制度研究》，《中国地质大学学报（社会科学版）》2014年第2期。

② 兰州市人民政府：《兰州市排污权抵押贷款管理办法（试行）》，北大法宝，2016年5月26日，http://pkulaw.cn/ fulltext_form.aspx?Db=lar&Gid=5e58aea4217e338c7f9fa6cd953d9298.

③ 李鹤鸣：《广东试点排污权有偿使用和交易》，《南方都市报》2014年6月22日。

④ 浙江省人民政府：《浙江省排污权有偿使用和交易试点工作暂行办法》，浙江省人民政府网，2010年10月9日，http://www.zj.gov.cn/art/2013/1/4/art_13012_68609.html.

⑤ 参阅浙江省嘉善县人民法院一审（2016）浙0421民初3431号民事判决书。

现，仅具有政府信用性质的政府回购也面临各种意外的风险，无论是排污权交易还是政府回购，都不是目前排污权抵押权实现的高效且安全的手段，排污权抵押权存在难以实现的隐患。

七、结语

第十三届全国人大第一次会议表决通过的《中华人民共和国宪法修正案》将宪法序言第七自然段修改为"推动物质文明、政治文明、精神文明、社会文明、生态文明协调发展，把我国建设成为富强民主文明和谐美丽的社会主义现代化强国，实现中华民族伟大复兴"。与此相适应，在宪法第八十九条"国务院行使下列职权"中第六项增加"生态文明建设"的内容，以国家根本大法作为生态文明建设的保障。我国的生态文明建设、环境保护已经迈入了前所未有的发展阶段。

我国的排污权交易法律制度虽然在现阶段还有诸多困境有待突破，其远期社会功能却不容小视，它的真正确立会将长期沉睡的具有财产权属性的环境容量资源所有权一次性盘活，最终实现环境资源的合理配置和高效运行①。

笔者在对排污权交易法律制度进行研究的过程中，发现需从总量控制、初始分配、排污权交易二级市场建设同时推进，方能建立真正完备的排污权交易制度，在此过程中还需要与环境税等其他环境经济手段进行有效的配合。就排污权交易本身而言，需要考虑的也绝不仅仅是法律制度的建设，相关技术和配套设施的支撑必不可少，制度的整体建设任重而道远。

如何在新时期探索与建立有效治理生态环境的手段，是时代赋予的新课题，正如我国的《"十三五"生态环境保护规划》②中所言："生态环境保护机遇与挑战并存。"

---

① 邓海峰：《排污权：一种基于私法语境下的解读》，北京大学出版社 2008 年版，第 5 页。

② 国务院：《国务院关于印发"十三五"生态环境保护规划的通知》，中央政府门户网站，2016 年 12 月 5 日，http://www.gov.cn/zhengce/content/2016-12/05/content_5143290.htm.

第十二章　我国环保信用体系建设的法治化研究

一、绪论

（一）研究背景及意义

早在 1973 年，我国就召开了第一次全国环境保护会议，标志着国家层面环境保护事业的开始。改革开放以后，我国开始加强环境保护的立法工作，通过了一系列法律，包括《中华人民共和国环境保护法》，以及具体领域的单行法，大气污染防治法、水污染防治法、固体废物污染环境防治法等。然而，经过 40 多年的治理，我国的环境问题并没有得到根本解决，巨大的污染物排放量和有限的环境承载力使我国面临着严峻的环境压力。从 2005 年松花江重大水污染事件，到 2018 年福建泉港碳九泄漏事故；从 1993 年我国北方出现的特大沙尘暴，到近年来笼罩全国 10 余个省份的雾霾天气；从 2002 年贵州万山县土壤汞污染事件，到 2017 年江西九江"镉大米"风波，引发社会广泛关注的重大环境污染事件层出不穷。如何有效规范企业的环境行为，倒逼企业主动承担环境保护责任，成为现阶段环境保护的任务之一。由此，以信用手段加强环境保护的理念被提出，"环境保护信用"逐步走进大众视野。

信用是市场经济的基石，从某种意义上来讲，现代市场经济也是一种信用经济。诚实守信不仅仅存在于经济领域，环境保护领域同样需要诚信。近年来，公共环境污染事件多发引起了社会关注，这些环境污染事件背后反映出我国企业和公民环境诚信行为和环保信用缺失现象严重的状况。随着社会生产的不断扩大，企业不断增多，单纯依靠市场自身调节和事后经济处罚的传统监管方式已经无法从根本上防止环境风险的发生，这就迫切需要政府构建一套环保信用体系，将环保信用体系作为社会信用体系的一部分，供社会公开监管，促使企业实现环境友好型发展。

近些年，随着信用制度的发展，环保信用的建设逐步得到关注，我国政府也开始认识到环保信用建设的重要作用。党的十九大报告指明了环境信用体系建设工作的方向和路径，明确要求健全环境信用评价制度，并将其作为着力解决突出环境问题的重要抓手。国务院印发的《社会信用体系建设规划纲要（2014—2020年）》也提出，要建立企业环境行为信用评价制度，完善企业环境行为信用信息共享机制。环保信用体系建设涉及环境资源、财政、金融、行政管理、社会信用等各个方面，是一项关乎国家治理体系与治理能力现代化的制度建设，不仅仅是社会信用建设的重要组成部分，还将成为生态环境治理体系的重要一环和未来若干年环境治理的主要内容。

本章通过研究国内外学术文献以及中央和地方一些省市发布的政策规定，分析了我国环保信用体系法治化建设的必要性和现实意义，阐述了目前在探索建设环保信用体系的过程中出现的问题和不足，并在推进国家治理体系与治理能力现代化的大背景之下，提出了一些改进建议，以期对我国环保信用体系的法治化建设有所助益，进而为我国生态环境治理贡献力量。

（二）国内外研究综述

1.关于对社会信用体系的研究

西方国家对信用的研究起步较早，社会信用体系建设比较完善。不同国家的社会信用管理方式不同，信用体系建设也大不相同，主要分为三种信用管理模式：一是以美国为代表的市场化模式，征信完全通过市场化运作，信用服务中介机构独立于政府，在信用体系中发挥重要的作用，政府几乎不参与社会信用的监管；二是以德国为代表的公共模式，即由中央银行建立公共信贷登记系统，政府出资，资信评估机构实际上是政府的附属；三是以日本为代表会员制模式，由银行协会建立非营利的银行会员制机构、日本信用信息中心，负责企业和个人征信，会员银行间互换共享信息。① 在学术研究方

---

① 曹元芳：《发达国家社会信用体系建设经验与我国近远期模式选择》，《现代财经（天津财经大学学报）》2006年第6期。

面，西方学者与我国不同，学术界侧重研究信用体系的某一个环节而不是全体系的建设，有关信用体系研究的国外著作较少，大多是关于信用理论与实践研究。

改革开放以来，伴随经济市场化改革进程的加快，社会中存在的信用制度缺失、社会成员信用观念薄弱等问题逐渐显现，我国学者也开始重视社会信用问题的研究。关于社会信用体系的定义，周炜和刘向东[1]提出，社会信用体系是一个复杂的社会系统，由一系列法律、规则、方法、机构构成，其功能在于辅助和保护信用交易顺利完成。关于社会信用体系的构成，吴晶妹教授[2]认为，我国社会信用体系有六大子体系，分别为信用立法、信用交易、信用服务、信用监管、失信惩罚机制和信用文化与教育体系，这六大子体系相辅相成，共同构筑了社会信用体系的框架与内核。王海燕、任京梅[3]也有类似看法，认为社会信用体系分为一维诚信体系、二维社会信用管理体系和三维信用交易体系，具体分为信用立法、信用交易、信用服务和失信惩戒机制子体系。关于社会信用体系的建设，曹元芳[4]研究了发达国家所采用的信用体系建设模式后，认为我国信用体系的建设可以分阶段进行，近期由"政府推动，央行运作，有关部门配合"，远期则实行"特许经营、商业化运作"的模式。

2. 关于对环保信用的研究

西方学者主张通过环境经济政策来推进环保事业，比如通过绿色信贷、绿色价格等经济手段，在提升社会环保意识的同时，激励企业增加环保投入，推行清洁生产，从源头上减少污染。[5]政府环保部门与金融部门合作，将命令—控制手段与市场手段相结合，采取企业环境信用手段，控

---

① 周炜、刘向东：《社会信用体系——分层结构及体系构建中的政府职能定位》，《中国软科学》2004年第6期。

② 吴晶妹：《信用管理概论》，上海财经大学出版社2011年版，第20—34页。

③ 王海燕、任京梅：《社会信用体系建设》，《水利建设与管理》2011年第1期。

④ 曹元芳：《发达国家社会信用体系建设经验与我国近远期模式选择》，《现代财经（天津财经大学学报）》2006年第6期。

⑤ Phillip Stalley, *Can Trade Green China? Participation in the Global Economy and the Environmental Performance of Chinese Firms*, Journal of Contamporary China, 2009,18（61）.

制生产者的环境污染行为[①]。例如，Maths Lundgren 和 Bino Catasus[②] 论述到银行可以通过企业环境评估报告公开企业的环境行为，运用绿色信贷和基金政策迫使贷款人和融资者自发考虑环境因素，对自然环境产生积极影响。

我国环保信用的发展还处于初级阶段，目前，学术界对环保信用研究多集中在企业环保信用评价方面。张志奇、李英锐[③] 通过分析我国现阶段在企业环境信用评价方面的探索实践，认为应从完善顶层设计、加强法规建设、健全运行机制、建设保障体系这四方面入手，进一步深化企业环境信用评价。李晓安、彭春[④] 阐述了环境价值的独立性及其与环境信用的关系，认为通过信用规制的绿色化和法治化可以治理生态危机。在环保信用的法律建设方面，杨兴和吴国平[⑤] 认为，我国的环保信用立法还存在很多缺陷，应出台相应规制企业环保失信的法律对策。

3. 关于对环保信用体系建设的研究

我国环保信用的发展采取地方先行，然后向全国铺开的模式。目前，大多省市更关注于环保信用评价体系的建设，还没有触及完整的环保信用体系的建设，只有个别发展较快的省份开始了环保信用体系建设的探索，例如江苏省，而关于环保信用体系建设的理论研究也多集中在这些少数省份的科研人员之中。江苏环保厅有论者[⑥] 认为，传统的监管方式已经难以推进环境保护工作的发展，建设环保信用体系契合于党和国家提出的创新社会管理的思路，是环境保护新的突破口和推动力。江苏泰兴环境监测站的论者[⑦] 提出，

[①]　F. Takeda and T. Tomozawa, *A Change in Market Responses to the Environmental Management Ranking in Japan*, Ecological Economics, 2008,67（3）.

[②]　Maths Lundgren and Bino Catasus, *The banks' impact on the natural environment—on the space between 'what is'and'what if'*, Business Strategy and The Environment, 2000,9（3）.

[③]　张志奇、李英锐：《企业环境信用评价的进展、问题与对策建议》，《环境保护》2015 年第 20 期。

[④]　李晓安、彭春：《论环境信用法治化》，《法学杂志》2009 年第 1 期。

[⑤]　杨兴、吴国平：《完善企业环保信用立法的思考》，《法学杂志》2010 年第 10 期。

[⑥]　龚志军：《怎样开展环保信用体系建设？》，《中国环境报》2013 年 5 月 9 日。

[⑦]　严晖、叶建林：《环境信用机制的建立与完善》，《环境与可持续发展》2007 年第 3 期。

应尽快出台全国环境信用体系建设的总体方案，加强国家的宏观指导和整体协调性。江苏射阳县环保局有论者①认为，建设和完善环保信用体系应从建立培育机制、完善监控机制、建立奖惩机制这三方面做起，以此来保障环保信用制度的贯彻和实施。

4. 综述小结

学术界已经普遍认识到，相比于西方发达国家，我国社会信用体系的建设相对滞后，环保信用建设的进程更是远远落后于发达国家，对于环保信用体系建设的研究还比较薄弱。从江苏省在环保信用方面的研究看，环保信用体系的建设是可行的，也是必要的，至于如何建立和完善环保信用体系还需要进一步研究，全国统一的方案和法律规制还需要尽快制定。

二、我国环保信用体系建设法治化之描述

（一）环保信用体系和环保信用体系法治化的概念

1. 信用

论及信用的概念，首先，我们应该将"信用"与"诚信"区分开来。诚信解决的是那些"不能用货币单位直接度量的问题"，它的理论支撑来自于政治学和社会学，②应用的领域广泛，涵盖社会诚信、企业诚信、政务公信、司法公信四个领域，也可以说这个概念是无所不包的；而"信用是可以用货币单位直接度量的"，以信用管理理论和信用经济学作为理论支撑，③通常在经济和法律领域，有明确的界定范围和界限。这里涉及的社会信用、环保信用属于经济和法律的范畴，只能用"信用"一词，与诚信不同。

信用的概念有广义和狭义之分：广义的信用属于伦理学的范畴，指社会活动中的当事人建立起来的以诚实守信为基础的践约行为，是一种处理人际关系的道德准则。狭义的信用属于经济学、法学的范畴，是一种资本信用，

---

① 张萍:《如何建立和完善环保信用体系？》,《中国环境报》2014 年 7 月 29 日。
② 林钧跃:《社会信用体系"分"与"合"之利弊析》, http://www.sohu.com/a/292990068_777 813.
③ 林钧跃:《社会信用体系"分"与"合"之利弊析》, http://www.sohu.com/a/292990068_777 813.

指受信方在特定时间内做出的付款或还款承诺的兑现能力。[①] 从法律上讲，信用有两层含义，一是指双方当事人之间的一种关系。如果契约规定的双方的权利和义务不能同时实现、存在一定的时间差时，信用就产生了；第二层含义是指双方当事人按照约定所享有的权利和肩负的义务。[②] 在我国法律中，《民法总则》和《合同法》中都有涉及信用的相关规定。《民法总则》第 7 条规定："民事主体从事民事活动，应当遵循诚信原则，秉持诚实，恪守承诺。"《合同法》中则要求："当事人对他人诚实不欺，讲求信用、恪守诺言，并且在合同的内容、意义及适用等方面产生纠纷时要依据诚实信用原则来解释合同。"体现了我国法律对社会信用的重视。

2. 社会信用体系

目前，我国理论界对社会信用体系的界定还未形成统一的观点。有的学者将其与信用征信体系相等同，有的学者则从信用形式、社会信用运行过程角度来描述社会信用体系的内容。笔者认为，社会信用体系是以社会信用制度为基础，以国家信用管理机构、信用信息收集部门以及信用中介服务机构提供的各种信用服务为支撑，以社会信用法律法规和失信惩戒机制为保障，同时开展信用管理教育、培育信用管理人才的一种新型的社会治理系统。根据以上界定，社会信用体系主要包括五个部分，分别是信用工具体系、信用规范体系、信用监管惩戒体系、信用中介体系和信用文化教育培训体系。其中，信用工具体系包括信用交易的各种制度、规则和手段，是各信用主体参与经济生活的基础，也是信用管理行业存在的前提。

社会信用体系的全面形成和应用将完美融合公权力和私权利，改变传统的法律、政府、社会的管理方式，政府可以通过大数据、信用评级和失信惩戒对社会进行治理，有利于推进国家治理体系和治理能力的现代化。

3. 环保信用体系

信用可以作为一种调整手段运用到生态环境领域。国内有学者认为，环

---

① 刘肖原：《我国社会信用体系建设问题研究》，知识产权出版社 2016 年版，第 2 页。

② 朱国华、张君强：《行业协会信用担保制度研究》，《天府新论》2014 年第 5 期。

保信用是一种独立的信用制度，主要依靠信用功能实现对企业环境行为的环境人格评价，其本质在于用以信用为中心的有形或无形之手，调整、平衡、确定环境负担和环境利益。[①]环保信用体系属于我国社会信用体系的一部分，由环保信用规范、运行、环保信用中介、环保信用监管惩戒和环保信用教育等子体系组成。以全民共治的理念为基础，以企业的环保信用评价制度为核心，以相关法律规范为保障，环保信用体系的形成将有效制约环境失信行为，促进生态环境、市场经济和社会秩序的良性发展。

4. 环保信用体系法治化

针对当前各地区环保信用体系中存在的环境信用评价标准体系不一、评价对象覆盖面过窄、评价结果运用亟待强化等问题，应加强企业环保信用评价立法、执法、司法、监督等法治化建设，形成以环保信用领域的法律法规为依据，以提高环境监管水平为核心，搜集、评价、反映有关企业污染防治、生态环境保护保障能力及意愿等特征指标，用信用法律督促企业改善其环境行为，自觉履行环保法定义务和社会责任，并引导公众参与的运行机制，实现环保信用体系的制度化、程序化、法治化。

（二）环保信用体系建设的必要性和现实意义

1. 环保信用体系建设的必要性

作为社会信用的内容之一，环保信用具有一般信用的基本性质，但相比于其他信用形式，环保信用又具有特殊性。

首先，相比经济信用，环保信用投入较多但收益缓慢。由于环境保护的公共产品特性和回报的缓慢性，环境守信者不会获得直观的经济利益，反而会形成较大的经济投入。在短期内，环保失信者会比守信者获得更多的经济回报，在机会主义的驱使下，多数企业会谋求经济利益而破坏公共环境，这也是我国环境失信状况频发的原因之一。

其次，环保信用的维护成本较高。与在特定双方之间产生信用关系的一般经济信用不同，环保信用表现的是多个市场主体与政府之间的信用关

---

① 李晓安、彭春:《论环境信用法治化》,《法学杂志》2009 年第 1 期。

系。^① 凡是要进入市场的企业都必须接受环境信用评价，与政府部门建立信用关系，这也意味着政府部门对各市场主体的信用监测和评估的工作量较大，需要大量人力物力的投入，环保信用的维护成本相比其他经济信用要更高。

最后，相比其他信用形式，政府对于加强环保信用建设的能力不足。正如前文所述，环保信用的维护成本较高，成果短期内不显著，在财政有限且政府本身无须对企业环保失信负责的情况下，相关领导干部出于对自身政绩的考虑，不但不会加强对环保信用的资金投入，反而会将环保信用建设的支出用于其他经济建设之中。

基于环保信用的不同特性，有必要将环保信用的建设工作构建成一整套完整的体系，即环保信用体系，并将其纳入社会信用体系建设的整体框架之中，与其他领域的信用建设相关联，例如加强与税收、工商、银行等领域的协作，真正改变企业环保信用缺失的现状。

2. 环保信用体系建设的意义

（1）促进环境资源有序开发利用。

环保信用体系下，不仅是政府，企业、信用中介机构、社会组织和个人等多主体都参与到环境治理之中，通过企业环境信用评价、信用红黑名单公示和失信惩戒等手段，有效制约社会上存在的环境失信、破坏生态环境的行为，进而保护我国现有的环境资源。此外，环保信用能够促进货币、生产要素，包括环境资源在市场内有序流动。例如，目前在各地银行业推行的"绿色信贷"政策。银行把企业环境信用评价结果是否符合环境标准、污染治理要求和生态保护政策作为企业或个人金融信贷的准入门槛，"对于限制和淘汰类新建项目，不得提供信贷支持；对于淘汰类项目，停止各类形式的新增授信支持，并采取措施收回已发放的贷款。"^②切断了环境违法者的经济命脉，有效遏制高耗能、高污染行业的无序发展，对改变严重消耗能源、依赖生态资源的经济发展模式，促进环境资源的有序开发利用具有重要意义，有利于

---

① 秦虎、王菲：《环保信用：一种环境管理整合手段》，《环境经济》2006 年第 9 期。

② 陈柳钦：《国内外绿色信贷发展动态分析》，《决策咨询通讯》2010 年第 6 期。

人类社会的可持续发展。

（2）创新环境治理方式，提高政府治理效率。

现阶段，我国采取的环境管理方式仍然以行政管制手段为主，已经跟不上目前社会经济的发展水平，环保信用体系的建设可以成为现有环境治理方式的重要补充，有利于提高政府环境治理的效率。

第一，环保信用体系的建设综合运用了经济手段、法律手段和行政手段，以环境信用评价结果来影响企业取得行政审批以及在信贷、保险、政府采购、税费减免等条件达标和优惠政策的享受，企业为了自身的发展盈利和良好信誉，必然会主动采取清洁生产和其他环保措施，将污染成本内部化，真正实现事前治理、源头治理，同时也节省了政府监管企业环境行为的成本，这些显然是行政手段所无法实现的目标。

第二，随着环保信用信息共享平台和环境信用档案、数据库的建立，企业和个人的环境信用信息将按照规定向社会公示或在相关政府部门之间传递、共享。这样不仅打破了政府和企业之间存在的信息不对称的问题、节省了信息成本，也有利于各部门之间开展联合行动，对环境失信者进行联惩联治。此外，有关部门还可以利用这些数据制定行业政策。数据越全面，相关部门对市场的预测就越准确，制定的行业政策也会更加符合市场需求。环保信用体系下准确及时的信用数据共享将为政府部门的工作提供巨大便利。

第三，环保信用体系的建设将会促成一系列专业的征信机构、评估公司等信用中介服务机构的建立，这些机构对企业环境信息进行专业分析、公正评估，同时能够分解政府的工作压力，省去政府部门对企业的监管和费用投入，这样，政府治理环境的效率也就提高了。

（3）建立良性环境执法关系。

在传统的以行政管制为主的环境管理方式下，环保部门作为环境执法者，与企业这一管理对象之间常常处于对立状态。企业在市场机制作用下，受到利益驱动，普遍存在逃避承担法定环保义务的现象，而单靠环保部门的事后惩罚往往起不到约束企业环境行为的作用。由于"环境违法成本低，守法成本高"，企业把自身的环境责任等同于缴纳环保处罚费用，在缴纳罚款后继续从事原先的环境污染行为，环保部门的环境执法行为没有达到环境保护的效果。

环保信用体系建设的价值在于能够实现环境执法者和管理对象的"双赢"，形成良性的环境执法关系。环保部门对企业进行环境信用评价，产生环境信用的"红黑名单"，给守信企业给予优惠和资助，减少守信企业的检查次数并采取企业年报方式让其自查自报环境状况，减少环保部门的执法压力；对于环境失信企业采取各部门联惩联治的方式，影响其审批、信贷、采购等项目，让失信企业"寸步难行"，有效提高环境执法效果。

（4）提高社会环保意识。

环保信用体系是一个多主体参与的环境治理体系，作为环保信用建设的参与者，社会组织和社会公众可以参与监督企业的环境失信违法行为。例如在北京、广州、西安、沈阳等城市施行的环境违法有奖举报制度，一定程度上提高了公众参与环保监督管理的积极性，增强了市民的环保意识，也有利于环保文化在社会上的推广。此外，借助大数据技术和媒体的力量，环保信用信息在社会上广泛公示和共享，有利于环保信用制度的宣传和环保守信者形象的树立，在社会上起到正面的导向作用。同时，通过加大对环境领域失信事件的曝光力度，营造出守信者处处受益，失信者寸步难行的社会氛围，使环境保护意识深入人心。此外，环保信用体系的发展需要大量环保信用人才作为后备力量，从而推动了环保信用的学科研究和环保教育行业的发展。随着环保信用领域研究学者的增加和学术研究的不断深入，将促进我国环保文化的推广，并不断推动我国环保事业的进步。

（三）我国环保信用体系法治建设的成就

环境领域的信用建设是我国进行生态文明建设，实现美丽中国的重要举措，近年来，我国国家和地方不断加强对环保信用建设工作的探索和实践，并取得了积极的进展。

1. 国家层面：重视环保信用制度的建设

在国家层面，"十二五"以来，国务院及有关部委高度重视环保信用制度建设，并出台了多项文件对此工作作出了部署。2006年12月，中国人民银行与原国家环境保护总局（现生态环境部）联合发布《关于共享企业环保信息有关问题的通知》，主要内容在于将企业环保信息纳入企业征信系统，进行企业环保信息共享。2013年12月，原环境保护部（现生态环境部）联合国家发改委、人民银行、银监会发布《企业环境信用评价办法（试行）》，规定了包括企业环境信用评价工作的职责分工、应当纳入环境信用评价的企业范围、企业环境信用评价的等级、方法、指标和程序，以及环境保护"守信激励、失信惩戒"具体措施这四个方面内容，为企业环境信用评价制度在全国的推广打下了基础。2014年6月，国务院出台《社会信用体系建设规划纲要（2014—2020）》，明确提出加强环境保护领域的信用建设。同年《环境保护法》修订，明确规定企业环境违法信息应当记入社会诚信档案，企业的环境信用正式写入国家法律之中。此外，国务院办公厅印发的《关于加强环境监管执法的通知》要求："建立环境信用评价制度，将环境违法企业列入'黑名单'并向社会公开，将其环境违法行为纳入社会信用体系，让失信企业一次违法、处处受限。"①2015年4月，国务院印发《水污染防治行动计划》的通知，要求"加强环境信用体系建设，构建守信激励与失信惩戒机制，环保、银行、证券、保险等方面要加强协作联动，于2017年底前分级建立企业环境信用评价体系"。明确提出了环境信用体系建设的目标和对企业环境信用评价制度发展的规划。为了推进环保信用体系建设，2015年12月，原环境保护部会同国家发改委发布了《关于加强企业环境信用体系建设的指导意见》，对指导各地方加强企业环境信用体系建设，促进有关部门协同配合，加快建立企业环境保护"守信激励、失信惩戒"机制产生重要作用。2016年7月，原环境保护部会同国家发改委、中国人民银行等30个部门联合印发了《关于对环境保护领域失信生产经营单位及其有关人员开展联合惩戒的合作备忘录》，目的是在31个部门间建立起环保严重失信企业信用信息的共享机制，形成跨部门、跨领域的失信联合惩戒，营造良好的环保守法氛围。2017

---

① 《国务院办公厅关于加强环境监管执法的通知》，《中国环境报》2014年11月28日。

年 10 月，中国共产党第十九次全国代表大会召开，习近平总书记在会议开幕式上所作的十九大报告中提道："提高污染排放标准，强化排污者责任，健全环保信用评价、信息强制性披露、严惩重罚等制度。构建政府为主导、企业为主体、社会组织和公众共同参与的环境治理体系。"① 提出全民共治的理念，为我国环保信用体系的建设指明了新的方向。（如图 1 所示）

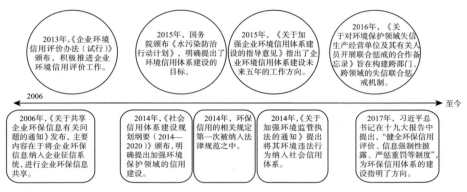

图 1　我国环保信用体系的建设过程

从国家层面颁布的环保信用制度来看，我国环保信用体系的建设是从点到面，从细节到整体的。先是规范了有关企业环保信息共享的制度，然后是企业环境信用评价制度，最后提出建设企业环境信用体系。但目前，我国环保信用体系的制度建设还只停留在企业环境信用这一个主体上，主体还应当包括政府、社会组织和公众以及第三方服务机构。环保信用体系是一个以政府为主导者、企业为中坚力量、社会组织和公众参与和监督、第三方中介机构提供服务的全面的体系，未来的体系建设、相关制度的统筹规划、综合设计还需研究和规范。

2. 地方层面：推进环保信用制度的探索实践

我国环保信用制度的发展采取地方先行试点，再向全国推广的模式。在地方，很多省市很早就开始了环保信用体系建设的探索，并展开了试点工

---

① 习近平：《决胜全面建成小康社会　夺取新时代中国特色社会主义伟大胜利——在中国共产党第十九次全国代表大会上的报告》，《人民日报》2017 年 10 月 28 日。

作。目前，从各省市发布的行政性文件来看，各地方加紧了企业环境信用评价制度的建设，浙江、河北、重庆、广东、湖南、江苏、甘肃、山东等省市先后结合地方实际制定了各自的环保信用评价管理办法，为企业环境信用评价制度向全国推广积累了经验。其中，江苏省的环保信用体系建设起步最早，发展最快，其做法也尤其值得关注。

江苏省的环保信用体系建设工作自 2000 年试点起步，[①] 尝试探索开展企业环境行为评价和信息公开；2012 年推进实施省内环保信用体系建设试点工作；2013 年启动企业环保信用动态管理工作；2014 年将环境执法等环境管理工作纳入信用体系建设；2015 年底全省全面启动企业环保信用评价。经过十余年的发展，江苏省的环保信用体系建设取得了很大进展。

第一，环保信用管理制度逐步完善。2012 年以来，江苏省环保厅陆续制定了《江苏省企业环保信用评价及信用管理暂行办法》《江苏省企业环保信用评价标准和评价办法》《江苏省机动车环保检验机构信用等级评定管理办法（试行）》《关于启动企业环保信用动态管理工作的通知》《运用信用手段加强事中事后环境监管的指导意见》《江苏省环境影响评价中介机构及其从业人员信用评价及管理暂行办法》等管理办法，并于 2016 年在国内率先发布了《江苏省环保信用体系建设规划纲要（2016—2020 年）》，明确提出，到 2020 年全省基本建成环保信用体系构架和运行机制的目标，为未来数年内环保信用体系的建设提供了方向，有力支撑了环保信用体系的建设。

第二，综合性环保信用管理系统基本建成。江苏省企业环保信用管理系统共包括八项建设内容：企业环保信用评价体系，安全保障体系，系统软硬件基础设施，环保信用系统数据平台，企业环保信用系统基础应用平台，企业环保信用信息系统，环保诚信门户和移动信用系统。[②] 企业环保信

---

① 《江苏省环保信用体系建设规划纲要（2016—2020 年）》，网址：http://www.jshb.gov.cn/jshbw/hbxy/zcfg/201601/t20160119_337177.html.

② 郇洪江、童波邮：《基于多指标综合评价法的环保信用管理系统研究》，《江苏科技信息》2014 年第 1 期。

用管理系统的建成实现了省、市、县三级环保部门对企业环境信用信息审核、数据报送、归集、评价、修复及查询。该系统基于多指标综合评价法对企业环保信用信息进行分析处理，发布的信息更及时客观，规范性、时效性、准确率和完整率都大大提升。此外，江苏省还投资建立了江苏省污染源"一企一档"动态信息管理系统，并推进企业环保信用管理系统与污染源"一企一档"管理系统的互联互通，实现全省环境管理数据的一体化、系统化。

第三，环保信用评价考核强化。首先，江苏省的企业信用评价指标共21项，三大类，包括污染防治类指标、环境管理类指标、社会影响类指标。信用评价结果按优劣等级分为绿色、蓝色、黄色、红色、黑色五个等级，评价周期为一年。其中，绿色和蓝色为信用好的企业，被列入黑、红名单的企业将会处处受限。其次，企业环境信用评价并不是将企业"一棍子打死"，还留给企业"改过自新"的机会，配合实施了信用承诺和信用修复制度，激发企业参与环保的内生动力。如果企业进入了"黑名单"，企业负责人必须公开向社会承诺整改，整改无效就会被列入信用体系，受到联动惩戒。但如果红色或黑色企业能够整改到位，则可以申请信用修复。改变原先半年评定一次的方法，大大缩短整改后环保达标的企业实现颜色升级的时间。在启动环境信用修复机制后，经环保部门现场查勘、监测确认企业已整改到位，该企业的评级档次能够立即得到修复升级。最后，对各类市场主体施行分类管理的方式。对重点污染源企业、环评机构、机动车尾气检验机构、环境监测机构等环境服务机构及其从业人员，按照不同的环境信用状况进行分类采集和信息记录，强化环保信用评价考核。

第四，激励与惩戒手段并用。守信者激励、失信者惩戒是保障评价结果发挥作用的关键手段。江苏省环保部门根据企业不同的颜色等级，针对性地实施不同的激励或惩戒措施：对被评为绿色和蓝色等级的企业采取鼓励性措施；对评为黄色等级的企业采取警示性措施，比如每季度的信用报告、增加监测频次等；对评为红色和黑色等级的企业采取惩戒性措施。按照绿、蓝、黄、红、黑的次序，企业能享受到的优惠依次减少，到红、黑等级，企业受到的惩戒将影响其正常的运营。关乎到企业的生存问题，企业不得不重视其环保信用评级，从"要我改"转变为"我要改"。

第五，省内试点形成特色。江苏省将常州市、南通市、江阴市、苏州工业园区作为试点。常州市将环保信用评价结果与"绿色直通车"、排污许可证管理挂钩；南通市的一大特色在于实施差别水价以及用电限电制度来增强企业的环保意识；江阴市推行"黑色"等级企业停产关闭的政策；苏州工业园区则推进环境信用信息共享机制，在企业环境信息公开、环保信用报告、信用承诺等方面取得卓越成绩。

江苏省的环保信用体系建设在全国处于领先水平，希望其取得的成果能够更多地被其他地方参考、借鉴，并适当在全国范围内推广，推动我国环保信用体系建设的进程。

三、环保信用体系建设法治化之理论解析

（一）环保信用体系法治建设的基本原则

1. 公开透明原则

环保信用体系建设必须遵循公开透明原则。首先，出于对公民环境权的保护，企业的环境信用信息应及时向社会公布，并保证信息的真实、全面，让企业接受社会监督，承担社会责任。其次，企业环境信用的评定工作要公正公开，杜绝评价过程中可能出现的不正当操作，评价结果应通过环境网站、报纸等媒体向社会公示，真正做到守信者激励、失信者惩戒，接受社会各界的监督。最后，政府部门的执法工作者应严格遵守法律规章和工作要求，在企业环境信息公示、环境信用评价以及失信惩戒的过程中，做到合法、合理、公平、公正，将环保信用制度落到实处。

2. 协调分工原则

企业的发展与环境资源、税收、信贷、证券、保险等密切相关，环保信用体系的建设也同样不是生态环境部这一个部门的责任，还需要税务、工

商、银行、财政等部门的通力合作。首先，企业环境信用评价结果的公正性要求评价依据的全面性，即企业环境信用信息的完整性，这就需要各个部门、行业协会能够汇总和共享参评企业的信用信息。此外，对守信企业的奖励和对失信企业的惩戒也需要各部门的联动。比如《关于加强企业环境信用体系建设的指导意见》中建议的"财政部门禁止环境失信企业参与政府采购活动"。"保险机构对环境失信企业提高环境污染责任保险费率"。再比如一些地区推行的绿色信贷政策，都需要多部门间的有效合作才能完成。要想多部门联动机制高效运行，合理的部门职责分工和协调配合并不可少。环保信用体系的构建应站在全局角度，统筹规划，明确各部门的职能，协调分工，促进环保信用信息的归集和共享并完善企业环保信用多部门联合奖惩机制，提高政府工作效率。

3. 自愿与强制相结合原则

由于各企业性质不同、作出的环境行为不同、对环境造成的影响不同，现阶段我国对企业参与环境信用评价的范围划定和企业环境信用信息公开与否的要求设定，都采取了自愿与强制相结合的原则。在企业环境信用信息公开内容方面，为了防止企业在环境信息公示上避重就轻和只公示对其有利的信息，我国规定将环境公示信息分为自愿公示与强制公示两种。对于企业进行环境保护和造成轻微环境影响的信息，企业可以按照自己的意愿公示或者不公示，但对于重污染行业的企业、曾经超标排污的企业以及知名企业、上市公司，则强制其按照法律规定向社会公开相关环境信息。在企业环境信用评价方面，按照《企业环境信用评价办法（试行）》的规定，也采取了自愿与强制相结合的办法，"污染物排放总量大、环境风险高、生态环境影响大的企业，应当纳入环境信用评价范围"，其他企业可以按照自己的意愿参与或者不参与环境信用评价。

4. 激励与惩戒并举原则

多年来，我国以行政处罚手段为主、偏向末端治理的环境治理模式并没有使我国的生态环境问题有所好转，面对不断恶化的生态环境，我们必须转变环境治理的思路。环境守信激励、失信惩戒机制通过正向激励和部门联合惩戒，使环境失信者寸步难行，可以在很大程度上提高企业和个人参与环境治理的积极性，并促使他们产生保护环境的自觉。在国家出台的《企业环境信用评价办法（试行）》和《关于加强企业环境信用体系建设的指导意见》中都有企业环境信用奖惩机制的相关内容，也体现了激励与惩戒并举的原则。在2016年6月，国务院进一步发布了专门的指导意见，《关于建立完善守信联合激励和失信联合惩戒制度加快推进社会诚信建设的指导意见》，为环境信用奖惩机制的完善提供了借鉴。

（二）环保信用体系法治建设的主体

1. 政府——主导者

我国信用体系的建设和发展以政府的推动作为主导力量，与西方，尤其是以美国为代表的市场作为主导力量的发展模式不同，我国政府在整个信用体系的建设方面起着统筹全局、协调各方的重要作用。我国作为一个幅员辽阔的大国，政府部门更能够"集中力量办大事"，而且对于环保信用建设这样前期投资规模大、行业涉及面广、回报周期长并向全社会铺开的项目，也只有政府才有能力担当主导者、牵头者。

第一，环保信用立法和制度建设均需国家机关、政府部门的主持。根据《立法法》的规定，环保信用的立法应由立法机关起草、制定。我国目前出台的环保信用建设的相关政策规定也是由国务院、原环保部会同国家发改委、中国人民银行等部门制定的，属于行政法规和部门规章。当然，企业、社会组织和公众以及第三方服务机构也有权利参与到环保信用制度建设和法律制定的过程中，使制度设计更加科学化、民主化，但最终各方建议制定成政策并落地形成法律，都应当由国家机关、政府部门为立法主体，减少环保信用制度的随意性，突出权威性，实现环保信用体系建设的法治化。

第二，政府在促进环保信用信息归集和共享、推动多部门联动合作方面发挥重要作用。环保信用体系建设的第一步就是实现环保信用信息的归集和共享，拥有足够多的环保信用信息是对参评企业作出公正、准确的环保信用评价的前提，关系到企业的环保信用评级和奖惩状况，影响企业的生存和发展。在企业数量众多、环保信用信息量庞大且信用信息来源分散的情况下，任何一个社会组织或是第三方服务机构都没有能力实现环保信用信息的归集，但政府机关却在信息的获取方面拥有优势。生态环境部门遍布全国各个省市县区，可以很好地将各地企业的环保信用信息整合在一起。生态环境部门还可以和其他部门或社会机构通过签署合作备忘录的方式，使分散在各部门、各社会机构的信用信息得以共享，最大程度地汇集环保信用评价所需的信息。此外，支撑环保信用信息在部门间、社会机构之间传递与共享的基础设施，也就是环保信用信息共享平台，也应该是由政府机关来主持建设的。推动部门间的联动合作、跨区域的信用信息共享也只有中央机关可以做到，任何社会组织、公众或是第三方服务机构都不具备这样的权威。目前，我国还没有设置全国统一的环保信用信息共享平台，生态环境部将在此平台建设的过程中发挥重要作用。

第三，政府部门是企业环境信用评价的主要主体。根据国家出台的《企业环境信用评价办法（试行）》的规定，生态环境部门负责企业的环境信用评价工作。由政府机关对企业进行环境信用评价，作为评价对象的企业能够对评价工作产生足够的重视，评价结果也更加具有权威性，有利于环境信用评价工作的顺利开展。此外，绝大部分的环境信用信息都掌握在生态环境部门手中，由生态环境部门负责信用评价，省去了信息相互传递的工作，更加方便快捷。目前，我国有一些省市，例如湖南省、安徽省、福建省的生态环境部门，已经开始探索突破环保行政部门作为单一信用评价主体的模式，减轻生态环境部门的工作负荷，但大多数的省市依旧沿袭生态环境部门为主体的信用评价模式。通过对比各省市的环境信用评价办法，我们可以发现，像企业环境信用评价这样的行政确认行为，即使允许企业自查自评、允许委托第三方服务机构承办具体评价事务，最终的环境信用评价主体仍然是生态环境行政部门（如表1所示）。所以，企业环境信用评价的主体依旧是政府部门。

表 1　各省市对环保信用评价主体的规定

地区	来源文件及其实施时间	环保信用评价主体
国家	2014 年 3 月《企业环境信用评价办法（试行）》	实行分级管理：国家重点监控企业的环境信用评价工作由省级环保部门负责组织实施；其他参评企业环评的管理职责由省、自治区、直辖市环保部门规定
江苏省	2013 年 2 月《江苏省企业环保信用评价及信用管理暂行办法》	省辖市环保局、县（市）环保局按照"分级管理"原则，组织实施辖区内企业环保信用评价
湖南省	2015 年 3 月《湖南省企业环境信用评价管理办法》	企业在评价系统自查自报＋环保部门将参评企业环境违法违规信息录入评价系统＋环保部门初评
山东省	2017 年 3 月《山东省企业环境信用评价办法》	设区的市环保局负责本辖区企业环境信用评价工作
湖北省	2017 年 4 月《湖北省企业环境信用评价办法（试行）》	各级环保部门分别负责本辖区所监管企业环境信用评价工作
安徽省	2017 年 4 月《安徽省企业环境信用评价实施方案》	企业自报＋设区市环保局初核＋省环保厅复核
重庆市	2017 年 11 月《重庆市企业环境信用评价办法》	市环境保护局负责组织实施国家重点监控企业、市级重点监控企业的环境信用评价管理工作，市环境科学研究院负责承办具体评价事务。各区县（自治县）环境保护局、经开区环境保护局、市环境保护局直属分局负责组织实施本行政或职能管辖区域内区（县）级重点监控企业的环境信用评价管理工作，并可委托第三方评价机构承办具体评价事务
河北省	2017 年 11 月《河北省企业环境信用评价管理办法》	各市（含定州、辛集市）环境保护局负责本辖区监管企业环境信用评价工作
福建省	2017 年《福建省企业环境信用评价实施意见（试行）》	企业环境信用评价工作实行省、市、县三级分级管理方式：省级参评企业由省级环保行政主管部门负责；市级参评企业由设区市级环保行政主管部门负责；县级参评企业由县级环保行政主管部门负责。企业自评＋环保行政主管部门初评＋环保行政主管部门对异议企业的复核

　　第四，环保信用执法和对企业进行激励、惩戒的工作由政府机关完成。环保信用执法和对企业的奖惩都属于环保行政机关具体行政行为的范畴，必须由代表国家的环保行政部门来执行。其中，对企业环境行为的守信激励和失信惩戒还需生态环境部门之外的其他金融部门和社会组织的联动。政府作为组织者、领导者，在多部门的联动合作中起着关键的协调、沟通作用，同时也体现

了现代化的国家治理能力和国家权威。

第五，专业人才的培育、环保宣传教育需要政府的推动。环保信用体系的建设离不开专业人才的技术支持，包括信用信息平台的建设、环保信用档案的整理、信用评价体系的构建等方面。这些专业技术人才的培育、从业资格的认可和统一考试标准的设定都需要政府机关的助力，避免出现专业技术人员水平参差不齐的现象。另外，生态环境部门通过对企业进行环境信用评价，公布环保信用"红黑名单"，能够在社会上起到示范作用，使企业和社会公众对环境保护产生足够的重视。社会公众环保意识的提高也离不开政府部门的宣传教育。

2. 企业——环保行为主体和信用评价对象

企业是社会经济的基本单位，通过综合运用包括环境资源在内的各种生产要素，向市场提供商品或服务。它们在促进经济发展的同时，也影响着我们赖以生存的生态环境，一些重污染行业的企业更是成为我国生态破坏、环境污染的主要源头。一方面，不论从道德角度还是从法律角度，企业都应当承担环境保护责任，是环保的行为主体；另一方面，在环保信用体系之下，企业也是环保信用评价的对象，应当接受来自生态环境部门、社会组织和公众的监督。

一方面，企业是环保行为主体，应当主动承担环保义务，没有企业的参与，我国生态环境无法得到真正的改善。首先，2014年修订的新《环境保护法》以法律的形式明确了企业的环境保护责任，"企业事业单位和其他生产经营者应当防止、减少环境污染和生态破坏，对所造成的损害依法承担责任"。基于法律的强制性规定，企业应当主动从事环保行为。其次，企业不仅是经济个体，也是社会个体，在日常生产经营活动中应承担相应的社会责任，自觉减少其生产经营行为对生态环境的不良影响。最后，企业从事生产，消耗大量的环境资源的同时，向环境中排放了大量废弃物、污染物和二氧化碳，是环境问题的主要引起者，根据"污染者付费、开发者保护、利用者补偿、破坏者恢复"的基本原则，企业应当自觉、主动落实环境保护行为。

另一方面，企业是环保信用评价对象，被列入评价范围的企业应当接受生态环境部门的信用评价，积极参与环保信用体系建设。企业作为环境责任的主要承担者，应主动接受生态环境部门的环保信用评价。环保部门可以依据企业环保信用信息对其环境行为进行评价，并给出相应的环境信用等级，守信企业得到奖励、失信企业受到惩戒的同时，还会被列入"红黑名单"向社会公示。通过施行环保信用评价制度和奖惩制度，可以倒逼企业自觉从事环保行为并积极对自身生产经营进行整改，实现源头治理的效果。企业作为被评价方应当主动配合生态环境部门的相关工作，如实提供自己的真实信息，积极整改，争做环保守信企业，为我国环境治理贡献力量。

3.社会组织与公众——监督者

在国家治理的视阈下，环保信用体系的建设不单单只有政府这一个主体，企业、第三方服务机构、社会组织和公众都是信用体系建设的主体和参与者。其中，社会组织和公众扮演了更加重要的角色——"监督者"，在促进国家环境治理的民主化和科学化、防止权力滥用、提高公众的环保意识方面发挥了巨大作用。

社会公众参与环保信用体系建设的理论基础在于公民的环境权。公民环境权包括四个方面的权利：环境资源利用权、环境情况知情权、环境事务参与权和环境侵害请求权。[①]《企业环境信用评价办法（试行）》第18条规定，"公众、社会组织以及媒体提供的企业环境行为信息，经核实后可以作为企业环境信用评价的依据"，这一法律条文就是公民环境事务参与权的集中体现。公民可以参与监督企业的环境行为，参与生态环境部门对企业进行的环境信用评价。基于公民的环境情况知情权，生态环境部门应当向社会公开企业的环境信用信息，企业也应当如实公开自身的环境信息，并接受来自公众的监督。公众在环保信用体系中处于既监督政府，又监督企业的重要地位：一方面，公众对企业环保信用评价可以提出质疑。例如《企业环境信用评价办法（试行）》第24条规定："公众、环保团体或者其他社会组织，对初评意见有异议的，可以在公示期满前，向发布公示的环保部门提出异议，并提

---

① 吕忠梅、张忠民：《环境公众参与制度完善的路径思考》，《环境保护》2013年第23期。

供相关资料或证据。"另一方面，公众可以向生态环境部门举报企业的环保失信行为，对企业环境行为进行监督，进而影响企业的环境信用评价结果。社会公众在环保信用体系建设中的作用不可忽视。

社会组织在环保信用体系建设过程中，不仅发挥着对政府、企业的监督作用，还与一些政府部门一起，对企业施行联合奖惩。就社会组织的监督作用来讲，一些环保组织具备更加丰富的知识储备、更加充足的经济支持、更加专业的技术能力和更大的社会影响力，相比单个公众，这些环保组织对政府和企业产生的监督、约束作用更大。其中，一些工会和行业协会还能够与生态环境部门一道，对失信企业进行惩戒。《企业环境信用评价办法（试行）》第35条提到，"将环保不良企业名单通报有关国有资产监督管理部门、有关工会组织、有关行业协会以及其他有关机构，建议对环保不良企业及其负责人不得授予先进企业或者先进个人等荣誉称号"，社会组织对环境失信企业的惩戒也能够产生一定威慑作用。

4. 第三方环境服务机构——服务者

中国人民大学的吴晶妹教授曾这样形容信用中介服务行业："信用中介行业的成熟程度体现了信用经济发展的程度，一个国家的信用状况和信用秩序如何，在一定程度上取决于其信用中介行业的发育状况和市场化程度。"[①]信用中介服务机构被置于关系国家信用建设的重要地位。2018年2月国家发改委发布的《关于充分发挥信用服务机构作用加快推进社会信用体系建设的通知》，以政府文件的形式肯定了信用服务机构在社会信用体系建设中的重要作用。同样，环境信用服务机构在环保信用体系的建设中也是十分重要的参与者、服务者。

根据《关于加强企业环境信用体系建设的指导意见》对环境服务机构的界定，环保信用服务机构包括环评机构、环境污染第三方治理机构、环境监测机构和机动车排放检验机构等。各类服务机构在环保信用体系建设中都发挥了积极的作用，一定程度上减轻了生态环境部门的工作压力。

---

① 吴晶妹:《现代信用学》，中国人民大学出版社2009年版，第307页。

首先，第三方环境信用评价机构的独立性以及从事企业环境评价的专业性有利于提高环境评价结果的科学性。第三方环境信用评价机构之所以被称为"第三方"，就是因为其独立于第一方企业和第二方政府，处于中立地位。政府部门委托第三方环境信用评价机构对企业进行环境评价，理论上避免了政府部门的权力寻租，而且环境信用评价机构与企业没有利益牵连，联合企业徇私舞弊的可能性不大，从而保障了评价结果的公正性。[①] 第三方环境信用评价机构相比政府和企业，拥有更加科学系统的评价手段，在对企业环境信息的处理、评价指标的制定等方面更加专业、高效，其出具的企业环境评价结果也更具科学性。

其次，第三方环保信用服务机构的存在大大提高了政府部门的工作效率，降低了环境治理的成本，减轻了政府部门的工作压力。政府部门可以将环境评价工作委托给专业环评机构；将治理工厂废水、废气、固体废物、生活垃圾等污染物的工作委托给环境污染第三方治理机构；将环境监测工作委托给专业的环境监测机构；将机动车环保检验工作委托给机动车排放检验机构。政府充分运用"第三方治理"，发挥市场作用，在降低生态环境治理成本的同时，极大地减轻了生态环境部门编制少、工作重的负担，提高工作效率。可见，第三方环保信用服务机构是环保信用体系建设的中坚力量。

（三）环保信用体系建设的法理分析

1. 外部性理论

外部性理论是经济学研究的基础理论之一，也是环保信用建设的理论前提。外部性亦称外部成本、外部效应或溢出效应。根据外部性的影响效果，外部性可以分为正外部性和负外部性。企业的环境污染行为就是负外部性的鲜明体现。

企业一般是指以盈利为目的，运用各种生产要素，向市场提供商品或服务，实行自主经营、自负盈亏、独立核算的法人或其他社会经济组织。根据

---

① 莫张勤:《反思与重构企业环境信用评价的中国实践——以多元主体参与为视角》,《商业经济研究》2017 年第 2 期。

这一定义，企业设立、经营的核心目的就是实现盈利和利润最大化，为了达到这一目的，企业会极力缩减成本，发展生产，提高自身竞争力。部分企业在生产经营过程中，会不可避免地产生一些污染物，而污染物的治理需要技术的引进和大量人力物力的投入，势必增加企业的生产成本。作为一个理性的"经济人"，为了实现更高的利润，企业可能会选择性地"忽略"污染物的治理，直接排污，造成环境的破坏。从理论上讲，企业有处理其污染物的责任和义务，却将这一责任转嫁给了社会和国家，造成整个社会治污成本的增加，损害了社会利益，这种情况就被认为是经济负外部性的集中体现。本章所研究的环保信用体系的建设，就是通过信用手段，使企业主动承担其治污责任，将企业环境行为所产生的社会成本内化，降低环境负外部性，使企业在追求利益最大化的同时，符合社会公众的利益。

2. 公共产品理论

按照萨缪尔森在《公共支出的纯理论》中的定义，所谓公共产品是指所有成员共同享用的集体消费品，社会全体成员可以同时享用该产品；而每个人对该产品的消费都不会减少其他社会成员对该产品的消费。[①] 生态环境就是典型的公共产品，每个人都有享有美好生态环境的权利，而且不需要为之付出代价。企业作为污染者，投入经济成本去治理污染物，这些治污成本是企业个人承担的，但由此产生的好处是所有人共同享有的。相反，如果企业逃避治污责任，环境污染的不利后果会影响到每一个人，但企业由此节省的成本却是企业自己享有的。这种公共产品的特性意味着共有态的环境资源往往被过度利用，造成"公地悲剧"。

要避免生态环境领域的"公地悲剧"，就不能纵容污染者以环境的公共产品属性来豁免其应承担的治污责任，环保信用体系的建立就能很好地解决这一问题。环保信用体系由政府有关部门主导进行信用立法并规范企业环保信用等级评价，通过守信激励和失信惩戒对企业的环境行为形成约束，并鼓

---

① Paul A.Samuelson，The Pure Theory of Public Expenditure，*The Review of Economics and Statistics*，1954（4）．

励社会组织和公众参与。在这种机制下，企业治污会获得好处，排污则会影响其日后的经营发展，出于利益考虑，经营者在决策时会很大程度地考虑环境因素，进行清洁生产。

3. 信息不对称理论

在市场经济活动中，人们对有关信息的了解存在差异，信息掌握充分的人一般处于比较有利的地位，而缺乏信息的人则会处于相对不利的地位。信息不对称理论体现在环境保护领域，就是排污企业对自身不环保行为的了解程度要比相关环境监管部门、社会组织对其环境行为的了解程度高得多，这使得传统的监管方式很难对污染企业形成有效制约。

环保信用体系下，由专业机构以一定指标对企业环境行为进行信用评价，并运用大数据技术实现企业环境违法信息的跨区域公开和共享，再加上相关政府部门的联惩联治，形成一整套环保信用信息的收集、记录、评价以及共享的链条，大大加强了企业环境信息的披露，减少由于信息不对称而产生的道德风险和环保失信的现象。

4. 治理理论

"少一点统治，多一点治理"是一些西方国家政治家和学者的流行口号，也成为近些年来我国政治改革也是治理改革的主题。[①] 治理理论不仅仅在政治学、管理学领域发挥作用，在社会经济领域也有很大影响。在西方治理理论的基础上，我国创新性地提出了"推进国家治理体系与治理能力现代化"的政治理念，是马克思国家理论的重要创新。

环保信用体系的建设也是国家治理的一方面。首先，环保信用体系中环保信用信息的归集与共享以及企业环保守信激励与失信惩戒单靠生态环境部这一个部门是无法完成的，还需要包括人民银行、税务、工商、银保会、证监会等部门的信息共享、联动与合作；其次，环保信用体系的建设单靠政府部门这一个主体无法完成，还必须有相关工会组织、行业协会、第三方环保信用服务机构以及社会公众多个主体的参与。环保信用体系的建设不再局限

---

① 俞可平：《论国家治理现代化》，社会科学文献出版社 2014 年版，第 14 页。

于环境治理方面，涉及政府治理、企业治理和社会治理的问题，要求民主、法治、规范、协调和效率，已经上升到了国家治理的高度，是国家治理体系和治理能力现代化的重要体现。

5. 环境权理论

环境权是伴随人类环境危机而产生的一种新的权利概念和法学理论，是建设环保信用体系和实施环境信息公开的法理基础。《环境保护法》第 53 条规定了环境权的概念和内容："公民、法人和其他组织依法享有获取环境信息、参与和监督环境保护的权利。"

社会公众获取和知悉环境信息的权利被称为环境知情权。环境知情权的设立打破了企业和公众之间环境信息的不对称性，是公民参与和监督环境保护问题的前提，如果公众无法知晓相关的环境信息，也就无从谈起其监督权的行使。环保信用体系建设中加强企业环保信用信息在部门间的传递和共享、公开企业的环境信用评价等级等都是保护公民环境知情权的直接体现，也有利于提升公民的环保意识，激励社会公众积极参与环境保护和监督。

6. 企业社会责任理论

企业不仅仅是一个经济组织，负有发展生产的经济义务，还是一个社会组织，应该承担一定社会责任，其中环境责任就是其社会责任的一部分。企业的社会责任是企业参与环保信用体系建设、对企业进行环境信用评价的法理基础。我国《环境保护法》第 42 条规定了企业的环境保护责任："排放污染物的企业事业单位和其他生产经营者，应当采取措施，防治在生产建设或者其他活动中产生的废气、废水、废渣、医疗废物、粉尘、恶臭气体、放射性物质以及噪声、振动、光辐射、电磁辐射等对环境的污染和危害。"但目前，包括我国《环境保护法》在内的法律法规，对企业环保责任的规定都比较模糊，并没有具体的实施细则和严厉的惩罚措施，企业很容易逃避其应履行的环保责任。本章论述的环保信用体系通过对企业进行环保信用评价，对失信企业进行联合惩戒，能够加强企业环境责任的约束性，弥补现有法律规范的不足。

四、我国环保信用体系法治化所存在的问题

（一）环保信用体系立法不完备

健全的法律体系是维系信用关系的保障，对我国市场经济的健康发展至关重要。只有在社会信用领域构建完善的法律体系，才可能最大限度地减少失信现象。但在我国，社会信用的发展主要依靠政策推动，信用法治化的速度迟滞于信用建设，信用立法碎片化，不利于形成全民诚实守信的社会氛围。环保信用体系建设是社会信用体系建设的一部分，环保信用领域的法治建设也存在同样的问题。

1. 我国环保信用立法层级较低

我国目前出台的与环保信用相关的指导性文件主要有原环境保护部联合其他部委发布的《关于共享企业环保信息有关问题的通知》《企业环境信用评价办法（试行）》和《关于加强企业环境信用体系建设的指导意见》。在这些法律文件之中，层级最高的也只是部门规章。环保信用建设中缺乏专门法律的指引，立法层级较低，不利于环保信用法律体系的形成，影响环保信用立法的严肃性、权威性和稳定性，对环保失信现象的威慑力以及约束力度也会削弱。

2. 我国环保信用法律体系亟待完善

一是环保信用领域没有专门的基本法。虽然《社会主义核心价值观融入法治建设立法修法规划》中明确提出"探索完善社会信用体系相关法律制度，研究制定信用方面的法律"[1]，但目前也只是在社会信用领域，还没有细化到环保信用方面，而且现阶段关于信用立法只是在探索、研究阶段，到法律形成和出台还要经过很长一段时间。

二是环境法、公司法、金融法律法规中都未规定环保信用的内容。在最新修订的《环境保护法》中，只有"将企业的环境违法信息记入社会诚信档案"这一条涉及环保信用制度，其他具体环境领域的单行法中都没有明确规定环境信用制度。规范企业法人行为的《公司法》中虽然规定了公司诚实守

---

[1] 《信用立法列入社会主义核心价值观立法修法规划》，《中国注册会计师》2018年第6期。

信和承担社会责任的义务，但也没有规定有关环保守信、承担环境责任的义务。《中国人民银行法》和《商业银行法》同样没有涉及环保信用制度的内容。

3.缺少对企业环保失信的法律责任追究

建设项目环评未批先建、环评造假违规、排污单位超标排放、暗管偷排、篡改伪造监测数据等环保失信现象的频发是环境保护领域面临的典型问题。对于企业的环保失信行为，《企业环境信用评价办法（试行）》和《关于加强企业环境信用体系建设的指导意见》中并没有规定企业在不履行法定环保义务的情况下如何追究其法律责任，也没有规定强制性的法律制裁，只规定了一些惩戒性的措施，譬如"建议财政部门依法禁止环境失信企业参与政府采购活动""建议保险机构对环境失信企业提高保险费率""列入严重违法企业名单，并通过企业信用信息公示系统向社会公示"等。环保部门没有当场对环境违法企业作出行政处罚的权力，单靠建议其他单位对企业进行惩戒，并不能改变失信企业环境违法成本偏低的现状。而且，市场中的单位、企业在选择贸易合作对象的时候，往往把经济信用放在首位考虑，合作方的环保信用不做参考，把违法企业列入黑名单公示的"声誉罚"对企业产生的惩戒效果也是微乎其微，不足以对市场主体环境行为产生约束。企业环保失信法律责任追究制度的缺失，将不利于企业环境守信意识的形成。

（二）环保信用信息归集与共享程度不足

1.环保信用信息公开的覆盖面较小

根据《企业事业单位环境信息公开办法》的规定，我国对于企业的环境信息公开采取的是强制公开和自愿公开相结合的原则，除了国控、省控等重点污染监控企业，以及多次违法违规排污的企业被强制公开环境信息之外，其他企业一般采取自愿公开原则。大多数企业在环境信息公开方面的意愿不高，导致大量企业的环境信息未被纳入环境信用信息数据库。企业环保信用信息数据库的完善是环保信用体系建设的关键环节，环保信用信息不够全面不仅会影响到企业环境信用评价结果，也会阻碍环保信用体系的构建。

2.环保信用信息的政府垄断

据有关数据显示，我国大约60%的信用信息分散在政府各部门，表现出高度的政府垄断现象，且垄断信息一般不对社会共享。[①] 在环保信用领域也有同样的情况，生态环境部门是环境信息公开的主体，掌握着大部分企业的环境信息，决定着企业环境信息公布的程度、范围和内容，处于环保信用信息垄断地位，但这种垄断状态在一定程度上损害了公民的环境权，阻碍了环保信用信息的归集和共享。一来生态环境部门既是企业环境信用信息的收集者、评价者，同时也是企业环境信息的公示主体，权力过于集中，容易产生权钱交易等腐败行为。二来出于政绩考虑，生态环境部门可能还会袒护环境失信的企业。如果公布的负面环境信息过多，该生态环境部门的年度绩效考核评分可能会被拉低，影响部门的政绩和形象，并对相关领导的仕途升迁带来负面影响，出于利益考虑，生态环境部门不会详细地公布企业的环保信用信息，尤其是有关环保失信的负面信息。在环保失信信息难以得到公示的情况下，失信企业变得有恃无恐，再次从事环境违法行为的可能性大大增加，环保信用信息公示和共享的目的无法实现。

3. 各地区、部门间环保信用信息数据标准存在差异

由于我国行政管理实行条块分割的体制，各部门、地方各自为政，各地方生态环境部门均出台了不同的环保信用信息管理办法，对企业环保信用数据的处理各不相同。各地对环境守信、违法的判断标准不一，对企业环保信用评价结果的等级分类不一，对环保信用的监管方式不一，在缺乏环保信用信息数据统一标准的条件下，不同类别的信用信息很难在统一平台上实现归集和共享。各政府部门在自己的职权范围内，可以获得大量企业的信用信息，但部门间的信息系统相互封闭，形成信息孤岛，在环保信用信息的归集和共享过程中，有的部门甚至存在不愿共享，被迫共享的情况，导致信息共享效率低下和共享信用数据质量不高的现象。此外，各部门只提供本部门掌握的某一个方面的信用信息，部门之间的信用信息缺乏整合归拢，信用数据重叠、零散，没有综合性，同样降低了环保信用信息的有效性。

---

① 刘肖原:《我国社会信用体系建设问题研究》，知识产权出版社 2016 年版，第 109 页。

4.缺乏全国统一的环保信用信息公示与共享平台

目前，我国还未建立全国统一的环保信用信息公示与共享平台，社会公众获取企业环保信用信息的渠道不通畅，甚至有些企业都无法查询自己的环保信用状况，不利于社会公众对企业环境行为的监督，也不足以对环保失信企业产生威慑。当前在社会上建立的、可以被查询到的环保信用信息公示平台，基本上是第三方信用服务机构设立的，例如，绵阳诚信环境信用研究院建立的"环境信用·中国"企业环境信息公开平台、安徽省安环信用评估有限公司建立的"信用环保"平台等，都是独立的社会第三方信用评价机构在政府部门指导和批准下建立的。由社会机构为主体建立的信用信息公示平台，其公示的信息的质量往往参差不齐，数据的严谨性、真实性和准确性也难以得到保证，公民的环境知情权无法得到满足。以生态环境部门牵头建立的环保信用信息公示与共享平台亟待建立。

（三）企业环保信用评价机制有待完善

1.各地环保信用评价标准不统一

虽然原环保部出台了国家级别的《企业环境信用评价办法（试行）》，但各省市对企业进行环境信用评价的方法并未统一，有的省市一直沿用在国家办法出台前已经制定的本省市的评价办法，有的省市则是先参考国家出台的办法，再结合本省市实际情况，制定了新的信用评价管理办法。对比国内几个省市颁布的企业环保信用评价办法可以发现，各省市在信用评价等级、评价指标等方面的规定均有差别，不利于各地区之间环保信用评价结果的互认互用。

在信用评价等级的划分方面，湖北、山东采取三级制，按照评价结果的好坏依次是绿、黄、黑或是绿、黄、红；国家办法、湖南、福建和重庆的评价办法则采取四级制，国家、福建和湖南从好到差依次分别为绿、蓝、黄、红，重庆略有不同，依次为绿牌、蓝牌、黄牌、黑牌；河南省的四级制评级与其他省市不同，评级被作为一种荣誉奖励，环境不良企业没有最终的评级称号；沈阳、浙江、江苏采取的是五级制，其中，浙江、江苏用颜色进行标识，评价结果从好到差分别为绿、蓝、黄、红、黑，情况不尽相同（见表2）。

表2　各省市环保信用评价等级划分情况

地区	来源文件及其实施时间	等级划分	等级标识
国家	2014年3月《企业环境信用评价办法（试行）》	4级	分为环保诚信企业、环保良好企业、环保警示企业、环保不良企业四个等级，依次以绿牌、蓝牌、黄牌、红牌表示
浙江省	2009年《长江三角洲地区企业环境行为信息评价标准（暂行）》	5级	评价结果分为很好、好、一般、差、很差五个等级，依次以绿色、蓝色、黄色、红色和黑色进行表示
江苏省	2013年2月《江苏省企业环保信用评价及信用管理暂行办法》	5级	依据评价标准，企业环保信用评价结果按优劣等级分为绿色、蓝色、黄色、红色、黑色五个等级
湖南省	2015年3月《湖南省企业环境信用评价管理办法》	4级	分为环保诚信企业、环保合格企业、环保风险企业、环保不良企业四个等级，分别以绿牌、蓝牌、黄牌、红牌表示
河南省	2015年9月《河南省企业环境信用评价办法（试行）》	4级	按照企业环境信用状况，综合评分在100～91分之间的为5A级，90～81分之间的为4A级，80～71分之间的为3A级，70～60分之间的为2A级，60分以下的不予评级
山东省	2017年3月《山东省企业环境信用评价办法》	3级	当年无记分记录的企业为环境信用绿标企业（绿牌）；当年有记分记录、累计记分11分以下的企业为环境信用黄标企业（黄牌）；当年累计记分12分以上的企业为环境信用红标企业（红牌）
湖北省	2017年4月《湖北省企业环境信用评价办法（试行）》	3级	当年无计分记录的为环境信用绿标企业，以绿牌标识；当年有记分记录、累计记分11分以下（含11分）的企业为环境信用黄标企业，以黄牌标识；当年累计记分12分及以上的企业为环境信用黑标企业，以黑牌表示
重庆市	2017年11月《重庆市企业环境信用评价办法》	4级	分为环保诚信企业、环保良好企业、环保警示企业、环保不良企业四个等级，分别以绿牌、蓝牌、黄牌、黑牌表示
福建省	2017年《福建省企业环境信用评价实施意见（试行）》	4级	环保诚信企业，绿牌；环保良好企业，蓝牌；环保警示企业，黄牌；环保不良企业，红牌

把各省市的企业信用评价指标内容进行分类，可以分为污染防治类、生态保护类、环境管理类和社会监督类四类，各省市的信用评价指标体系通常为其中三类或四类的结合。在指标体系模式选择方面，《企业环境信用评价办法（试行）》为上述四类指标相结合的指标体系，重庆、福建等省市也同

样采取了四类复合指标体系模式。但需要指出的是，重庆和福建的环保部门为了提高企业参与环保信用评价的积极性，额外增加了鼓励性指标，福建省环保部门还增加了"从重扣分项"一栏。湖南、江苏略有不同，采取污染防治类、环境管理类和社会影响类三类相结合的指标体系。湖北省、山东省和河北省则不同于其他省市多指标的评价模式，完全以环境违法违规一个指标组成评价指标体系（如表 3 所示）。

表 3　各省市环保信用评价指标情况

地区	来源文件及其实施时间	指标分类	指标项
国家	2014 年 3 月《企业环境信用评价办法（试行）》	4 类：社会监督类、污染防治类、环境管理类、生态保护类	21 项：一般固体废物处理处置；大气及水污染物达标排放；噪声污染防治；危险废物规范化管理；选址布局中的生态保护；开发建设中的生态保护；资源利用中的生态保护；排污许可证；排污费缴纳；排污申报；污染治理设施运行；企业自行监测；排污口规范化整治；内部环境管理情况；强制性清洁生产审核；环境风险管理；行政处罚与行政命令；媒体监督；群众投诉；自行监测信息公开；信息公开
江苏省	2013 年 2 月《江苏省企业环保信用评价及信用管理暂行办法》	3 类：污染防治类、环境管理类、社会影响类	21 项：污染源在线自动监控；污染源监督性监测；污染源自动监控设备比对监测和监控数据有效性审核；危险废物安全利用处置；总量控制；缴纳排污费情况；固体废物利用处置；排污申报情况；建设项目环保审批及验收；排污口规范化；环保机构、人员、制度；环境统计填报；污染治理设施运行情况；清洁生产；环境管理质量体系认证；行政处罚；重要环境失信情况；突发环境事件；群众投诉；环境污染责任险；环境表彰
湖南省	2015 年 3 月《湖南省企业环境信用评价管理办法》	3 类：污染防治类、环境管理类、社会监督类	10 项：主要污染物排放浓度达标情况；主要污染物排放总量达标及总量削减任务完成情况；废物（含固体废物、危险废物、放射性废物）处理处置情况；环保审批和排污许可执行情况；违法排污情况；环境污染事故（事件）发生情况；受到环境行政处罚和环境行政命令的情况；环境污染信访投诉及处理情况；企业环境风险防控能力建设与执行情况；其他环境违法违规情况

（续表）

地区	来源文件及其实施时间	指标分类	指标项
山东省	2017年3月《山东省企业环境信用评价办法》	1类：环境违法违规行为处罚处理类别	12项：警告；责令改正或者限期改正；罚款；责令停止建设；责令限制生产；责令停产整治；实施查封、扣押；没收违法所得、没收非法财物；暂扣许可证或者其他具有许可性质的证件；吊销许可证或者其他具有许可性质的证件；移送适用行政拘留的环境违法案件；移送涉嫌环境犯罪案件
湖北省	2017年4月《湖北省企业环境信用评价办法（试行）》	1类：环境违法违规行为处罚处理类	21项：责令改正或者限期改正；罚款10万元（不含）以下；罚款10万元（含）以上、20万元（不含）以下；罚款20万元（含）以上、100万元（不含）以下；罚款100万元（含）以上；责令停止建设登记表类建设项目；责令停止建设报告表类建设项目；责令停止建设报告书类建设项目；责令限制生产；责令停产整治；实施查封、扣押；实施按日计罚；没收违法所得、没收非法财物；暂扣许可证或者其他具有许可性质的证件；发生移送适用行政拘留的环境违法案件；吊销许可证或者其他具有许可性质的证件的；一年内三次（含）以上发生同一环境违法行为受到行政处罚的；重点排污单位篡改、伪造自动监测数据或者干扰自动监测设施，排放化学需氧量、氨氮、二氧化硫、氮氧化物等污染物的；发生移送涉嫌环境污染犯罪的环境违法案件；被国家环境保护部挂牌督办，整改逾期未完成的；发生较大及以上突发环境责任事故的
重庆市	2017年11月《重庆市企业环境信用评价办法》	4类+1 污染防治类、生态保护类、环境管理类、社会监督类、加分项	19项：企业监督性监测；企业自行监测；一般工业固体废物利用处置；危险废物规范化管理；生态环境损害；排污申报排污许可证；排污费或环保税缴纳；污染治理设施运行；污染源自动在线监控；环境风险管理；一般突发环境事件；内部环境管理；强制性清洁生产审核；行政处罚与命令；信息公开；群众投诉；媒体监督；信息提供； +加分项8项：环境污染责任保险；生命周期评价；清洁生产审核；专业培训；诚信激励；公益活动；管理认证；社会责任

（续表）

地区	来源文件及其实施时间	指标分类	指标项
河北省	2017 年 11 月《河北省企业环境信用评价管理办法》	1类：环境违法违规行为处罚处理类别	12 项：警告；责令改正或者限期改正；罚款；责令停止建设；责令限制生产；责令停产整治；实施查封、扣押；没收违法所得、没收非法财物；暂扣许可证或者其他具有许可性质的证件；吊销许可证或者其他具有许可性质的证件；移送适用行政拘留的环境违法案件；移送涉嫌环境犯罪案件
福建省	2017年《福建省企业环境信用评价实施意见（试行）》	4 类 +2 污染防治类、生态保护类、环境管理类、社会监督类、鼓励机制、从重扣分项	20 项：大气及水污染物达标排放；污染源自动在线监控；一般固体废物处理处置；危险废物规范化管理；噪声污染防治；挂牌督办；排污许可证；排污申报；排污费缴纳；污染治理设施运行；排污口规范化整治；企业自行监测；内部环境管理情况；环境风险管理；强制性清洁生产审核；行政处罚与行政命令；群众投诉；媒体监督；信息公开；企业自行监测信息公开 +鼓励机制 3 项：企业不在评价范围但能主动参与评价的；企业主动参保环境污染责任险的；不属于被要求自行监测企业能主动并如实公布企业自行监测信息的 +从重扣分项 3 项：因企业原因造成一般突发环境事件的；篡改、伪造监控、监测数据的；企业采取谎报、瞒报、弄虚作假等主观故意方式填报环境行为信息的

各地区设计的环境信用评价标准不同，对同一环保信用事实做出的评价和给出的结果则会大相径庭，不利于公平合理市场氛围的形成，也会造成企业间信用信息对比困难、区域间的评价结果无法"互认互用"，影响我国整个环保信用评价体系的建立和运行。

2. 环保信用评价指标设计不科学

首先，评价指标过多。以原环保部出台的《企业环境信用评价办法（试行）》为例，企业环境信用评价的内容包括污染防治、生态保护、环境管理和社会监督四个方面，共 21 项指标。生态环境部门在对企业进行信用评价时，首要任务就是跨越不同的部门和科室来收集这 21 项指标所涉及的信息和资料，但指标过多产生的巨大工作量，将使有关生态环境部门背负沉重的压力，不但要调动大量人力物力，还要接受工作难以在短时间内完成的现实。

其次，有些评价指标的表述比较模糊，不利于生态环境部门进行具体操作。比如第 6 项指标"资源利用中的生态保护"要评价企业生产经营过程中的自然资源利用、原材料收购等活动是否符合"有关法律法规和国际公约规定"，但具体是哪些法律法规和国家公约，《评价办法》中并没有予以明确；指标 20 也是同样情况，规定了"根据有关法律和规范性文件要求，应当在所在地主要媒体上公布主要污染物排放情况等环境信息"，但并没有给出相关法律和规范性文件的名单，给生态环境部门企业评价工作的开展造成了障碍。

最后，评价指标之间存在交叉、重复评价现象。一个企业如果超标排放了大气污染物或水污染物，这一行为将会同时体现在指标 1"大气及水污染物达标排放"、指标 11"污染治理设施运行"和指标 17"行政处罚与行政命令"之中，这样的重复评价将拉低该企业的环境信用评价分值，造成评价不公。

（四）环保守信激励与失信惩戒机制较为薄弱

环保守信激励和失信惩戒机制是环保信用体系运行机制中的核心，是促使环保信用主体从事环境保护行为的最直接、最有效的制度设计。要想该制度发挥作用，就必须让企业失信的"期望成本"超过失信的"期望收益"，企业守信的"期望收益"大于守信的"期望成本"。[①] 但目前看来，在环保信用制度的运行方面，不论是守信激励制度还是失信惩戒制度，都没有发挥出其应有的作用，存在各种程度的执行困难。

1. 环保守信激励制度难以落实

（1）守信激励措施对企业缺乏吸引力。

企业评选"环保诚信企业"的"付出"与守信激励制度规定的"回报"不相对等，企业守信的"期望收益"小于守信的"期望成本"，导致企业争取环保守信的积极性不高。根据《企业环境信用评价办法（试行）》（以下简

---

① 吴晶妹：《奖与惩强化道德取向》，《人民日报》2014 年 8 月 25 日。

称为《办法》）第 14 条的规定，参评企业要做到 21 项评价指标均获得满分，同时还要额外开展《办法》规定的两种以上的环保活动，才可能被评定为"环保诚信企业"，即"绿牌"企业，条件较高。但企业付出了大量人力物力，获得"绿牌"后的收益也仅是"环保诚信企业"这个荣誉称号，并没有其他明显、直接的经济效益。企业间的往来注重的是经济信用而不是环保信用，其他企业不会因为这个企业环保守信而和它合作，也不会因为环保失信而终止合作。鉴于这种情况，大多数企业容易选择放弃对"环保诚信企业"的追求，进而回避参与环保信用评价，或是消极敷衍、应付了事，导致环保信用评级制度不能产生预期的效果。

（2）守信激励制度缺乏可操作性。

《企业环境信用评价办法（试行）》规定了 10 项对环保诚信企业的激励性措施，涉及行政许可、资金补助、项目立项、政府采购、信贷、保险等方面，贯穿企业生存、经营的多个重要环节。但通过分析可以发现，每一项激励性措施都包含不确定性的词语，例如"建议……有关部门""优先安排""积极支持""优先授予"等，语气都很弱。其中，建议性的措施对其他相关部门并没有约束性，通过其他部门来对环保守信企业进行嘉奖，往往都不能很好地实现。"优先安排""积极支持"一来赋予行政人员较大的行政裁量权，容易形成环保守信激励的不公，打击企业从事环境保护行为的积极性；二来由于没有相应制度规范"优先安排"这一行政行为，也没有制度对"优先"和"支持"的"度"进行规定，行政人员不好把握依法行政的界限，在对环保守信企业实施激励措施时也往往面临渎职、滥用职权的风险，使行政人员不敢行使这项职权，对环保守信企业的激励也成为一纸空话。

2. 环保失信惩戒制度仍然薄弱

（1）环保失信"黑名单"制度的法律规制匮乏。

黑名单制度作为失信惩戒制度在实践中被广泛运用，集备案、惩罚、警示三大功能于一身，在促进信息公开、改善市场监管、打击失信行为方面发挥了重要作用，是社会信用体系建设中的一项重要制度。同样，黑名单制度也被运用到了环保信用体系建设中，但目前来看，有关环保失信黑名单的法律规制仍然比较薄弱，法律规范的缺乏、程序性规范的不健全和权利救济制度的缺失等问题都亟待完善。

首先，环保失信黑名单制度缺少专门、统一的法律规范。目前，环保信用领域出台的国家级别的文件中，只是提到将环保失信企业列入黑名单，并没有专门的法律法规对环保失信黑名单作出具体规定。比如，国务院办公厅印发的《关于加强环境监管执法的通知》中只提到了"将环境违法企业列入'黑名单'并向社会公开"，《关于加强企业环境信用体系建设的指导意见》也仅有"将……企业列入严重违法企业名单"这一句与黑名单制度相关的表述。从法律角度来看，失信企业黑名单公示属于行政处罚中的声誉罚，关乎企业的信用权、名誉权等合法权益，可能左右着企业的生死存亡。如果没有专门的法律规范进行规制，一来黑名单的合法性、正当性会受到质疑；二来企业的正当权益得不到保护，政府部门的权威也会受到影响，对环保信用黑名单制度进行专门立法势在必行。此外，不少地方出台了环保失信黑名单的管理办法，但各地对黑名单的规定各不相同（如表4）。就黑名单的设置来看，浙江省和湖南省的生态环境部门仅将构成环境违法的企业和经营者列入黑名单，陕西省则不同，其黑名单定位为环保失信黑名单，除了构成环境违法的企业、经营者被列入黑名单外，造成较大的突发环境事件、群体性事件、未履行环境保护行政合同约定义务，给国家、社会或利益相关人造成重大经济损失的企业也会被列入黑名单之中。相比湖南和浙江对黑名单设置的范围，陕西省的环保失信黑名单范围更大，对企业的环保信用要求更高。各省对环保黑名单的实施主体、实施程序、被列入对象的救济和公示期限的规定也各不相同，导致环保行政部门执行上存在差异，同案不同判的情况也必定会发生，不利于公平、公正的社会氛围的形成。

表4　各地对黑名单的规定情况

	陕西省	湖南省	浙江省
来源文件	2016年7月《陕西省环境保护失信"黑名单"管理办法（试行）》	2017年8月《湖南省环境保护黑名单管理暂行办法》	2016年8月《浙江省环境违法"黑名单"管理办法（试行）》

（续表）

	陕西省	湖南省	浙江省
环保失信黑名单分类	9种：重大行政违法"黑名单"；行政强制措施"黑名单"；行政拘留"黑名单"；刑事处罚"黑名单"；造成较大以上突发环境事件、环境保护群体性事件"黑名单"；未履行环境保护行政合同约定义务，在申请政府资金以及参与项目招投标、政府采购等经济活动中弄虚作假或在取得政府资金后未按承诺或申请用途使用资金，给国家、社会或利益相关人造成重大经济损失"黑名单"；环境服务机构"黑名单"；环保服务从业人员"黑名单"；环境保护行政主管部门认为其他应当记录的"黑名单"情形	3种：排污单位的环境违法行为；环境服务机构的环境违法行为；环境服务从业人员的环境违法行为	1种：企业事业单位和其他生产经营者的环境违法黑名单
实施主体	"黑名单"数据采集录入由各级环保行政机关内设机构（含委托执法单位）按职责承担	省环境保护厅负责环境保护黑名单管理的制度建设、名单认定和名单发布。市州环保局负责辖区内环境保护黑名单管理的信息收集、名单建议等工作。环境保护黑名单管理的牵头机构（黑名单管理办公室），归口负责环境保护黑名单的组织管理	省环境保护主管部门负责指导全省环境违法"黑名单"制度建设及工作开展；设区市环境保护主管部门负责辖区"黑名单"的收集、复核、认定管理等工作；县（市、区）环境保护主管部门负责本行政区域内"黑名单"信息的采集、上报、日常监督管理等工作
程序	无	各级环境行政部门调查→将黑名单管理建议、证据移交省环保厅黑名单管理办公室→省环保厅黑名单管理办公室审查＋告知相关企业或个人→企业或个人收到告知书之日起10个工作日内提交书面意见，环保部门组织核实→拟公布黑名单提交厅长办公会研究决定→向社会公布→公布后10个工作日内，环保部门将认定结果告知被实施黑名单管理的单位或个人	环境保护主管部门书面告知拟被纳入"黑名单"管理的企业或个人事实、理由及依据→企业或个人有异议的在收到告知书之日起7个工作日内陈述、申辩，事实、理由或者证据成立的，作出认定的环境保护主管部门应当采纳→向社会公开

（续表）

	陕西省	湖南省	浙江省
救济	被列入黑名单者环保行政机关提交书面申请、提交证据→环保行政机关自收到申请之日起 10 个工作日内核实→录入机构提出并报经分管领导审核后予以勘误并解除，并在 15 个工作日内书面告知省信用管理办公室	无	环境违法"黑名单"公布六个月后，企业事业单位和其他生产经营者可以向作出认定的环境保护主管部门提出信用修复申请
公示期限	企事业单位和其他生产经营者（含环境服务机构）"黑名单"管理的期限为 2 年，环保技术服务从业人员的"黑名单"管理期限为 3 年	黑名单管理期限为 3 年	环境违法"黑名单"信息公布期限为 3 年

其次，环保失信黑名单制度缺乏合理的分类和认定标准。黑名单制度实际上是地道的舶来品，在西方国家，黑名单制度的运用受到严格的法律规制，企业或个人在被列入黑名单之前要经过一系列的认定程序，以最大限度保护行政相对方的权利。相比西方国家，我国的信用制度还不完善，环保失信黑名单制度也存在分类不合理、认定标准不清晰的现象。笔者认为，环保失信黑名单由生态环境部门负责实施的一种公开、限权的黑名单，在法律性质属于处罚类具体行政行为，会对被列入黑名单的单位或个人的权利产生不利后果，只有重大违法失信、对社会公共环境影响突出的企业或经营者才应被列入环保失信黑名单之列，具有轻微违法或违约行为的企业不应受到列入黑名单的惩罚，这样才符合"过罚相当"的比例原则。但从表 4 中《陕西省环境保护失信"黑名单"管理办法（试行）》对环保失信黑名单的分类来看，除了重大行政违法企业外，一些受到行政处罚、未履行环境保护行政合同约定义务的企业也在环保失信黑名单之中，可能会造成过罚不相当的情况，侵害企业的正当权益。此外，各省市对企业环境违法列入黑名单的规定也各不相同，《陕西省环境保护失信"黑名单"管理办法（试行）》仅规定了5 种情况，《湖南省环境保护黑名单管理暂行办法》规定了 11 种情形，《浙江省环境违法"黑名单"管理办法（试行）》则规定了 13 种，各省市认定标准的不同，对企业环境违法的处罚不均，不利于公平、正义的实现。

再次，环保失信黑名单制度缺少完善的程序规范和救济机制。被列入黑名单的经营者，其权利会受到限制，按照法治的要求，这种可能对相对人权利产生限制的行政行为的作出应当遵循正当程序。但如表4所示，《陕西省环境保护失信"黑名单"管理办法（试行）》中并没有规定环保行政部门工作人员履行告知、说明理由、听取陈述和申辩的相应程序，更没有规定听证程序。湖南省和浙江省的管理办法中也同样没有规定听证程序，对环保行政部门的行政行为形不成有效的约束，不仅企业的合法利益不能得到有效保障，也会导致环保失信黑名单的可信度降低、政府公信力下降。另外，如果环保行政部门不当曝光黑名单，错误限制企业权利，将会给企业带来不必要的损失，环保失信黑名单制度中也应对企业权利救济作出设计。救济机制应分为黑名单公布之前的救济和黑名单公布之后的救济。在黑名单公布之前，环保行政部门应告知拟公布的黑名单者，并听取其陈述、申辩，对企业的举证进行核实，发现确不应当列入黑名单的情况，应及时将企业挪出黑名单。黑名单公布后，也应设置相应救济措施，发现错误及时更正并采用信用修复机制，鼓励企业主动纠正自身环境违法行为。表4中，三个省份的环保失信黑名单管理办法，在救济机制设计方面都有所欠缺，《陕西省环境保护失信"黑名单"管理办法（试行）》仅规定了被列入黑名单后进行勘误的救济这一种情况，《浙江省环境违法"黑名单"管理办法（试行）》也仅规定了信用修复这一种救济，有待进一步完善。

（2）失信惩戒约束力度不足。

《企业环境信用评价办法（试行）》和《关于加强企业环境信用体系建设的指导意见》中都对环保失信惩戒措施作出了规定，内容大致相同，主要对企业的政府采购、资金补助、环境污染责任保险费率优惠、银行信贷支持和荣誉称号评选产生影响。但有一些中小企业，它们的业务来源稳定，不需要资金补助和银行信贷，也不在乎政府采购的项目，荣誉称号对它们来说更是可有可无，而且环境污染责任保险也不是强制性保险，在费率提高的情况下，经营者也可以选择不参保。总的来说，目前的失信惩戒制度对中小企业经营者的影响微乎其微，缺乏严厉的行政强制手段。环保失信惩戒制度仅能对少数大企业产生约束是不够的，数量众多的中小企业也是环境污染的重要源头，失信惩戒制度的设计应当有所调整。

（3）联合惩戒机制有待完善。

近年来，我国在对失信的联合惩戒方面进行了很多尝试，取得了一定效果。2015年9月，原工商总局、最高法、公安部、财政部等38个部门签署了《失信企业协同监管和联合惩戒合作备忘录》，对失信企业进行联合惩戒。2016年7月，国家发展改革委、人民银行、原环境保护部等31个部门联合签署了《关于对环境保护领域失信生产经营单位及其有关人员开展联合惩戒的合作备忘录》，可见，环保领域也已经开始推进对环境失信单位和人员的联合惩戒。但总体来看，由于我国行政管理条块分割的体制，我国还没有形成一个能在全国范围内开展联合惩戒的完善机制，各部门受制于职责权限，难以协调统一，有效地对企业进行联合惩戒的难度依然较大。

（五）第三方环保信用服务机制尚不成熟

1. 第三方环保信用服务机构的法律规范、制度规范不健全

（1）第三方环保信用服务机构的法律规范不健全。

第三方环保信用中介机构的运行大多是以信用信息为基础的，其掌握的信用信息越多，提供的信用服务就越好。如果没有法律的规制，为了实现更大的效益，信用中介机构会努力实现信用信息的垄断，在同行业间产生不正当竞争，造成市场失灵的状况。再者，企业为了取得良好的环境评价，也有可能与第三方服务机构进行不正当交易，篡改环境监测数据，影响公平正义信用环境的形成。此外，第三方中介机构收集的企业环保信用信息可能涉及企业的商业秘密，没有法律法规对第三方环保信用中介机构的行为进行约束，信用中介机构很有可能不当利用商业秘密，侵害企业的合法权益。目前，我国并没有专门的法律法规对环保信用中介机构的行为进行规范，法律依据的匮乏、有效监管的缺位将不利于第三方环保信用服务行业的健康、有序发展，环保信用中介机构的运营也将无法得到有力的支持和保障。

（2）第三方环保信用服务机构的市场准入制度缺乏。

由于现行法律法规和政府规章制度中没有对信用中介机构的市场准入标

准作出明确规定，第三方环保信用服务机构的设立和一般企业一样，仅需进行工商注册和登记，没有特别的资格限制，这容易造成环保信用服务行业鱼龙混杂、从业人员素质低下、环境评估和监测能力不足的情况发生，影响环保信用服务行业的发展。没有行业准入和检验的量化标准，地方政府就享有自由裁量权，不同地方的市场准入门槛各不相同，准入标准过于严格会阻碍环保信用中介机构的发展，标准过低则会导致信用中介行业的混乱。

此外，环保信用服务机构从业人员的资格认定也同样匮乏。由于经营业务具有特殊性，环保信用服务机构对人员、技术有较高要求，拥有高素质的从业人员对于一个环保信用服务机构的发展来说具有关键性作用。但目前的制度构架下，并没有对相关从业人员的准入审查、资格认定作出明确规范，从业人员素质的低下直接导致第三方环保信用服务机构业务能力的低下，缺乏持续发展的动力，影响环保信用服务行业乃至环保信用体系的发展。

2.第三方环保信用服务机构的独立性缺失

第三方环保信用服务机构存在的意义和价值就在于其独立性，独立于政府部门和企业，坚持客观、公正的基本原则，离开了独立性，第三方环保信用服务机构就失去了生命力。欧美国家的社会信用机制较为发达，信用中介服务机构普遍建立，覆盖全国，完全依靠市场规则，自由自主经营信用中介业务。与欧美国家不同，我国社会信用机制的发展刚刚起步，社会公众的信用意识不强，信用中介服务机构仅依托市场机制无法存续，有相当一部分环保信用服务机构是从政府部门中脱离出来的，建立和经营离不开政府部门的支持。环保信用服务机构依附于政府部门，依照政府意志从事信用服务行为，往往丧失独立性，失去其本身应具有的市场价值。

3.第三方环保信用服务机构获取信息的渠道不通畅

环境信息是第三方环保信用服务机构经营业务的基础，尤其是第三方环境评估机构，他们对企业的环境信用评价建立在大量环境信用信息数据之上。在我国的环境监管机制之下，生态环境部门是企业环境行为的主要监管者，也是企业环境信用信息收集的主要部门，掌握着环境信息公示和共享的权力，何时公示、怎样公示、公示的程度都由其决定，第三方环保信用服务机构没有合法的环境信息调查、采集的权利。在这种大背景之下，第三方环保信用服务机构获取环境信用信息的渠道较窄，一些中介服务业务无法展开。

五、我国环保信用体系法治化之实现机制

（一）加强环保信用领域立法

在信用建设中，良好的道德情操和高尚的理想信念固然重要，但它们也可能因难敌各种诱惑而崩溃，唯有用法律和制度之绳约束人的行为，才能有效制止失信失德等堕落行为。[①] 环保领域的信用建设与一般市场经济领域不同，对市场主体的环境意识和信用意识要求更高。环境产品具有公共性，市场主体的环境失信行为并不会直接对该市场主体产生不利影响，负面后果往往由公众承担，为了防范道德风险，规范市场主体的环境行为，环保信用领域的立法应作为社会信用立法的重要部分被提上日程。

1. 完善环保信用法律架构

首先，针对环保信用立法层级较低的现状，提升环保信用的立法层级势在必行。但提高法律层级并不是遇到问题就开展专门立法活动的"一'法'就灵"，环保信用制度固然重要，但也没有必要出台专门的法律规范，以免造成法律法规的冗杂。目前，社会信用立法已经被列入立法规划之中，建议在具体法律制定过程中考虑纳入环保信用的相关内容，通过《社会信用法》授权国务院进行具体的环保信用立法工作，例如由国务院制定"推进环保信用建设条例"。在条例中可以规定以下几部分内容：环保信用信息的记录、归集、处理、共享和应用、环保信用评价制度、环保信用多部门联合奖惩机制、环境服务机构和从业人员的信用管理制度等。

其次，环境领域的基本法《环境保护法》以及《公司法》和金融法律法规中，也应增加企业环境信用的相关条款，例如对企业环保守信要求的规

---

① 王伟：《诚信的底线要靠法律和制度坚守》，《学习时报》2016 年 6 月 13 日。

定。在未来修订环境保护法律、公司法时，可以增加企业环保守信的责任规定；在修改《商业银行法》《银行业监管法》《证券法》等金融法律时，可以将企业环保守信作为银行授信条件和股份有限公司股票上市条件等，使对企业的环保信用约束能够真正发挥作用。

最后，完整的法律体系的形成除了国家级别的法律制定外，地方立法的衔接和配合也十分重要。此外，国家法律的运用和执行也主要依靠各地方政府部门，因此，各省、市、自治区都应按照国家立法的精神，结合本地区实际，制定符合本地区具体情况的地方性法规、规章。

2. 建立环保失信的法律责任追究制度

法律功能的实现离不开法律责任追究制度的保障，没有追责制度的设置，法律规定将会变成一纸空文。企业环境信用的实现也需要环境保护责任制度的威慑，在环保信用条例的立法中应明确失信行为的相关法律责任，必要时引入刑事责任，例如，如果参评企业存在钱权交易等极度不诚信的行为，要加大惩戒力度，承担相应的刑事责任。再者，还需要明确参评企业的相应举证责任。如果企业尽到了相关的环境义务仍然无法阻止环境损害的发生，在这种情况下，企业应承担举证责任，如果能够证明自己履行了法律规定的环境义务，则可以免于承担法律责任；如果举证不能，企业则应承担相应的过错推定责任。此外，在相关环境保护法律和金融法律中，也应增加企业环境失信法律责任的相关条款，减少法律虚置现象的发生。

（二）强化环保信用信息的公示与共享

1. 创建全国统一的环保信用信息平台

鉴于目前我国企业环保信用信息的公示多由掌握信息量不足、水平参差不齐的第三方环保信用服务机构进行的现状，由生态环境部门牵头、全国统一的环保信用信息平台亟待建立。统一的信用信息平台将分散在各地区、各部门的企业环保信用信息归集到一起并发布，整合相关信息资源数据，推进环保信用信息在全国范围内的互联互通，使各企业、单位和个人可以随时查询特定主体的环保信用状况，增强环保信息的公开度，有利于消除信息孤岛现象，也为企业环保信用评价和守信激励、失信惩戒制度的施行提供了可靠的信息来源。环保信用信息平台是建立和完善环保信用体系的重要基础设施，创建全国统一的环保信用信息平台势在必行。

2. 加强政府部门间信用信息的沟通与共享

由于我国现存行政体制采取条块分割的模式，各政府部门之间信息的交流和沟通不足，造成了环保信用信息归集程度低、评价标准不一的现象。针对这一问题，应打破生态环境部门环境信息独占思维，环境行政部门可以牵头，定期召开部门间有关环境信用建设的联席会议，交流工作意见，增强信用信息在各部门间的传递。生态环境部门还应主动将企业的环境信用评价结果通过环保信用信息平台向社会公示，并向有关部门单位报送，加强部门对失信企业的联惩联治。政府部门和单位在采用生态环境部门公示的企业信用信息之后也应向发布信息的生态环境部门进行反馈，便于生态环境部门对企业环境信用情况和政策执行效果进行分析，适时调整相关环保信用政策。

3. 建立环保信用信息资源目录清单

目前，各省市环保信用信息目录、评价标准、分类方法均有差别，不利于环保信用信息在全国范围内的共享和运用。在环保信用信息的归集方面，应当实行目录清单管理制度，由国家公共信用信息中心协调各有关部门制定，环保信用信息的提供者按照目录清单提供相应信息，从国家层面加强对企业环保信用信息的管理，保护企业合法的信用权利和商业秘密不受侵犯的权利。另外，有必要明确统一企业环保信用的评价标准和分类方法，加强企业环境信用数据在各省市之间的交互运用，营造公平和谐的社会氛围。

（三）完善企业环保信用评价机制

1. 优化企业环保信用评价指标设计

第一，设置具有代表性的评价指标。原环保部出台的《企业环境信用评价办法（试行）》存在的一个问题就是环保信用评价指标过多，无法在短时间内将数据集齐，给生态环境部门的工作人员造成了不小的工作负担。所以，环境信用评价指标的设置不应过多，可以在现有指标的基础上，选取其中具有代表性的、覆盖面较广的指标以及相对独立的指标组成环保信用评价指标体系。

第二，指标设计定性与定量相结合。企业的环境行为比较复杂，单独的定量分析法或是定性分析法都不足以对企业环境信用情况作出完整的评估，因此，应将定性指标与定量指标结合运用。对于一些无法用数字计量的环境行为，要运用定性指标来进行评价；对于可以用数字计算的指标，例如排污量，则用定量指标来评估。

第三，尽量减少指标之间的交叉重叠。指标间交叉重叠容易造成环境评价内容的重复计算，影响评价结果的准确性，打击企业主动参与环境信用评价的积极性。在设置指标时，应当注意分析指标的独立性，内涵重复和信息重叠的指标都要提前予以削减，保障评价指标体系的科学性。

第四，考虑指标的可比性。环境信用评价的目的之一就在于比较，包括同行业企业之间环境信用的比较，不同地区、省份之间环境信用情况的比较等，环境信用评价指标也应当具有可比性，名称设置、定性定量等具有一致性，便于不同地区间企业环境信用评价结果的互认互用。

2. 逐步实现环保信用评价主体的第三方参与

根据现行国家及一些部分省市出台的企业环境信用评价办法，环保信用评价的主体只有生态环境部门这一方，政府行政部门作为企业环保信用的评价主体并负责对环境失信企业的惩戒，这种制度设计不利于评价结果的客观、公正，也加重了环境行政部门的工作负担。企业环境信用评价的去行政化并由政府主导的第三方机构独立评价是信用评价未来发展的方向[①]，现阶段应逐步完善环境信用信息的公示与共享，并适时将一些地区作为试点，展开以第三方信用中介机构为评价主体的环保信用评价试点工作，逐步向评价主体的第三方化过度。

3. 实行企业环保信用评价动态管理机制

一般目前对企业环境行为的信用评价周期都在一年以上，一年一次的环保信用评价并不能客观地反映企业的环境信用状况，更无法及时反映企业在环境保护领域作出的改进，需要建立对企业环保信用的动态监管机制。企业环境行为的动态监管实行"谁公布、谁调整"和自动化、实时化的原则，由

---

① 关阳、李光明:《企业环境行为信用评价管理制度的实践与发展》,《环境经济》2013年第3期。

信用评价结果的公布者负责被评价对象的信用等级调整，对环保信用恶化的市场主体及时降低信用评价等级，对实施有效整改、环保信用改善的市场主体，在环保信用系统中及时予以信用修复，有利于提高参评企业进行环境整改的积极性。

（四）优化环保守信激励和失信惩戒机制

1. 建立部门合作与联动机制

政府部门是我国环保信用体系建设的主导力量，各部门之间的协调配合、分工落实是企业环保信用监管的支柱，没有政府部门间的联动，信用建设的目标将难以实现。首先，应建立环保信用信息公示和共享平台，作为部门间环境信息沟通的枢纽，达到加强各部门信用信息互联共享的目的。生态环境部门应主动加强与发展改革、财政、商务、工商、国资、税务、海关、人行等行业管理部门的工作联动，推进实施联合奖惩制度。其次，建立相应的监督考核制度，对信用信息共享不到位、激励惩戒措施落实不到位的部门和单位予以督促，并实行部门领导责任制，将不作为责任落实到个人，逐步加强部门间的有效合作与联动。

2. 加强对环境守信企业的激励和对失信企业的经济约束

该奖必奖，激励到位。生态环境部门应联合工商部门切实为环境守信企业开辟行政审批的"绿色通道"；建立环境守信"红名单"并通报给各有关部门、单位，通过税收减免、加强对绿色信贷、绿色保险、绿色债券的政策支持等方式，降低守信企业的市场交易成本；政府部门在进行产品采购时也应优先考虑环境守信"红名单"上记录的企业，真正落实对环境守信企业的激励制度。此外，在立法过程中，应改变《企业环境信用评价办法（试行）》"建议"之类的词语表达，细化对守信激励措施的规定，为环境守信激励提供法律保障。

应查必查，惩戒到位。除了对环境失信企业的政府采购、资金补助、环境污染责任保险费率优惠、银行信贷支持和荣誉称号评选产生影响外，可以学习江苏省的先进经验，通过推广差别水电价政策来对失信企业施加惩戒。针对严重环境失信和长期环境失信的企业，在将企业列入失信名单时，可以考虑将环境失信的内容记入企业的法定代表人、高管、负责人等直接责任人的个人诚信记录之中，将失信责任和失信惩戒落实在个人，倒逼企业经营者改进其环境行为。

3. 完善环境失信黑名单制度的法律规定和程序规范

健全法律规定，统一适用标准。现阶段，各省市对于黑名单制度的规定不一，标准和使用各不相同，容易出现同况不同判的现象，造成不公平的状况。针对这个问题，我们需要建立环境失信黑名单管理的法律法规和标准体系，统一规定黑名单的适用标准，明确规定适用的条件和情形。在黑名单标准的制定方面，可以考虑引入专家评审制度，增强黑名单的科学性和专业性，也可以考虑各行业协会的加入，保证企业合法权利不受侵害。

规范行政程序，保障企业权利。第一，检查内容、标准的事先告知。在进行企业环保信用评价之前，应提前一定时间告知企业环境信用评价要检查的内容，以及列入黑名单的标准规定等，并将所涉及的规定、制度等向社会公示。这些信息的提前告知有利于督促相关企业对其环境行为进行整改，同时也保障了企业和公众应有的知情权，减轻了环境行政部门的工作压力。第二，赋予企业听证的权利。黑名单制度本质上属于行政处罚制度的一种，听证程序又是法律规定的行政处罚中的一项权利保障程序，黑名单制度中也应该有所体现。听证程序的设立，在保障企业合法权利，保证黑名单公正性的同时，也加大了黑名单制度的可信度，符合正当程序法律原则的要求。第三，信用修复机制的规定。黑名单制度的设定是为了督促环境失信企业整改其环境行为，而不是为了让失信企业无法翻身，应当建立专门渠道为有效整改达到环境标准的企业修复其环境信用等级。另外，即使再完善的制度，在执行过程中也难免会出现数据错漏和数据更新不及时的情况，这时异议申诉和信用修复就显得尤为重要，环境行政部门在接到申请后，应及时对企业信息进行核查，确认整改有效的，应恢复企业信用等级并向社会公示。

（五）构建第三方环保信用服务与公众参与机制

1. 大力发展第三方环保信用中介机构

第一，完善针对第三方环保信用中介机构的相关立法及市场准入规定。

要大力发展第三方环保信用中介机构并对其实现有效的监管，就必须将第三方环保信用中介机构的活动纳入法治的轨道中来，要加快建立有关环保信用中介机构的设立、市场准入、业务变更、从业人员资质及退出机制等各项具有专业性的法律规定，实现对环保信用中介机构的依法监管。其中，鉴于环保信用中介机构提供的服务内容的特殊性，一定要严把其市场准入的关口，统一规定环保信用中介机构的执业资格、经营范围，制定详细的市场准入条件规定，给予第三方信用中介机构明确的指引。

第二，理顺政府部门与第三方中介机构的监管关系。第三方环保信用中介机构存在的价值就在于其独立性，独立于企业，也独立于政府部门。政府部门在对第三方环保信用中介机构进行监管时，应当确保信用中介机构的独立性，理顺与其发生的监管关系，不干涉环保信用中介机构的人事安排、业务操作，解除第三方中介机构对政府部门的依附关系，使其真正成为独立的市场主体，确保环保信用中介机构从事业务的客观性和公正性。

第三，打通信用中介机构的信用信息渠道。政府部门尤其是环境行政部门应加大环境信用信息的公开力度，拓宽第三方信用中介机构合法获得企业和个人信用信息的渠道，通过法律规定强制信用数据的开放，遏制信用数据的部门垄断，以法律形式明确数据开放和保密的界限，实现信用数据在信用中介行业的公开与共享，夯实第三方信用中介机构发展的基础。

2. 深入推进环保信用公众参与机制

社会公众依法享有对环境问题的知情权、参与权和监督权，政府部门应加强宣传，不断拓宽社会公众参与环保信用建设的渠道。首先，应加大信用信息的公开力度，通过媒体、网络、教育等宣传方式，增强公众对于环保信用建设的关注度和参与度，让公众"想参与"。其次，完善公众参与环保信用建设的程序规定，明确公众参与的具体内容、步骤和参与方法，建立相应的程序规则，细化信息公开的内容，保障公众的知情权、参与权，让公众"能参与"。最后，疏通公众的意见表达渠道，政府部门定期处理群众的信息反馈，探索公众参与企业环境信用评价的方式，真正达到公众参与的效应。

六、结语

习近平总书记在多个场合提及生态环境保护的重要性，生态文明建设也被纳入"五位一体"总体战略布局，党的十九大报告更是明确提出要像对待生命一样对待生态环境。加强生态环境保护已经在全国范围内取得了广泛共识，生态治理取得初步成效。但在经济利益的驱使下，污染环境、破坏生态的行为并未禁绝，以行政管制手段为主的环境管理方式显然已不能适应时代的需求，执法效率的低下、行政资源的大量消耗、恶劣的政企关系等弊端日渐凸显。"美丽中国"的建设迫切地需要寻找新的手段和突破口，环保信用体系建设的应运而生，为建立保护生态环境的新型体制机制提供了全新的研究视角。本章在研究环保信用领域出台的法律文件和各地方在环保信用体系建设探索实践的基础上，从法治建设的角度试图搭建起环保信用体系建设的基本框架，以为提升生态环境的治理水平提供有益借鉴，主要研究结论如下：

环保信用体系的构建是提高我国生态环境治理成效的重要制度创新。在充满竞争的市场经济环境下，企业首要的目标是尽可能地获取更多的经济利益，相比较于能直接带来经济利益的规模扩张、技术升级等，花费大量成本在防污治污设备上显然不会得到大多数企业的青睐。环保信用体系的构建通过将企业的环境信用评价结果与企业能否取得相关资质行政审批以及能否享受在信贷、保险、政府采购、税费减免等方面的优惠政策相挂钩，以此来倒逼污染企业主动采取清洁生产或者其他环保措施，将污染成本内部化，同时也为那些想要做大做强的企业提供了治污防污的动力。

环保信用信息的公示共享和科学完善的企业环保信用评价机制是环保信用体系发挥效用的重要基础。要充分发挥环保信用体系制约规范企业环保行为的制度效能，首先，要创建全国统一的环保信用信息平台，推进环保信用信息在全国范围内的互联互通，为企业环保信用评价和守信激励、失信惩戒制度的施行提供可靠的信息来源。其次，要制定科学、可行、具有代表性的企业环保信用评价指标，并建立对企业环保信用的动态监管机制，及时更新各企业最新的信用状况，为政府和社会大众提供相关企业在环保信用领域的一手信息。

激励与惩戒措施的及时到位是确保环保信用体系建设不流于空转的根本保障。制度的生命力在于执行，对环境守信良好的企业要做到该奖必奖，激励到位，事先承诺的行政审批、税收减免等优惠措施要严格落实，对环境失信的企业则要做到应查必查，惩戒到位，通过一系列惩戒措施来倒逼企业经营者改进其环境行为，从而达到减少污染排放，促进生态保护的最终目标。

主要参考文献

一、中文文献

（一）专著类

1.〔法〕孟德斯鸠.论法的精神 [M].北京：商务印书馆，1982.

2.〔美〕罗斯科·庞德著.通过法律的社会控制 [M].北京：商务印书馆，2010.

3.〔美〕爱蒂丝·布朗·魏伊丝.公平地对待未来人类：国际法、共同遗产与世代间衡平 [M].北京：法律出版社，2000.

4.〔美〕丹尼尔·H.科尔著.污染与财产权环境保护的所有权制度比较研究 [M].严厚福、王社坤译，北京：北京大学出版社，2009.

5.〔美〕科尔.污染与财产权 [M].北京：北京大学出版社，2009.

6.〔美〕理查德·T.德·乔治.经济伦理学 [M].北京：北京大学出版社，2002.

7.〔英〕安东尼吉登斯.社会学 [M]，马戎等译，北京：北京大学出版社，2003.

8.推进生态文明建设美丽中国（第五批全国干部学习培训教材）[M].人民出版社，2019.

9.〔美〕P.诺内特，P.塞尔兹尼克.转变中的法律与社会：迈向回应型法 [M]，北京：中国政法大学出版社，2004.

10.〔美〕保罗.萨缪尔森、威廉.诺德豪斯，经济学 [M].萧琛主译，商务印书馆，2013.

11.蔡守秋.基于生态文明的法理学 [M].中国法制出版社，2014.

12.常杪，陈青.中国排污权交易制度设计与实践 [M].北京：中国环境出版社，2014.

13.陈潜，唐明皓.信用·法律制度及运行实务 [M].北京：法律出版社，2005.

14.陈泉生.环境法哲学 [M].北京：中国法制出版社，2012.

15.陈正兴.环境审计 [M].北京：中国时代经济出版社，2001.

16.崔建远.准物权研究 [M].北京：法律出版社，2003.

17.戴星翼.走向绿色的发展 [M].上海：复旦大学出版社，1998.

18.邓海峰.排污权一种基于私法语境下的解读 [M].北京：北京大学出版社，2008.

19.邓可祝.政府环境责任研究 [M].知识产权出版社，2014.

20. 中国二氧化硫排放总量控制及排放权交易政策实施示范项目组编.二氧化硫排放总量控制及排放权交易政策实施示范 [M].北京：中国环境科学出版社，2004.

21. 高世楫，李佐军.用制度创新促进绿色发展 [M].北京：中国发展出版社，2017.

22. 龚高健.经济社会热点问题追踪与观察 [M].厦门：厦门大学出版社，2015.

23. 国家行政学院应急管理案例研究中心.应急管理典型案例研究报告（2017）[M].社会科学文献出版社，2017.

24. 国家信息中心中国经济信息网.中国城市信用状况监测评价报告 [M].北京：中国经济出版社，2017.

25. 汉语大词典 [M].上海：汉语大辞典出版社，1992.

26. 黄德春，华坚，周燕萍.长三角跨界水污染治理机制研究 [M].南京：南京大学出版社，2010.

27. 黄溶冰.节能减排的环境审计规制研究 [M].北京：经济科学出版社，2014.

28. 李昌麒.经济法：国家干预经济的基本法律形式 [M].四川人民出版社，1999.

29. 李克强.2015 年政府工作报告 [M].北京：人民出版社，2015.

30. 李雪.环境审计研究 [M].上海：立信会计出版社，2016.

31. 李永臣.环境审计理论与实务研究 [M].北京：化学工业出版社，2007.

32. 刘肖原.我国社会信用体系建设问题研究 [M].北京：知识产权出版社，2016.

33. 刘晓红，隗斌贤.环境资源交易理论与实践研究以浙江为例 [M].北京：中国科学技术出版社，2015.

34. 刘英.企业信用法律规制研究 [M].北京：中国政法大学出版社，2011.

35. 马新彦.美国财产法与判例研究 [M].北京：法律出版社，2001.

36. 孟庆垒.环境责任论：兼谈环境法的核心问题 [M].法律出版社，2014.

37. 彭本利，李爱年.排污权交易法律制度理论与实践 [M].北京：法律出版社，2017.

38. 秦荣生主编.审计学 [M].北京：中国人民大学出版社，2017.

39. 沈洪涛.企业环境信息披露：理论与证据 [M].北京：科学出版社，2011.

40. 沈满洪.排污权监管机制研究 [M].北京：中国环境出版社，2014.

41. 世界银行专家组著，宋涛译校.公共部门的社会问责：理念探讨及模式分析 [M].北京：中国人民大学出版社，2007.

42. 汪劲，田秦等.绿色正义环境的法律保护 [M].广州：广州出版社，2000.

43. 汪劲.环境法学 [M].北京：北京大学出版社，2014.

44. 王春益.生态文明与美丽中国梦 [M].北京：社会科学文献出版社，2014.

45. 王红.企业的环境责任研究 [M].北京：经济管理出版社，2009.

46. 王俊豪.管制经济学原理 [M].北京：高等教育出版社，2007.

47. 王伟.市场监管的法治逻辑与制度机理——以商事制度改革为背景的分析 [M].法律出版社，2016.

48. 吴晶妹. 信用管理概论 [M]. 上海：上海财经大学出版社，2011.

49. 习近平. 决胜全面建成小康社会　夺取新时代中国特色社会主义伟大胜利——在中国共产党第十九次全国代表大会上的报告 [M]. 北京：人民出版社，2017.

50. 项俊波. 国家审计法律制度研究 [M]. 中国时代经济出版社，2002.

51. 谢刚，史会剑，王玉涛. 企业环境行为信用评价理论与实践研究 [M]. 北京：中国环境出版社，2016.

52. 谢伟. 环境资源法实验案例教程 [M]. 北京：中国政法大学出版社，2015.

53. 徐祥民. 环境与资源保护法学（第二版)[M]. 科学出版社，2016.

54. 严刚，王金南. 中国的排污交易实践与案例 [M]. 北京：中国环境科学出版社，2011.

55. 俞可平. 论国家治理现代化 [M]. 北京：社会科学文献出版社，2014.

56. 俞雅乖. 环境审计：理论框架和评价体系 [M]. 北京：社会科学文献出版社，2016.

57. 张恒山. 党政干部法治教程（第二版)[M]. 中国人民大学出版社，2018.

58. 张军献. 黄河流域水功能区监督管理理论研究与实践 [M]. 郑州：黄河水利出版社，2014.

59. 张文显. 法学基本范畴研究 [M]. 北京：中国政法大学出版社，1991.

60. 张象枢. 环境经济学 [M]. 北京：中国环境科学出版社，2001.

61. 〔美〕珍妮特·V. 登哈特，罗伯特·B. 登哈特. 新公共服务：服务，而不是掌舵 [M]. 北京：中国人民大学出版社，2004.

62. 中共中央关于全面深化改革若干重大问题的决定 [M]. 北京：人民出版社，2013.

63. 中共中央文献研究室编. 十八大以来重要文献选编（上)[M]. 北京：中央文献出版社，2014.

64. 中共中央文献研究室编. 习近平关于全面依法治国论述摘编 [M]. 北京：中央文献出版社，2015.

65. 中共中央文献研究室编. 习近平关于社会主义经济建设论述摘编 [M]. 北京：中央文献出版社，2017.

66. 中共中央组织部编. 中国共产党组织工作辞典 [M]. 北京：党建读物出版社，2009.

67. 周树勋. 排污权核定及案例 [M]. 杭州：浙江人民出版社，2014.

68. 周亚越. 行政问责制研究 [M]. 中国检察出版社，2006.

69. 左正强. 环境资源产权制度理论及其应用研究 [M]. 成都：西南交通大学出版社，2014.

（二）论文类

1. 〔英〕格里·斯托克. 作为理论的治理：五个论点 [J]. 北京，国际社会科学（中文版)，1999（02）.

2. 包存宽. 生态文明政绩考核评价四要素 [J]. 绿叶，2014（05）.

3. 蔡守秋. 论政府环境责任的缺陷与健全 [J]. 河北法学，2008（03）.

4. 曹明德. 中美环境公益诉讼比较研究 [J]. 比较法研究，2015（04）.

5. 曹元芳.发达国家社会信用体系建设经验与我国近远期模式选择 [J].现代财经（天津财经大学学报），2006（06）.

6. 陈尘肇.自然资源资产离任审计明确领导干部环境保护责任 [J].中国党政干部论坛，2015（07）.

7. 陈亮，赵春，黄盟.综合运用环境税与污染权交易解决环境外部性问题 [J].合作经济与科技，2008（17）.

8. 陈思融，章贵桥.从松花江污染事件看我国政府危机事中决策[J].当代经理人，2006（03）.

9. 陈泽伟.圆明园环评事件的背后 [J].瞭望，2005（28）.

10. 邓海峰.排污权抵押制度研究 [J].中国地质大学学报（社会科学版），2014（02）.

11. 房巧玲，李登辉.基于 PSR 模型的领导干部资源环境离任审计评价研究——以中国 31个省区市的经验数据为例 [J].南京审计大学学报，2018（02）.

12. 高聪.我国排污权交易法律制度研究 [D].太原：山西财经大学，2015.

13. 高桂林，陈云俊.论生态环境损害责任终身追究制的法制构建 [J].广西社会科学，2015（05）.

14. 关阳，李明光.企业环境行为信用评价管理制度的实践与发展[J].环境经济,2013（03）.

15. 郭勇平.我国地方行政问责制存在的问题及对策研究 [J].法治与社会，2012（02）.

16. 郝俊英，黄桐城.环境资源产权理论综述 [J].经济问题，2004（06）.

17. 贺永顺.关于排污权交易的若干探讨 [J].上海环境科学，1999（07）.

18. 侯怀霞.论人权法上的环境权 [J].苏州大学学报（哲学社会科学版），2009（03）.

19. 胡春冬.排污权交易的基本理论问题研究 [D].长沙：湖南师范大学，2004.

20. 胡民.基于制度创新的排污权交易环境治理政策工具分析 [J].商业时代，2011（19）.

21. 黄爱宝.责任政府构建与政府生态责任 [J].理论探讨，2007（06）.

22. 黄小燕.企业环境信用档案的建设与管理 [J].办公室业务，2016（13）.

23. 纪建文.从排污收费到排污权交易与碳排放权交易：一种财产权视角的观察 [J].清华法学，2012（05）.

24. 李爱年，詹芳.排污权交易与环境税博弈下的抉择：以构建排污权交易制度为视角 [J].时代法学，2012（02）.

25. 李连甲，陆书玉，宋鹏程，周慧.上海市企业环境信用制度研究 [J].广东化工，2014（13）.

26. 李民玲.信用中介服务机构发展中的问题与对策 [J].山西财经大学学报（高等教育版），2004（04）.

27. 李明辉，张艳，张娟.国外环境审计研究述评 [J].审计与经济研究，2011（04）.

28. 李晓安，彭春.论环境信用法治化 [J].法学杂志，2009（01）.

29. 李义松.论排污权的定位及法律性质 [J].东南大学学报（哲学社会科学版),2015（01）.

30. 李挚萍.论政府环境法律责任——以政府对环境质量负责为基点 [J].中国地质大学学报社会科学版，2008（02）.

31. 连维良. 积极构建守信联合激励和失信联合惩戒大格局 [J]. 中国经贸导刊, 2016 (28).

32. 刘厚金. 我国行政问责制的多维困境及其路径选择 [J]. 学术论坛, 2005 (11).

33. 刘建辉. 排污指标买卖: 中国环境治理的革命性实验 [J]. 经济, 2004 (09).

34. 刘笑霞, 李明辉. 苏州嵌入领导干部经济责任审计的区域环境审计实践及其评价 [J]. 审计研究, 2014 (06).

35. 吕忠梅, 张忠民. 环境公众参与制度完善的路径思考 [J]. 环境保护, 2013 (23).

36. 吕忠梅. "绿色"民法典的制定——21 世纪环境资源法展望 [J]. 郑州大学学报 (哲学社会科学版), 2002 (02).

37. 吕忠梅. 论公民环境权 [J]. 法学研究, 1995 (06).

38. 吕忠梅. 论环境使用权交易制度 [J]. 政法论坛, 2000 (04).

39. 马俊驹, 梅夏英. 无形财产的理论和立法问题 [J]. 中国法学, 2001 (02).

40. 马志娟, 韦小泉. 生态文明背景下政府环境责任审计与问责路径研究 [J]. 审计研究, 2014 (06).

41. 梅夏英. 特许物权的性质与立法模式的选择 [J]. 人大法律评论, 2001 (02).

42. 牛鸿斌、崔胜辉、赵景柱, 政府环境责任审计本质与特征的探讨 [J]. 2011 (02).

43. 彭本利. 我国排污权交易地方立法之实证分析及其完善 [J]. 法学评论, 2013 (01).

44. 戚建刚. 松花江水污染事件凸显我国环境应急机制的六大弊端 [J]. 法学, 2006 (01).

45. 钱水苗. 论政府在排污权交易市场中的职能定位 [J]. 中州学刊, 2005 (03).

46. 秦虎, 王菲. 环保信用: 一种环境管理整合手段 [J]. 环境经济, 2006 (09).

47. 任晓鸣, 王向华, 吴俊锋. 太湖流域企业环保信用评价研究 [J]. 环境科技, 2015 (05).

48. 史际春, 冯辉. "问责制"研究——兼论问责制在中国经济法中的地位 [J]. 政治与法律, 2009 (01).

49. 史玉成, 王卿. 民法视野下排污权交易合同法律关系探析 [J]. 法学杂志, 2012 (10).

50. 司林波, 刘小青. 美国生态问责制述评 [J]. 中共天津市委党校学报, 2015 (06).

51. 司林波, 刘小青. 加拿大生态问责制述评 [J]. 重庆社会科学, 2015 (09).

52. 宋传联, 齐晓安. 环境审计关系人的生态文明观建设——基于社会主义核心价值体系 [J]. 南京审计学院学报, 2013 (03).

53. 苏丽萍, 冉涛. 重庆市企业环境信用评价体系建设存在的问题及解决路径研究 [J]. 环境科学与管理, 2017 (02).

54. 涂正革, 谌仁俊. 排污权交易机制在中国能否实现波特效应? [J]. 经济研究, 2015 (07).

55. 王淡浓. 加强政府资源环境审计 促进转变经济发展方式 [J]. 审计研究, 2011 (05).

56. 王海燕, 任京梅. 社会信用体系建设 [J]. 水利建设与管理, 2011 (01).

57. 王莉. 我国企业环保信用评价制度的重构进路 [J]. 法学杂志, 2018 (10).

58. 王清军. 排污权法律属性研究 [J]. 武汉大学学报 (哲学社会科学版), 2010 (05).

59. 王清军. 我国排污权初始分配的问题与对策 [J]. 法学评论, 2012 (01).

60. 王瑞雪. 政府规制中的信用工具研究 [J]. 中国法学，2017（04）.

61. 王素梅. 中国特色常态化行政问责机制中的国家审计理论创新与实践探索 [J]. 会计研究，2015（07）.

62. 王伟，侯江山，郭福伟. 企业信用建设的重中之重：信用约束和联合惩戒 [J]. 人民法治，2016（09）.

63. 王文婷. 当前信用法治制度构建的难点与对策——以中国城市信用建设为样本 [J]. 人民法治，2018（19）.

64. 王向华，贺震，李冰. 江苏省环保信用制度与绿色信贷发展指引研究 [J]. 环境与可持续发展，2017（05）.

65. 王向华，李冰，范东，邓林. 基于环保信用制度的江苏绿色保险发展研究 [J]. 环境与发展，2018（03）.

66. 王学军. 我国实行行政问责制面临的困境及出路 [J]. 中州学刊，2005（02）.

67. 魏志荣. 论公共危机预防机制建设——关于松花江"11.3"苯污染事件若干问题的思考 [J]. 法制与经济，2006（03）.

68. 吴晶妹. 在公平与信任中推进信用建设 [J]. 人民论坛，2017（30）.

69. 吴新祥，范英杰. 外部性理论下的环境管理工具分析 [J]. 商业会计，2016（18）.

70. 夏光，冯东方. 党政领导干部环保绩效考核调研报告 [J]. 环境保护，2005（02）.

71. 项荣. 英国水资源环境保护审计的特点及启示 [J]. 工业审计与会计，2010（05）.

72. 肖萍. 环境保护问责机制研究 [J]. 南昌大学学报（人文社会科学版），2010（04）.

73. 徐芳芳，司林波. 英国生态问责制述评 [J]. 佳木斯大学社会科学学报，2016（02）.

74. 郇洪江，童波邮. 基于多指标综合评价法的环保信用管理系统研究 [J]. 江苏科技信息，2014（01）.

75. 闫喜凤，项武生，林强. 提高领导干部的环境保护意识 [J]. 环境教育，2002（4）.

76. 严晖，叶建林. 环境信用机制的建立与完善 [J]. 环境与可持续发展，2007（03）.

77. 杨皓然，王跃荣. 生态立省战略下青海生态政绩考核体系初探 [J]. 青海社会科学，2009（06）.

78. 杨兴，吴国平. 完善企业环保信用立法的思考 [J]. 法学杂志，2010（10）.

79. 杨亚军. 国家审计推动完善国家治理路径研讨会综述 [J]. 审计研究，2013（04）.

80. 杨展里. 中国排污权交易的可行性研究 [J]. 环境保护，2001（04）.

81. 余韵. 政府的环保责任与环保问责制度的建立 [J]. 长江大学学报（社会科学版），2007（01）.

82. 臧辉艳. 浅析美国环境教育法对我国的启示 [J]. 南方论刊，2008（02）.

83. 张成立. 西方国家行政问责法治化对我国的启示 [J]. 当代世界与社会主义（双月刊），2011（01）.

84. 张独一，张俊. 企业环境信用评价制度若干问题思考 [J]. 绿色科技，2017（16）.

85. 张锋. 我国公民个人提起环境公益诉讼的法律制度构建 [J].2015（06）.

86. 张建伟. 论政府环境责任问责机制的健全——加强社会公众问责[J]. 河海大学学报, 2008（03）.

87. 张胜. 关于我国企业环境信用评价的若干思考和建议 [J]. 环境保护, 2017（20）.

88. 张贤明, 文宏. 中国官员责任追究制度建设的回顾、反思与展望 [J]. 吉林大学社会科学学报, 2008（03）.

89. 张晓伟, 刘增, 孙轲. 河流治理中地方政府间权责划分与合作的科斯定理诠释——松花江污染事件所引发的思考 [J]. 科技经济市场, 2006（08）.

90. 张勇, 苏奕. 经济责任导向审计模式的构建及其研究路径 [A]. 中国会计学会审计专业委员会. 中国会计学会审计专业委员会 2010 年学术年会论文集 [C]. 中国会计学会审计专业委员会, 2010.

91. 张长江, 陈良华, 黄寿昌. 中国环境审计研究 10 年回顾：轨迹、问题与前瞻 [J]. 中国人口·资源与环境, 2011（03）.

92. 张志奇, 李英锐. 企业环境信用评价的进展、问题与对策建议 [J]. 环境保护, 2015（20）.

93. 章政, 张丽丽. 中国公共信用体系建设：特性、问题与对策 [J]. 新视野, 2017（02）.

94. 赵期华. 从"单一惩戒"到"联合惩戒"——加快推进信用惩戒机制建设的思考 [J]. 浙江经济, 2016（01）.

95. 郑方辉, 李文彬. 我国环保政策绩效评价及其利益格局 [J]. 学术研究, 2007（09）.

96. 郑石桥, 陈丹萍. 机会主义、问责机制和审计 [J], 中南财经政法大学学报, 2011（04）.

97. 周景坤, 陈季华, 刘中刚. 地方党政领导环保绩效考核的多元化主体 [J]. 环境保护与循环经济, 2008（12）.

98. 周炜, 刘向东. 社会信用体系——分层结构及体系构建中的政府职能定位 [J]. 中国软科学, 2004（06）.

99. 周曦. 基于经济责任的环境审计路径选择——浅析经济责任审计中的环境保护责任审计 [J]. 审计研究, 2011（05）.

100. 周孜予. 环境行政问责：基于法治要义的规范分析 [J]. 环境法学研究, 2015（5）.

101. 左志富. 公共危机事件中政府的信息发布梯度——兼评 2005 年松花江水污染事件中政府的信息发布 [J]. 中山大学研究生学刊, 2006（03）.

（三）报刊类

1. 陈昂. 湖南拟启动领导干部自然资源资产离任审计试点 [N]. 湖南日报, 2016-6-30.

2. 龚志军. 怎样开展环保信用体系建设？ [N]. 中国环境报, 2013-05-09（002）.

3. 黄春年. 完善企业信用黑名单制度的思考 [N]. 中国工商报, 2014-07-05（003）.

4. 李国, 郑荣俊. 排污权交易"试水"近十年叫好不叫座 [N]. 工人日报, 2016-06-15（004）.

5. 李鹤鸣. 广东试点排污权有偿使用和交易 [N]. 南方都市报, 2014-06-22（AA07）.

6. 李英锋. 让环境信用评价成为"环保身份证"[N]. 人民公安报, 2018-03-25（003）.

7. 吕忠梅 . 建立实体性与程序性统一的公众参与制度 [N]. 中国环境报，2015-10-08（002）.

8. 钱凤伟 . 领导干部必须强化生态政绩意识 [N]. 中国绿色时报，2014-07-04（003）.

9. 王皓 . 北京规定领导离任将审计自然资源资产和环境责任 [N]. 北京日报，2015-12-07（005）.

10. 王伟 . 诚信的底线要靠法律和制度坚守 [N]. 学习时报，2016-06-13（004）.

11. 王小玲 . 四川绵阳出台离任生态环境审计评估指标体系 "一把手" 离任要算生态账 [N]. 中国环境报，2014-07-18（001）.

12. 王云峰 . 环境信用倒逼企业环保自觉 [N]. 辽宁日报，2014-01-19（011）.

13. 吴晶妹 . 奖与惩强化道德取向 [N]. 人民日报，2014-08-25（022）.

14. 张国栋 ."信用修复" 让环保黑名单更有效 [N]. 湖北日报，2017-11-20（006）.

15. 张萍 . 如何建立和完善环保信用体系？[N]. 中国环境报，2014-07-29（002）.

16. 周颖，赵晓 . 浙江电子竞价排污权 [N]. 中国环境报，2012-07-09（001）.

二、英文文献

1. BoivinB, Gosselin L. Going for a green audit[J]. *CA Magazine*, 1991 (3).

2. Christina Chiang, Margaret Lightbody. Financial Auditors and Environmental Auditing in New Zealand [J]. *Managerial Auditing Journal*, 2004 (2).

3. Daniel H. Cole. *Pollution and Property: Comparing Ownership Institutions for Environmental Protection*[M]. Cambridge: Cambridge University Press, 2002.

4. Diakaki C, Evangelos G, Maria S. A Risk Assessment Approach in Selecting Environmental Performance Indicators[J]. *Management of Environmental Quality*, 2006 (17).

5. Dixon Thompson, Melvin J. Wilson. Environmental Auditing: Theory and Applications [J]. *Environmental Management*, 1994 (4) .

6. Garrett Hardin. The Tragedy of the Commons[J]. *Science*, 1968 (162).

7. Gray R H, Bebbington K J, Walters D. *Accounting for the Environment:The Greening of Accountancy* [M]. London: Part II, Paul Chapman, 1993.

8. Henri J F, Journeault M. Environmental Performance Indicators:An Empirical Study of Canadian Manufacturing Firms[J]. *Journal of Environmental Management*, 2008 (87).

9. J. H. Dales. Pollution, *Property and Prices* [M]. Toronto: University of Toronto Press, 1968.

10. Lundgren M, Catasús B. The banks' impact on the natural environment -on the space between 'what is' and 'what if'[J]. *Business Strategy & the Environment*, 2000 (3).

11. Paul A. Samuelson, The Pure Theory of Public Expenditure[J]. *The Review of Economics and Statistics*, 1954 (4).

12. Paul Tomlinson, Samuel F. Atkinson. Environmental Audits:Proposed Terminology[J].

Environmental Monitoring and Assessment, 1987 (3).

13. Ronald H. Coase. The Problem of Social Cost[J]. *Journal of Law and Economics*, 1960 (3).

14. Stalley P. Can Trade Green China? Participation in the global economy and the environmental performance of Chinese firms[J]. *Journal of Contemporary China*, 2009 (61).

15. T. H. Tietenberg. *Emissions Trading: An Exercise in Reforming Pollution Policy* [M]. Washington: Resources for the Future. 1985.

16. Takeda F, Tomozawa T. A change in market responses to the environmental management ranking in Japan[J]. *Ecological Economics*, 2008 (3).

17. W. David Montgomery. Markets in Licenses and Efficient Pollution Control Programs[J]. *Journal of Economic Theory*, 1972 (5).